NH농협 합격전략서

송춘호 · 전성군 · 김중기 · 장동헌 · 심국보 지음

모아북스
MOABOOKS

이 책으로 NH농협에 뛰어들자

최근 20대의 취업시장이 꽁꽁 얼어 붙어 있다. NH농협은 공무원 행정조직 다음으로 큰 조직이다. 임직원이 무려 10만 명에 이른다. 그만큼 노력만 하면 얼마든지 취업에 성공할 가능성이 큰 시장이다. 하지만 막상 청년들이 NH농협에 도전하고자 할 때 무엇부터 해야 하고 어떻게 해야 할지 몰라서 좌충우돌하는 경우가 많다.

요즘 농협 신입사원 교육은 개성 있는 신입들을 조직에 융화시키기 위해 자율과 창의성을 강조하며 팀워크를 다지는 방향으로 바뀌고 있다. 그동안 농협교육원에서는 신입사원의 창의적 사고와 상상력을 극대화시키는 데 많은 노력을 기울여 왔다. 아울러 '교육의 최대 목표는 지식이 아니라 행동이다' 라는 말처럼 단순한 지식 습득보다는 행동 실천의 중요성을 강조한다. 교육을 통해서 배웠던 지식을 항상 행동으로 옮겨 농협의 핵심 인재로 성장할 수 있도록 지도한다. 농협교육원은 치열한 경쟁을 통해 선발된 신입직원들이 농협에서 핵심인재로 성장할 수 있도록 지속적인 사후 관리를 철저하게 하고 있다.

필자는 이런 교육원에서 인적자원을 관리하면서 대부분을 보냈고, 지금은 학생들을 지도하고 있다. 평소 농협에 대한 취업정보 부족으로 갈증을 느끼는 청년들을 많이 보아왔기 때문에 학생들을 지도하는 교수로서 안타까운 마음이 들었다. 그래서 청년들의 농협에 대한 취업 갈증을 시원하게 풀어줄 방법이 무엇일지 생각하다가 이 책을 집필하게 되었다.

따라서 청년들이 농협 정규직원으로 꿈을 펼치려면 새로운 지름길을 발견해야 한다. 이 책이 그 지름길을 안내할 것이다.

이 책은 농협에 취업을 준비하는 예비 농협인을 위해 협동조합교육의 시스템적 흐름을 파악하고, 농협 합격을 위해 어떻게 준비해야 되는지 효율적인 학습방법을 익히도록 하는 데 목적을 두고 있다.

1부에서는 농협 면접스피치의 기본을 이해하는 데 초점을 맞추었고, 2부와 3부에서는 농업 · 농촌 · 농협에 관련된 테마를 정리하였다. 4부는 지역농협 공채의 전반, 5부는 농협대학교 입학전형에 관한 내용을 소개하여 농협을 준비하는 예비 농협인에게 도움을 줄 수 있는 방안을 제시했다.

자기 내면에 얼마나 놀라운 잠재력이 있는지 아는 사람은 많지 않다. 그래서 간접 경험을 통해서 자신의 가능성을 발견하도록 도와주면 무척 놀란다. 농협 취업을 준비하는 청춘들이 이 책을 보면서 방향을 확실히 잡고 취업 성공에 대한 아이디어를 얻고, 꼭 합격했으면 한다.

또한 이 책에서 용기를 얻어 자신이 가지고 있는 필살기로 농협 합격을 통해 농촌을 이롭게 변화시키고 농업인조합원을 행복하게 만들어주기를 바란다. 이 책의 주인공은 바로 농협 취업시장에 뛰어드는 당신이다. 당신은 이미 탁월성이 있다. 당신이 그토록 찾아헤매는 조직은 바로 여기에 있다. 이 책이 당신을 농협으로 인도하고, 당신의 위대함을 이곳에서 꺼내 쓰도록 돕는 친절한 도구가 될 것이다.

저자 일동

| 차례 |

3장　농업 · 농촌 20선

4장   지역농협 공채

5장 농협대학교 전형

부록

1장

면접 스피치의 기본

1. 스피치의 이해

■ 스피치의 중요성

농협인은 공무원도 아니면서 공무원처럼 여러 사람 앞에 나서야 할 때가 많다. 사무실에 찾아오는 고객 외에도 영농회원들 모임, 주부대학 행사, 관계기관 모임, 학교 설명 등 사업적이든 사업적이 아니든 여기저기 말을 해야 할 기회가 많다.

친구들에게나 집에서는 못 느끼지만 사무실에서 여러 사람 앞에서 이야기할 때는 자신도 모르게 말이 잘 안 되고 표정도 자연스럽지 못함을 느꼈을 것이다. 잘 아는 사람 앞에서나 농담이나 가벼운 일상대화 때는 괜찮은 것 같은 데 조금만 형식을 갖추고 업무적 주제를 가지고 이야기하면 잘 안 되는 이유는 무엇일까?

'오늘은 내가 설명을 잘하여 저 선생님들이 예금거래를 터준다면 우리 목적은 달성하는데… 내 말을 듣고 감명을 받아서 우리 사업에 적극적으로 동조하면 얼마나 좋을까?'

이렇게 머릿속이 복잡해짐을 느끼면서 그만 어떻게 끝냈는지도 모르게 말을 마치게 된다. 물론 말을 잘한다고 해서 모든 것이 순조롭게 풀리지만은 않는다. 그러나 훌륭한 말 솜씨 덕분에 성공한 사례를 우리는 잘 알고 있다. 미국의 링컨 대통령의 게티스버그 연설은 좋은 사례이다. 그 명 연설이 청중의 심금을 울려 꼼짝 못하게 하였던 경우를 상상해 보라. 우리 격언 중에도 '한마디 말로 천냥 빚도 갚는다' 라는 말이 있다. 말 한마디의 위력이 빚의 탕감으로 연결되고 있다.

스피치는 자신의 생각을 효과적으로 전달해주는 매개 역할을 한다. 자기 분야에서 실력을 갖추는 것이 무엇보다 중요하지만 이것만으로는 충분하지 않다. 실력 있는 사람이 활력적으로 스피치를 하여 효과적으로 자기 생각을 전달한다면 그는 자신의 실력이상으로 평가받게 될 것이다. 말 한 번 잘하여 농협에 대한 이미지도 좋아지고 우리 사업도 신장될 수 있다면 그보다 더 좋은 무기는 없는 것 아닌가.

■ 스피치의 일반적 형식

스피치는 상대에 따라 토론, 면접, 대화와 같은 '상호 스피치' 와 연설, 강의, 보고, 발표 등과 같은 '일방적 스피치' , 그리고 회의나 토의 등과 같은 '집단 스피치' 로 구분할 수 있으며, 형태에 따라 대화나 좌담 같은 '자유스런 형식의 스피치' 와 회의나 토론 같은 '일정한 형식의 스피치' 가 있다. 3분 스피치는 일정한 형식이 있는 일방적 스피치에 해당한다고 볼 수 있다.

2. 스피치의 준비

▪ 몸과 마음가짐

안정감 있는 기본 자세를 가진다면 스피치의 절반은 성공한 것이다. 우리 주변에서 쉽게 접할 수 있는 예를 들어보겠다.

이사회에서 중요한 보고를 하도록 되어 있는데 김 과장은 고민이 생겼다. 보고서 작성 등으로 스트레스를 많이 받은 탓인지 평소 몸 상태가 안 좋으면 나타나는 치질 증상이 나타난 것이다. 이번 보고는 김 과장에게는 더없이 중요하다. 성실하다는 평판은 있지만 주변머리가 없어 윗분들과 안면이 거의 없는 김 과장에게 다음 달 승진 심사에 도움을 주고자 부장님께서 특별히 배려를 하였는데 아파서 보고를 못할 형편이 되었으니 무슨 낭패란 말인가.

이때 부장님은 아직 시간은 있으니까 방법을 찾아보라며 "기본이 되어 있으면 50점은 따고 들어간다" 며 스피치에 임하는 몸과 마음자세의 중요함에 대해서 조언을 잊지 않았다. 부장님의 조언에 김 과장은 고민 끝에 치질 수술을 받고 몸을 추슬러 무난히 보고를 끝냈으며 칭찬까지 받았다. 부장님이 조언해준 정중한 그 한마디가 여유를 가질 수 있도록 만든 것이다. 몸이 안 좋아 찡그리면서 혼란스러운 상태에서 보고를 하였다면 어찌 되었겠는가? 아무리 훌륭한 보고서라도 설명할 수 있는 자세가 제대로 안 되어 일을 그르쳤다면 오히려 안 하느니만 못하였을 것이다. 반면 고통스러운 수술을 받고라도 보고에 임하겠다는 김 과장의 정신 자세야말로 스피치를 더욱 빛나게 만드는 요소다.

▪ 말의 내용

자신이 하고자 하는 말의 주제와 화제 거리를 정리한다.

'말문은 무엇으로 열까?', '누구의 주장을 인용할까?', '어떤 사례를 들어볼까?' '그래 끝은 이렇게 맺으면 좋겠다' 하고 스피치 하기 전에 곰곰이 생각하고 간단히 메모를 하는 것이 좋다. 머릿속으로만 스피치를 준비할 때는 좋은 화제거리가 떠오르고 능숙하게 말할 수 있겠다는 자신감도 가질 수 있지만 막상 말을 시작하려면 아무것도 생각나지 않아 당황하는 경우가 있다.

처음에 생각한 대로 말이 풀리지 않고 내용도 지리멸렬하게 되어 실패하고 만다. 이런 실수를 하지 않으려면 스피치하기 전에 반드시 말하고 싶은 내용과 화제거리를 메모하여 정리하는 것이 필요하다.

예) 주제: 서두르지 마라

인용 속담: 급하게 먹은 밥이 체한다.

사례: 바늘에 실을 꿰지 않고 바느질을 할 수 없다.

털도 안 뽑고 먹으려고 한다.

▪ 스피치 예절

- 대화 시 예절

바른 예절과 공사 구분이 우선이다. 예를 들어보자.

○○지점장인 정중한 씨에게 평소 잘 아는 사업가 후배가 찾아왔다. "지점장님 안녕하세요? 영업 잘되지요?"하며 방문한 후배를 보고 정 지점장도 일어서면서 "예, 저는 잘 있습니다. 이 형은 어때요? 가족도 편안하시고 사업 잘되시지요?"하고 자리에 앉아 차도 한 잔 내고 정중하게 사업자금 이야기를 나누고 있었다.

이때 지점장의 동기생인 대부계 김 과장이 들어와 한 손은 호주머니에 넣은 채 이야기도 끝나지 않았는데 "정 지점장, 이것 좀 봐" 하며 문서를 흔들면서 ○○○를 침이 튀기도록 홍보기 시작했다. 지점장의 동기생인 김 과장은 사업가 후배를 슬쩍 한 번 쳐다보고 미안한지 나가 버렸다. 위 상황을 보면 버릇없는 김 과장 때문에 대출세일을 하려는 데 망쳐 버린 것이다. 이 후배 사업가의 파트너가 방금 나간 김 과장이니, 지점장의 정중한 대화술이고 뭐고 한마디로 볼 장 다 본 것이다.

- 설명 시 예절

> 대화 때와는 달리 다수를 상대로 한 설명에서는 예의를 갖춘 당당한 설명자에게 후한 점수를 준다.

군의회 의원들을 상대로 금고 유치를 위한 설명회를 하는 경우를 생각해보자. 아침부터 옷매무새를 확인해보고 거울을 보고 머리도 다시 빗고 인사며 말하는 연습이며 모든 준비를 점검해보고 차분한 마음을 가지려고 노력한다. 설명을 위해 회의실로 들어서면서 가볍게 목례를 한 뒤 설명을 시작한다.

먼저, 참석한 이들에 대해서는 가급적 일일이 이름을 거명하여 인사를 한다.

"홍길동 군의회 의장님, 김계동 의원님, 안녕하십니까? 영하의 날씨에도 불구하고 저의 농협을 방문하여 주서서 감사드립니다."

날씨 덕담과 함께 정중히 인사를 하고 "지금까지 저희 농협을 아껴주시고 물심양면으로 지원해주심을 다시 한 번 감사드립니다" 하고 인사를 마친다.

본 설명에 들어가서 자료의 내용을 완전 숙지하였더라도 자료를 보고 자료에 의하여 설명하려는 태도를 보이며 설명 중에 특히 상대의 수준을 얕보는 말투를 삼가고 중요한 부문은 자세히 설명을 드린다. 설명은 간결하게 하는 것이 좋다. 여러 번 반복하는 것은 자신들의 능력을 무시한다고 생각할 우려가 있기 때문이다. 지역 금융기관으로서의 장점을 설명하고 '왜 우리농협에서 군 금고를 맡아서 운영해야 하는가의 당위성을 정확하게 말하고, 말투는 존칭어를 사용한다. 설명을 마친 뒤에도 여러 의원과 일일이 눈을 마주치며 감사를 표시한다. 의원들의 질의가 있으면 자신이 대답하는 것보다는 지부장이 답변하도록 하는 것이 좋다.

의원님들 왈"농협 직원들은 기본이 되어 있어. 질서가 있는 것 같지 않아?" 하며 흡족해서 가더라는 안내자의 전언이 성공을 예감하게 한다.

3. 스피치 구성법

　‘스피치를 잘한다’, ‘말솜씨가 좋다’, ‘스피치가 이해하기 쉽다’는 것은 말하고자
하는 내용이 듣는 사람에게 쉽게 전달되는 것을 말한다. 상대방의 입장에서 쉽게 이
해되도록 구성해야 하며, 내용에 따라 순서를 어떻게 할 것인지도 중요하게 고려해
야 한다. 스피치를 구성하는 방법에는 서론·본론·결론의 3단계법이나 기·승·
전·결의 4단계법, 자유로운 발상과 생각을 통해서 자신의 생각을 효과적으로 끄집
어내는 기법인 브레인스토밍 기법 등이 있다. 3단계법이나 4단계법은 우리가 많이
사용해왔던 방법으로 형식이 딱딱하고 재미가 없는 반면, 청자나 화자에게 신뢰감
과 자신감을 주는 스피치법이다.

　여기서 자세히 설명하고자 하는 브레인스토밍 기법은 주제에 관한 생각을 형식이
나 고정관념의 틀에서 벗어나 자유롭게 풀어가는 방법을 말한다. 브레인스토밍 기
법의 스피치는 다음과 같은 4가지 단계로 구성된다.

　1단계는 스키마 단계이다. 스키마(Schema)란 주제와 관련된 배경지식으로 우리
가 직·간접 경험을 통해 알고 있는 모든 내용을 말한다.

　2단계는 브레인스토밍 단계로, 스키마 단계에서 이야기된 배경을 지식을 바탕으
로 별다른 격식이나 형식에 구애됨 없이 주섬주섬 말해보는 단계이다.

　3단계는 자기 주장 단계로, 2단계에서 제시한 자신의 주장을 더 논리적으로 전개
시켜본다.

　4단계는 개요 정리 단계로, 3단계까지의 스피치 내용을 서론·본론·결론으로
나누어 개요를 작성한다.

(브레인스토밍 기법의 예)

주제 : 농산물 디지털 유통

(1) 스키마 단계

주변에서 흔히 겪는 유통 문제와 인터넷 결합에는 어떤 것이 있는지 생각해 본다.

(2) 브레인스토밍 단계

농산물 디지털 유통상의 문제점을 지적하고 원인을 분석해 본다.

(3) 자기 주장 단계

자신이 지적한 문제점을 개선하거나 해결할 수 있는 방안을 적절한 근거와 함께 제시한다.

(4) 개요 정리 단계

3단계까지의 스피치 내용을 서론 · 본론 · 결론으로 나누어 개요를 정리한다.

(브레인스토밍 규칙)

(1) 비판 금지

(2) 질 보다 양

(3) 창조적 사고 독려

(4) 타인의 아이디어 응용 · 활용

4. 스피치의 실제

■ 대화의 실제

상대방과 마주하여 주고받는 대화에서는 역지사지 격언을 되새기면 성공한다.

대화란 '서로 마주 대하며 주고받는 말'로 언어를 사용하여 다른 사람과 함께 '말로써 일을 하는 방법'이다. 우리 농협 직원은 업무적으로 많은 사람과 여러 가지 문제를 놓고 대화하게 되는 데 '언제 끼어 들 것이며, 목소리는 얼마나 커야하며, 마칠 때는 언제가 좋은지' 등 대화 시 고려해야 할 형식과 대화의 주제와 관련하여 내용에 벗어나지 않도록 조절하는 등 내용 측면을 생각하여 대화를 하는 것이 좋다. 반드시 이런 사항을 지켜야 대화가 잘되고 목적을 이루는 것은 아니지만 기본적으로 숙지하여 대화한다면 세련된 농협 직원으로서 대우를 받지 않을까 싶다.

업무적인 만남이기 때문에 상대방에 대한 공손함은 기본이라 하겠다. 처음 대화를 시작할 때는 먼저 밝게 인사하고, 상대방의 취미나 자랑하고 싶은 것이 무엇인지를 주목하고, 가급적 상대방이 쉽게 대답할 수 있는 가벼운 화제를 떠올린다. 그러면서 자신도 같다는 등 맞장구를 치면서 끼어들기를 하되 짧게 한다.

예금 권유나 대출 상담 등 상대방이 자신의 이야기를 계속 들어야 할 입장인 경우에는 목소리가 커질 우려가 있으므로 조절에 신경을 써야 한다.

의사소통을 할 때에는 표정이 중요하며, 웃는 얼굴을 보여야 할 때와 그렇지 않을 때가 있다. 눈은 상대방의 눈을 보되 시선을 한 군데 오래 머물지 않도록 한다.

공손한 어투를 좋아한다고 비굴한 듯한 느낌을 주는 말을 함부로 하면 안 된다.

즉, 과다한 변명, 쓸데없는 수식어 사용, 너무 정중한 말을 피한다.

　마무리할 때는"감사합니다, 다시 뵙겠습니다" 등의 인사말을 사용하면 좋다. 내가 손님이었을 때 가장 기분 좋았던 경우가 어느 때이었던가를 생각해보면 금세 알 수 있을 것이다.

▪ 설명의 실제

　다수의 청중을 대상으로 한 설명에서는 이른바 '눈높이 설명' 을 하면 성공한다.

　어떤 업무를 설명하거나 자신이 의도하는 바를 실행하도록 하기 위해서 남을 설득하는 작업을 해야 하는 경우가 있다. 회원조합 직원들을 상대로 정책자금 운용의 중요성을 설명해야 하는 경우도 있고, 지방의회 의원들을 상대로 금고 유치 설명을 할 경우도 생기는 등 수없이 설명과 설득이 필요함을 느끼게 된다. 그러므로 설명력을 높이기 위해서 명확한 표현을 사용하는 것이 중요하며 쓸데없는 비유, 미사여구의 나열, 과장된 표현은 삼가야 한다. 주관적인 감정과 의견을 피해서 어디까지나 객관적인 사실과 논리적인 설명으로 질서 있고 정연하게 말해야 한다. 설명을 잘한다는 것은 어렵기 때문에 사전에 정보에 대한 충분한 탐구가 있어야 자신이 생긴다.

　단 한 번의 설명으로 모든 것을 알려줄 수 없기 때문에 항목을 제한하고, 다른 항목과의 관계를 확실하게 제시하면서 설명을 점진적으로 풀어간다.

　물론, 단어 선택은 정확하게 사용하고 가능하면 단순화하여 지루함을 줄이는 것이 좋다. 쓸데없이 말을 늘어놓으면 듣는 사람들의 집중도를 떨어뜨린다. 신뢰도가 떨어지면 그 설명은 실패한 것이나 다름없다. 복잡한 사안은 잘못 알아듣기 쉽기 때문에 쉽게 알아들을 수 있도록 반복어를 사용하고 새로운 개념을 이해시키려면 옛 것이나 비슷한 것과 비교해서 설명하는 것이 좋다. 요즘 유행하는 눈높이 설명을 하여야 소기의 성과를 거둘 수 있다.

5. 면접행동의 실제

■ **행동**

• 입 · 퇴장 태도

① 입장 : 노크 → 입장 → 두 손으로 문 닫기(왼손-구상지, 오른손-문 닫기) → 상체 정돈 두 손 모으기 (오른손-위, 왼손-아래, 하체 돌리기) → 정면 (면접관 보고 웃기-눈+입꼬리) + 목례 5도(허리로 문 앞에서)

② 책상 옆으로 갈 때 : 땅 보고 가기, 시선 멀리 처리 → 책상 옆에 서서 인사(8초 세면서 허리로 인사, 숙여서 1, 2초 세고 기다림→8초 세면서 등 펴기)

③ 인사 : "안녕하십니까 / (끊고) 관리번호 / 3번입니다." + 웃기 (눈+입)

④ 2~3초 후 "앉으세요." 하면 → 구상지 한 번에 책상에 놓고 → 의자 빼기 (소리 안 나게, 번쩍 들어 한 번에 공간 여백 남기고, 다시 당겨 앉지 않는다.) → 답변할 때 손 움직이지 않는다.→ 2, 3초 후 답변

⑤ 오프닝 멘트-문제 짧게
클로징-"저는 교사로써 다음과 같이 지도하겠습니다."

⑥ "이상입니다."→ 의자 한 번에 빼고 의자 정리, 구상지 들고 →"감사합니다 (크게)"

→ 인사(8초 세면서 숙이기, 1, 2초 있다가 8초 세면서 등 펴기)

⑦ 뒷걸음으로 잔걸음 2보 → 뒤돌아서 문 앞까지 감 → 문 앞에서 다시 면접관 보고 아이컨텍 + 웃음(편안한 얼굴) +목례

· 큰 목소리 + 눈과 입은 웃는 얼굴

· 답변시 아이컨텍, 눈과 고개도 돌리기(3명 골고루 시선 주기, 답변 한 문장당), 구상지 문제마다 봄

■ **답변**

① "저는 교사로서 ~ 하겠습니다." (내가 교사라면 어떻게 할 것인가)

② "~ 해야 합니다." (~ 지도 방안은)
=〉+ 이유, 근거, 구체적 예 제시

③ 주장 (짧게) + 이유, 근거 (부정적 효과-실시하지 않았을 때/긍정적 효과-실시했을 때)
ex) "또래 교수를 실시해야 합니다." + 또래교수 간단히 설명+좋은 효과

④ 물어보는 것은 물어보는 대로 답변
ex) "어떤 인성적 자질이 필요합니까?", "~한 인성적 자질이 필요합니다."

2장

협동조합 20선

1. 협동조합의 정의

> **핵심 내용** : 협동조합이란 평등에 기초하여 스스로에게 공동이익을 제공하기 위해 법적으로 하자가 없는 사람들에 의해 자유롭게 설립되고 소유 및 통제되는 사업체다. 공동이익은 출자에서 생기는 것이 아니라 협동조합의 활동으로부터 나오는 것이다.
>
> 〈에드가 파넬〉

1844년 영국의 노동자들은 자본주의 체제 속에서 상대적으로 약자인 자신들의 권리와 이익을 지켜나가기 위해 '로치데일 조합'을 설립했습니다. 로치데일 조합이 설립된 이후 지금까지 많은 나라에서 협동조합이 조직되고 발전되어 왔습니다. 하지만 그 성립과 발전과정은 협동조합이 속한 나라와 시대 등에 따라 서로 다르고, 협동조합의 개념도 국가와 시대, 사상과 이념적 차이에 따라 조금씩 달리 표현되어 왔습니다.

그래서 어떤 사람들은 자본주의의 폐해를 적극적으로 개선해가는데 필요한 조직체로 협동조합을 이해하기도 합니다.

일반적으로 협동조합이란 '경제적 약자들이 자신의 필요나 욕구를 충족시키기 위해 서로의 힘과 뜻을 모아 공동으로 사업 활동을 벌이는 자조적인 협동조직'을 뜻합니다.

국제협동조합연맹(ICA)에서는 협동조합을 '공동으로 소유되고 민주적으로 운영되는 사업체를 통하여 공통의 경제적·사회적·문화적 욕구를 충족시키고자 하는 사람들이 자발적으로 결성한 자율적 조직'이라고 정의하고 있습니다. 세계적인 협동조합 이론가인 영국의 에드가 파넬은 협동조합을 '평등에 기초하여 스스로에게 공동이익을 제공하기 위해 법적으로 하자가 없는 사람들에 의해 자유롭게 설립되고 소유 및 통제되는 사업체' 라고 정의했습니다. 또한 '공동의 이익은 출자에서 생기는 것이 아니라 협동조합의 활동으로부터 나오는 것' 이란 점도 분명히 밝히고 있습니다.

협동조합은 구성원들의 성격상 '경제적 약자들의 단체' 이자 '경제적 독립자들의 유기적인 단체' 라는 특성을 지니고 있습니다. 또한 조직체의 성격상 '조합원을 위해 경제적 사업을 전개하는 경제단체' , '비영리 단체로서 자유롭고 민주적인 인적 단체' , '상부상조의 자주적 단체' 라는 특성을 지니고 있습니다.

오늘날까지 세계의 협동조합이 오랜 세월 동안 지속적으로 발전해온 것도 이러한 특성을 어느 정도 유지해왔기 때문인데, 최근 경영환경 변화 과정 속에서 고유의 특성들이 희석되고 무시되는 경향이 자주 나타나고 있습니다.

그러나 이런 일들은 협동조합의 본질을 망각하게 하거나, 협동조합의 존재 의미를 불투명하게 하는 위험한 일입니다. 따라서 경영을 강조할수록 협동조합의 본질을 잊거나 훼손하지 않도록 많은 노력을 기울여야 합니다.

2. 협동조합의 이념

핵심 내용 : 협동조합 이념이란 협동조합이 지닌 최고가치와 지도정신을 의미하는 것으로 자조와 자립정신을 바탕으로 한 자득타득(自得他得)의 상부상조를 원동력으로 할 때 바람직한 협동조합 이념을 구현할 수 있다.

협동조합 이념이란 협동조합 운동의 지배적인 가치와 규범·신념 및 이상 등을 포함한 주체적 의지의 표현으로, 협동조합이 지향하는 최고가치와 지도정신을 의미합니다. 지금까지 협동조합 사상가와 운동가들에 의해 주장되고 실천되어온 협동조합 이념으로는 '상부상조의 협동정신', '자조·자주·자립의 이념', '평등·비영리·공정의 이념' 등이 있습니다.

농협은 '자조·자립·협동'을 농협의 3대 이념으로 삼고 있습니다. 이 중 협동은 농협의 중심 이념으로, 막연히 '힘을 합친다'는 사전적 의미가 아니라, '같은 목적을 달성하기 위해 힘을 모아 공동의 성과를 얻고자 하는 구체적 행위'를 말합니다.

협동 이념이 잘 구현되기 위해서는 무엇보다 서로에게 이익을 줄 수 있는 자득타득(自得他得)의 상부상조 정신이 필요한데, 이는 조합원 서로에게 도움이 되지 못하는 협동은 별다른 의미가 없기 때문입니다. 이러한 이념은 우리가 잘 알고 있는 '일인은 만인을 위하여, 만인은 일인을 위하여'라는 말 속에 잘 표현돼 있습니다.

또한 자조 이념은 자득타득의 상부상조 정신의 전제조건으로 작용하게 되는데, '서로 돕는다'는 것은 자신의 일을 해결하는 자조의 바탕 위에서만 가능하기 때문입니다. 즉 협동조합을 통해 '자조 → 자득타득의 상부상조 → 바람직한 협동이념

구현' 의 관계가 형성되는 것입니다.

또한 농협 운동은 외부의 원조나 지원으로 이뤄지는 것이 아니라 조합원 스스로 자신들의 문제를 해결하고 개선하는 데 목적이 있으므로 '자립' 을 농협의 이념으로 삼고 있는 것입니다. 자립은 외부의 간섭이나 지배에서 벗어나 올바른 협동조합 운동을 전개해가기 위한 전제조건이기도 합니다.

협동조합 이념은 협동조합을 운영하는 기본 원리이자 기반입니다. 조합원은 협동조합의 이념을 중심으로 결집되고, 협동조합 이념을 바탕으로 협동조합 운동을 전개하고, 협동조합 운영에 참여합니다.

따라서 협동조합 이념이 전체 조합원들 간에 명확하게 공유될 때는 협동조합 운동이 조합원의 적극적인 참여를 불러일으켜 활발하게 전개되지만, 그러지 못할 경우에는 협동조합 운동이 침체되거나 협종조합의 존립 자체도 위협받을 가능성이 많습니다.

그렇기 때문에 농협은 지속적인 교육을 통하여 임직원과 조합원 모두가 이와 같은 협동조합 이념을 항상 명확하게 공유할 수 있도록 지속적으로 관심과 노력을 기울여야 합니다.

3. 협동조합의 가치

핵심 내용 : 국제협동조합연맹(ICA)은 1995년 "협동조합은 자조 · 자기책임 · 민주주의 · 평등 · 공정 · 연대의 기본적 가치에 기초한다" 고 발표했다. ICA는 이와 함께 정직 · 공개 · 사회적 책임 · 타인에 대한 배려를 협동조합의 윤리적 가치로 발표했다.

모든 사상에 나름대로의 가치가 있듯이 인간 존중과 협동의 이념을 지닌 협동조합 사상에도 가치가 내포되어 있습니다. 협동조합의 가치는 협동조합이 다른 조직체에 비해 우월한 조직체라는 점을 인식시켜 줍니다.

협동조합의 가치에 대한 논의는 협동조합 고유의 존재 의의와 협동조합 특유의 사회 · 경제적 공헌에서 출발합니다. 1844년 로치데일 협동조합이 탄생한 이래 오랜 세월 동안 협동조합은 세계 도체에서 우여곡절을 겪으면서도 양적으로나 질적으로 발전을 거듭해 왔습니다. 이는 무엇보다 대중 속에 뿌리를 박고, 때로는 운동체로서, 때로는 경영체로서 정신적으로나 경제적으로 봉사해 왔기 때문입니다. 이것이 협동조합의 사회적 · 경제적 존재 의의이며 공헌입니다. 협동조합이 지니는 기본 가치의 원천도 바로 여기에 있습니다.

그러나 협동조합이 기본 가치를 현실에서 전개해가는 데는 더 구체적이고 실천적인 덕목이 선정되어야만 합니다. 사람에 따라 사회 환경에 따라 선정 기준과 내용이 다르고, 상황에 따라 윤리 기준과 경제 기준을 달리하다 보면 협동조합의 가치 기준도 가변적일 수밖에 없습니다.

따라서 협동조합 학자와 운동가들은 모든 나라의 모든 협동조합이 공통으로 추구해야 할 협동조합의 보편적 가치를 규범화하기 위해 많은 노력을 기울여 왔습니다.

그러한 노력이 결실을 맺어 국제협동조합연맹(ICA)은 1995년 ICA 창립 100주년을 맞아 영국 런던에서 협동조합의 가치와 7대 원칙을 제시했습니다.

ICA가 발표한 협동조합의 가치는 기본적 가치와 윤리적 가치로 나뉘어져 있습니다. 기본적 가치는 자조(self-help), 자기책임(self-responsibility), 민주주의(democracy), 평등(equality), 공정(equity), 연대(solidarity)에 기초한다고 제시했습니다.

윤리적 가치로 제시된 것은 정직(honesty), 공개(openness), 사회적 책임(social responsibility), 타인에 대한 배려(caring for others)입니다.

이런 협동조합의 가치는 협동조합의 과거와 현재, 그리고 미래를 연결시키는 고리입니다. 협동조합의 가치는 이상적인 목표가 아니라 실천을 위한 지침으로 행동화하고, 사업화하며, 성과화하는 데 있습니다. 그래야만 협동조합다운 협동조합으로 바로 설 수 있습니다.

4. ICA 협동조합 7대 원칙

핵심 내용 : 국제협동조합연맹(ICA)은 1995년 협동조합 7대 원칙을 제시했다. 7대 원칙은 가입 자유의 원칙, 민주적 관리, 조합원의 경제적 참여, 자율과 독립, 교육 훈련 및 정보, 협동조합 간 협동, 지역사회에 대한 기여로 되어 있다.

협동조합원칙은 1937년 국제협동조합연맹(ICA)이 처음 채택한 이후 두 번 개정이 되었습니다. ICA가 1995년 개정해 지금까지 이어져 오는 7대 원칙은 다음과 같습니다.

제1원칙은 자발적이고 개방된 조합원 제도입니다.
협동조합은 자발적인 조직으로서, 협동조합을 이용할 수 있고 조합원으로서 책임을 다하면 성(性)·사회적 신분·인종·종교·정파에 따른 차별을 두지 않고 모든 사람에게 개방해야 한다는 것입니다.

제2원칙은 조합원에 의한 민주적 관리입니다.
협동조합은 조합원이 관리하는 민주 조직으로서 조합원은 정책 수립과 의사결정 과정에 적극 참여해야 하고, 선출된 임원은 책임을 지고 봉사해야 한다는 것입니다. 또한 단위조합의 조합원들은 동등한 투표권(1인 1표)을 갖고, 다른 연합 단계의 협동조합도 민주적인 방식에 따라 관리해야 한다는 뜻입니다.

제3원칙은 조합원의 경제적 참여입니다.

조합원은 협동조합의 자본 조달에 공평하게 기여해야 하며, 출자 배당이 있을 경우 조합원은 출자액에 따라 제한된 배당을 받을 권리를 인정한 것입니다. 잉여금 배분은 준비금 적립, 사업이용 실적에 비례한 편익 제공, 기타 조합원의 동의를 얻은 활동 지원으로 제한하고 있습니다.

제4원칙은 자율과 독립입니다.

협동조합이 정부 등 다른 조직과 약정을 맺거나 외부로부터 자본을 조달하고자 할 때는 조합원에 의한 민주적 관리가 보장되고 자율성이 보장돼야 한다는 것입니다.

제5원칙은 교육 · 훈련 및 정보 제공입니다.

협동조합 발전에 효과적으로 기여하도록 교육과 훈련을 해야 한다는 것으로 특히 젊은 세대와 여론 지도층에 협동의 본질과 장점에 대한 정보를 제공해야 한다는 뜻입니다.

제6원칙은 협동조합 간 협동입니다.

협동조합은 지역 간, 인접국 간 및 국제적으로 함께 일함으로써 조합원에게 가장 효과적으로 봉사하고 협동조합 운동을 강화해야 한다는 것입니다.

제7원칙은 지역사회에 대한 기여입니다.

협동조합은 조합원의 의사에 따라 지역사회의 지속가능한 발전을 위해 노력해야 한다는 것입니다.

5. 협동조합과 주식회사의 차이점

핵심 내용 : 협동조합은 인적 결합체로 자본 결합체인 주식회사와 근본적으로 다르다. 협동조합은 조합원의 경제적·사회적·문화적 지위 향상을 목적으로 하지만 주식회사는 이윤의 극대화가 존립의 목적이다.

협동조합과 주식회사의 가장 큰 차이는, 협동조합은 인적 결합체이고, 주식회사는 자본 결합체라는 점입니다. 협동조합은 출자를 많이 하던 적게 하던 1인 1표로 의사 결정을 합니다. 그러나 주식회사는 출자액에 비례한 의사결정 구조를 갖고 있습니다. 따라서 주식회사는 경영권을 장악한 대주주에 의해 모든 의사가 결정됩니다. 그러나 협동조합은 조합원 모두가 평등한 권리를 갖고 조합 운영에 참여할 수 있습니다. 협동조합에서 자본은 원활한 운영을 위한 수단이지 목적이 아닙니다.

협동조합은 조합원이 주인이고 주식회사는 주주가 주인입니다. 주주라 하더라도 많은 돈을 투자한 대주주가 실제 주인이고 소액 주주는 경영에 아무런 영향력도 행사할 수 없습니다. 협동조합은 조합원의 경제적·사회적·문화적 지위 향상을 통한 편익 제공을 목적으로 하지만, 주식회사는 주주의 이익을 목적으로 합니다. 또한 협동조합의 사업은 조합원의 이용을 원칙으로 하는 반면 주식회사는 불특정 다수의 고객이 사업 대상이 됩니다.

이런 차이가 있음에도 '협동조합과 주식회사가 사업을 통해 이윤 추구를 하는 점에서는 차이가 없는 것 아닌가' 하는 의문을 가질 수 있습니다.

주식회사가 이윤의 극대화를 목적으로 하는 것은 분명합니다. 그러나 협동조합은 존립의 목적을 이윤 추구나 출자 배당 자체에 두지 않습니다. 오히려 출자나 배당금을 제한하면서까지 조합원 각자가 조합 운영에 동등한 권리를 행사할 수 있도록 합니다. 조합원의 입장에서도 배당보다는 조합을 통해 받는 서비스가 더 필요한 경우가 많습니다.

그러나 협동조합도 경영 부실로 인해 조합원이 피해를 보아서는 안 되기 때문에 사업을 통해 적정한 이윤을 내야 하고, 조합원을 위해 일을 더 잘할 수 있도록 자본을 적립해야 합니다. 협동조합 운영의 기본 원리는 사업을 통해서 조합원이 골고루 혜택을 받게 하는 데 있지 사업 자체를 통한 이익 확보에 있지 않다는 것입니다.

따라서 협동조합은 먼저 사업을 수행하는 과정에서 기본 목적을 충실히 따라야 함은 물론 경영의 합리화나 경비 절감을 통해 보다 많은 이익이 조합원에게 돌아갈 수 있도록 최선의 노력을 다해야 합니다. 그러기 위해서는 금융이나 경제사업 모두 시장에서 경쟁력을 확보해야 한다는 것은 주식회사와 다를 바 없습니다. 다만 그 과정에서 조합원을 단순한 고객으로 생각하거나 협동조합의 기본 성격과 목적 자체가 훼손되는 일이 발생되지 않도록 주의해야 할 것입니다.

6. 협동조합과 자본조달

핵심 내용 : 협동조합의 자본조달 방식은 내부조달과 외부조달로 나눌 수 있다. 조직 간의 경쟁이 치열해지고 사업규모가 확대되면서 협동조합 역시 내부조달만으로는 필요한 자본을 조달하기 어렵기 때문에 외부의 투자를 필요로 한다.

기업이나 협동조합 모두 사업을 수행하기 위해 자본을 조달하고 있지만, 조달된 자본의 성격과 조달하는 방식에서는 큰 차이가 있습니다.

우선 기업은 이윤 획득을 목적으로 하기 때문에 투자자(주주)의 자격에 제한이 없으며, 투자자는 배당을 목적으로 투자합니다. 그러나 협동조합은 조합원의 출자를 통해 자신의 경제활동을 위한 사업자금을 조성하는 것이기 때문에 배당 자체를 목적으로 하지 않습니다. 또한 외부의 투자가 이루어져도 투자자의 자격이나 투자액에 제한을 두고 있습니다. 이 점이 협동조합 자본조달의 가장 큰 특징입니다.

협동조합의 자본조달 방식은 내부조달과 외부조달로 나눌 수 있습니다. 어느 조직이든 내부에서 자기자본을 조달할 수 있다면 기업 지배를 공고히 하고 조직의 신용도를 높일 수 있기 때문에 가장 이상적이라 할 것입니다.

서구의 협동조합은 조합원의 출자를 촉진하기 위해 기본출자제도, 단위당 자본적립제도 등과 같이 조합원별로 사업량에 비례해 공정한 출자 의무를 부과하는 제도를 도입하거나 조합원에게 투자증권을 발행하고 있습니다.

또한 조합원의 출자로 충당하지 못하는 자본조달 문제를 해결하기 위해 외부 투자자에게 투자증권을 발행하거나 공공투자 자회사를 설립하는 등 다각적인 노력을 기울이고 있습니다.

농협의 경우 농가인구의 감소와 노령화로 조합원 수는 감소하는 등 주변 환경을 고려할 때 자본 확충에 많은 어려움이 있습니다. 일선 조합의 사정이 어렵기 때문에 농협중앙회도 내부조달에 의한 자본 확충에는 상당한 제약이 따를 수밖에 없습니다. 그럼에도 불구하고 2009년 5월 농협중앙회가 '일선 조합의 납입출자금 1조 원 추진운동'을 벌여 6월 26일 1조 원 규모의 대규모 자기자본 확충에 성공한 것은 획기적인 일입니다. 은행권에서 유례없이 최단 기간에 1조 원의 자기자본을 추가로 확보하면서 농협의 신용부문 국제결제은행(BIS) 기준 자기자본비율은 2009년 3월 말 11.99%에서 6월 말 12.5%로, 자기자본비율도 7.8%에서 8.2%로 높아져 농협중앙회의 대외 신인도가 크게 높아지게 됐습니다. 대자본과 경쟁하고 조합원에게 실익을 제공할 수 있는 사업체를 유지하면서 새로운 사업에 진출하기 위해선 자본의 확충이 필수적입니다.

따라서 농협도 장기적으로는 외부로부터 자본조달을 할 수 있는 다각적인 방안 등을 강구할 필요가 있습니다. 앞으로 농협이 헤쳐나가야 할 어려운 과제 중의 하나가 협동조합의 지배나 간섭을 막으면서 외부로부터 자본을 조달하는 합리적인 방안을 강구하는 일입니다.

7. 근대 협동조합의 효시, 로치데일 조합

핵심 내용 : 로치데일 공정협동조합이 성공하여 근대 협동조합의 효시가 된 데는 △조합 운영의 공개 △1인 1표주의 △이용고 배당 △출자배당 제한 △정치 · 종교적 중립 △시가에 의한 현금거래 △교육의 촉진과 같은 훌륭한 운영원칙을 갖고 있었기 때문이다.

세계 최초의 협동조합인 로치데일 공정선구자조합은 1844년 28명의 노동자들이 설립한 소비협동조합입니다. 로치데일 공정협동조합이 성공하여 근대 협동조합의 효시가 된 데는 △조합 운영의 공개 △1인 1표주의 △이용고 배당 △출자배당 제한 △정치 · 종교적 중립 △시가에 의한 현금거래 △교육의 촉진과 같은 훌륭한 원칙을 만들고 이에 충실한 운영을 했기 때문입니다. 로치데일 조합의 원칙은 협동조합 운동사에 지대한 영향을 미쳤고, 이 중 상당 부분이 협동조합의 성격을 규정짓는 원칙으로 존중받고 있습니다.

영국의 로치데일이라는 조그마한 도시는 19세기 전반기에 영국 산업혁명의 혜택과 이로 인한 비참한 생활을 동시에 경험한 역사적인 고장이었습니다. 영국 산업혁명의 견인차였던 면방직공업의 중심지 멘체스터에서 가까운 로치데일은 직물업이 주산업이었고, 이곳에서 아일랜드 출신의 광부와 공장 노동자들은 열악한 작업환경과 저임금 등에 시달리며 자본가의 착취에 많은 불만을 품게 되었습니다. 이런 상황에서 1840년 로치데일 지방을 휩쓴 대기근이 발생하자, 28명의 노동자들은 1844년 8월 15일 창립총회를 갖고, 10월 24일 역사적인 로치데일 공정선구자조합을 설립합니다.

로치데일 협동조합의 성공 요인에 대해서는 다양한 연구가 있으나 공통적인 몇 가지를 보면 다음과 같습니다.

첫째, 협동이상촌 건설이라는 위대한 목적이 사람들의 마음을 사로잡고, 조합원을 결집할 수 있었다는 것과 실천 방법으로 손쉬운 일부터 착수하여 점차 사업을 확대해 나간 점입니다.

둘째는 앞서 언급한 조직과 경영의 원칙이 훌륭했다는 것이고, 셋째는 조합원에 대한 교육에 많은 비중을 두었다는 것입니다. 로치데일 조합의 선구자들은 투철한 이상적 협동조합 사상가인 오웬주의자들이었으며, 조합 목적 달성에 교육이 중요하다는 확신을 갖고 있었습니다.

넷째는 자그마한 상점을 운영하는 소매업이 초창기 사업이었으나 조합원으로부터 예금을 받고, 제분공장 등 관련 사업 확대에 일찍부터 노력해 조합원의 실익을 지속적으로 제고한 점입니다.

다섯째는 다른 조합의 설립과 발전에 많은 노력과 지원을 통해 협동조합운동을 확산시킨 점입니다. 이러한 요인에 의해 로치데일 조합은 성공적인 모델이 되었고, 초창기 많은 협동조합은 로치데일 조합의 정관을 그대로 채택하는 등 로치데일 조합의 정신과 운영 방법을 통해 성장할 수 있었습니다.

8. 농협운동의 모태, 라이파이젠 조합

핵심 내용 : 라이파이젠 농촌신용협동조합은 농민에게 중기 자금을 지원해 농민 스스로 가축을 구입할 수 있도록 하고, 주택·토지·농기구 등의 구입에 자금을 대출해주는 신용지원을 함으로써 농협운동의 모태가 됐다.

세계 최초로 농촌신용협동조합을 설립한 인물 라이파이젠은 독일의 프로이센에서 출생했습니다. 독일 민주주의적 혁명운동을 지지하고 왕권 반대파에 섰다가 반란 미수죄로 고발되어 정계를 은퇴한 그는 농촌지역에서 협동조합 운동에 힘을 기울였습니다.

라이파이젠은 가난한 농민의 생활을 개선하기 위해서는 금융을 비롯한 여러 가지 경제사업을 조합이 운영하지만 이는 수단에 불과하다는 확고한 신념을 갖고 있었던 사람입니다. 그는 농민이 궁핍한 원인을 규명하고, 그 극복책을 강구하면서 협동조합 사업의 종류를 단계적으로 확장해나가는 한편 지역적으로는 작은 마을에서 시작해 전국적인 연합회로 발전시켜 나갔습니다.

라이파이젠은 초창기에 소농들이 대부업자의 고리채에 시달리는 것을 보고, 지역 유지가 중심이 된 위원회를 구성해 정부 배급물자의 공평한 분배를 하는 동시에 유지들로부터 자선적 성격의 기부금을 모아 밀을 대량으로 구입한 후 농민들에게 싸게 대여를 한 다음 이듬해에 갚도록 했습니다.

이후 그는 부락 대부소(푸라마스펠트 구혈조합)를 설립했습니다. 지역 유지들이 필요한 자금을 투자하거나 조합의 부채에 대해 연대 책임을 지도록 하는 것 외에 가축 구입자금을 빌려주고, 나눠 갚도록 하는 사업을 도입한 것입니다. 또한 중기자금을 지원해 농민들이 주택·토지·농기구 등을 구입토록 했습니다.

그러나 라이파이젠 조합들이 점차 조합원의 무관심으로 하나 둘 해산하게 되자 협동조합운동이 의무와 박애의 원리만으로는 운영이 어렵다는 것을 깨닫고 운동의 기조를 '자선 원리'에서 '자조 원리'로 바꾸고 사업은 저축과 대부로 국한시키게 됩니다. 조합원이 아니면 돈을 대출해주지 않는다는 규정은 새로운 것이었고, 이익금은 분배하지 않고 기금으로 적립했습니다. 이것이 농촌신용협동조합의 효시입니다.

라이파이젠은 협동조합 운동을 강화하기 위해서는 연합조직이 필요함을 깨닫고 1876년 '독일농업중앙대부금고'를 설립한 데 이어 1877년 '농업협동조합대표자연맹'을 창설했습니다. 연맹에서는 농가필수품의 공동구입과 농산물의 공동판매를 하는 도매 협동조합의 기능도 수행했습니다. 연맹은 1889년 '라이파이젠 협동조합 총연맹'으로 개칭됐습니다. 라이파이젠 협동조합의 발전 원인은 사업의 효율화를 위해 연합회를 일찍이 조직하였다는 것입니다. 또 1880~1890년대에 정부의 농업자금을 흡수함으로써 저리자금을 재원으로 활용할 수 있게 된 것을 들 수 있습니다.

9. 한국 농협의 특수성

핵심 내용 : 한국 농협의 특징은 신용과 경제사업을 함께하는 종합농협이라는 점이다. 이는 농업 생산 구조가 평균 경지면적 1.3ha 안팎의 소농 구조이고, 복합영농이 주류를 이루는 특성에서 비롯된 것이다.

한국 농협은 외국의 협동조합에 비해 두드러지는 몇 가지 독자적인 특성이 있습니다. 무엇보다 가장 큰 특징은 대다수 회원조합이 영세소농을 기반으로 하여 조직되었고 경제 · 신용 · 지도사업을 함께 하는 종합농협 형태를 취하고 있다는 점입니다. 서구의 농협은 이해관계를 같이하는 농민을 중심으로 업종별로 조직되어 금융 · 보험 · 구매 · 판매 · 가공 등 기능별로 전문화되어 있습니다.

그러나 우리의 경우 품목별로 전업농가를 중심으로 한 품목조합이 일부 조직되어 있긴 하지만, 품목별 · 업종별 구분 없이 관할구역 내 전 농민을 대상으로 한 종합농협이 주류를 이루고 있습니다.

이러한 한국 농협의 특수성은 농업 생산 및 농촌사회의 구조적 특성에서 비롯된 것입니다. 서구 농협의 경우 생산 규모가 호당 평균 유럽은 20ha, 미국은 200ha에 달하고, 축산 · 원예 · 과수 · 특작 등으로 전문화되어 있습니다. 더 나아가 축산은 육우 · 낙농 · 양돈 · 양계 등으로, 원예 역시 품목별로 나뉘어져 있어 농민 간에도 이해와 요구를 달리하기 때문에 협동조합도 품목 또는 기능 중심으로 발전하게 된 것입니다.

이에 비해 한국의 농업 생산 구조는 경지 규모가 1.3ha 안팎으로 적고, 복합영농을 하는 소농 구조로 이루어진데다 가계와 경영의 분리도 명확하지 않습니다. 이에 따라 한국 농협은 일정 지역 내의 전 농민을 대상으로 종합적인 서비스를 하는 종합농협으로 발전하게 된 것입니다.

또 다른 특징은 중앙회도 종합농협 체제를 갖추고 있다는 점입니다. 해방 직후 농협은 농업은행과 경제사업을 하는 (구)농협이 별도로 있었으나 (구)농협이 자본금 부족 등으로 사업이 활성화되지 않자 1961년 양 기관을 통합해 지금의 종합농협을 설립하게 된 것입니다. 한국과 비슷한 소농 구조를 갖고 있는 일본과 대만의 농협을 보면 회원조합 단계에서는 종합농협 체제를 갖추고 있으나 연합회 단계에서는 기능별·품목별로 분리되어 있습니다. 그러나 우리의 경우는 중앙회도 종합농협 체제로 발전을 거듭해왔으며 이러한 특성은 2000년 농·축·인삼협의 통합에 의해 더욱 강화되었습니다.

농협중앙회가 회원농협의 상호금융연합회로서의 기능을 수행하는 동시에 직접 사업을 한다는 점도 특징입니다. 외국의 경우 연합회는 주로 회원조합을 통해 조달된 자금을 운용하거나 지도 업무를 주 임무로 하는데 비해 한국 농협중앙회는 금융사업의 경우 소비자를 대상으로 직접 금융까지 담당하고 있습니다.

10. 협동조합 섹터론

핵심 내용 : 협동조합 섹터는 정부 · 기업과 함께 국민 경제를 형성하는 하나의 중심축으로서 협동조합의 역할과 위상을 인정받는 근거가 된다는 점에서 현실적으로 중요한 의미가 있다. 일반적으로 협동조합은 정부와 기업에 속하지 않는 제3섹터의 일원이자 구심체로서 자발적이고 민주적이며 사회의 공익을 위해 기여하고 있다.

국민 경제를 구성하는 중요한 섹터로서 협동조합이 지니는 의미와 가치는 정말 소중한 것입니다. 사회는 개인을 비롯한 수많은 조직체로 구성되며, 협동조합도 이러한 조직체 가운데 하나입니다. 협동조합 섹터란 협동조합이 수행하는 경제적 · 사회적 기능을 통해 국민 경제에서 차지하고 있는 고유의 영역을 의미합니다.

협동조합은 정부와 기업에 속하지 않는 제3섹터(협동조합 · 공제조직 · 비영리 조직 등)에 속합니다. 협동조합은 정책 사업을 대행한다는 점에서는 정부 섹터에, 사업체로서 시장에서 활동한다는 점에서는 기업 섹터에 속하는 것으로 볼 수 있으나 정부 섹터는 계획 메커니즘에 의해, 기업 섹터는 시장 메커니즘에 의해 운영되고 협동조합 섹터는 협의(協議) 메커니즘으로 운영된다는 점에서 본질적인 차이가 있습니다.

자본주의의 고도화와 경제의 글로벌화는 국경을 초월한 경쟁과 환경 파괴, 인간성 상실, 빈부 격차 등의 문제를 심화시키고 있습니다. 그러나 이러한 문제를 정부와 기업의 힘만으로 해결하기에는 한계가 있습니다. 그래서 최근 비영리조직(NPO) · 비정부조직(NGO)과 같은 시민 · 사회단체가 정부나 기업 섹터와 다른 제3

섹터를 형성하고 활발한 활동을 벌이고 있습니다. 제3섹터의 일원인 협동조합은 조합원의 수나 사업의 규모로 볼 때 제3섹터에서 구심체 역할을 하고 있습니다.

유럽연합(EU)에서는 제3섹터를 사회적 경제(Social Economy)로 부릅니다. 사회적 경제조직은 유럽통합 과정에서 발생한 사회적인 갈등, 특히 실업문제 해소에 매우 중요한 역할을 수행하였습니다. EU는 이러한 사회적 경제조직이 발전할 수 있도록 1989년 '사회적 경제국' 을 설치하고 정보 제공·재정 지원을 하고 있습니다.

협동조합 섹터의 개념은 1937년 협동조합 운동가인 포케가 '공상적 협동주의' 를 비판하면서 처음으로 제기한 것으로 이후 시대 상황에 따라 발전되어 왔습니다. 국제협동조합연맹(ICA)은 1966년 '협동조합 간 협동' 을 협동조합 원칙으로 채택, 협동조합 섹터의 역할과 위상을 강조했습니다. 이어 1980년 ICA 보고서에서 레이들로가 '협동조합 지역사회 건설' 을 제기해 협동조합 섹터를 공론화한 데 이어 1995년 ICA 협동조합 원칙에 '지역사회에 대한 기여' 가 포함되면서 협동조합 섹터의 공익적 역할이 구체화되었습니다.

11. 협동조합의 편익과 한계

핵심 내용 : 협동조합은 조합원과 지역사회, 소비자 등에게 다양한 편익을 제공하지만 한계도 지니고 있다. 예를 들어 어떤 품목의 생산 조절이나 가격 결정과 같은 기능은 협동조합이 할 수 없다는 것이다.

협동조합은 조합원의 편익을 목적으로 하고, 주식회사는 주주의 이익을 목적으로 합니다. 여기서 중요한 것은 협동조합이 조합원에게 줄 수 있는 편익이 무엇이고, 그 한계는 무엇인가 하는 점입니다.

농협의 예를 들어 보겠습니다. 농협에 대한 비판을 분석해보면 협동조합의 한계를 잘 이해하지 못하고 농협이 마치 모든 농업 문제를 해결할 수 있는 것으로 생각하는 오해에서 비롯된 것이 많습니다. 가장 대표적인 것이 농축산물의 가격이 폭등하거나 폭락할 때 농협이 생산 조절을 제대로 하지 못해 발생하는 것으로 비판하는 것입니다. 그러나 생산 조절이나 가격 결정 등은 협동조합이 해결할 수 있는 문제가 아닙니다. 협동조합은 만능이 아니고 분명한 한계를 갖고 있는 조직이란 점을 미국 농무부는 '협동조합의 편익과 한계'를 통해 지적하고 있습니다.

미국 농무부 웹사이트(www.usda.gov)에 실린 '협동조합의 편익과 한계'를 보면 농협이 농민 조합원과 지역사회, 소비자에게 제공할 수 있는 편익은 아주 다양하고 광범위합니다. 하지만 노동에 의존할 수밖에 없는 농업에 종사하는 농민 조합원이 조직한 자발적 조직이라는 점에서 농협이 할 수 있는 일의 한계도 분명합니다. 미 농무부가 정리한 협동조합의 편익과 한계를 정리하면 다음과 같습니다.

협동조합(농협)의 편익

농민 조합원에 대한 편익: 협동조합 소유와 민주적 관리, 서비스 개선, 농자재의 안정적 공급, 시장 확대, 법률적 지원, 농가소득 증대, 농자재와 농산물의 품질 향상, 시장 경쟁력 촉진, 농가 경영능력 향상, 가족 농의 농업경영 유지, 농촌지도자 발굴 육성

지역사회에 대한 편익: 지역사회 소득 증가, 지역사회 발전에 기여, 비농민에 대한 재화와 서비스 지원

소비자에 대한 편익: 양질의 농산물 공급, 새로운 제품과 가공법 개발, 다양한 서비스 지원, 생산비와 판매비 절감, 복지 증진

협동조합(농협)의 한계

생산 조절, 가격 결정, 시장 지배력, 내부유보 적립, 노동에 의한 영농, 매개자 기능, 가격과 서비스에 대한 영향, 고유 특성에 의한 제한

12. 에드가 파넬의 진정한 협동조합

핵심 내용 : 영국의 저명한 협동조합 전문가인 에드가 파넬은 진정한 협동조합이 되기 위한 10가지 요소를 제시하고 협동조합이 올곧게 협동조합의 역할을 다할 수 있도록 하는 간절한 기원을 담은 기도문을 발표해 큰 반향을 일으켰다.

영국의 저명한 협동조합 전문가인 에드가 파넬은 진정한 협동조합의 특징을 10가지로 정의했습니다. 내용의 대부분은 협동조합의 원칙에 속하는 것들입니다. 에드가 파넬은 "협동조합이 결코 만병통치약이 아니며, 모든 상황에 맞는 적합한 조직형태도 아니지만, 적소(適所)와 적시(適時)의 경우에는 종종 최상의 선택이 될 수 있다"고 그의 저서에서 밝히고 있습니다.

10가지 정의의 내용은 다음과 같습니다.

1. 협동조합은 조합원의 이익을 위해 존재해야 한다.

2. 조합원은 주요 이해관계자 집단에 속하는 사람들로 제한되며, 정치 · 종교 · 인종 등 기타의 이유로 조합원의 자격이 제한되지 않아야 한다.

3. 협동조합의 서비스를 더 이상 이용하지 않는 조합원은 조합원의 자격이 없다.

4. 주요 이해관계자 집단에 속해 있고 협동조합의 서비스를 정기적으로 이용하는 사람은

조합원이 될 자격이 있고, 또한 협동조합 이용은 적극적으로 권장되어야 한다.

5. 조합원 가입은 강요되어서는 안 되고, 마찬가지로 협동조합은 비조합원에 대한 서비스 제공을 강요받아서는 안 된다.

6. 조합원은 직·간접적으로 협동조합을 통제할 수 있어야 한다는 점입니다. 이는 조합원에게 적어도 이사와 감사를 선출 또는 해임할 수 있는 권한과 협동조합의 기본 목표를 수립하고 규정의 개정과 이익 분배에 동의할 수 있는 권한이 있음을 뜻한다.

7. 협동조합의 이익은 이용 실적에 따라 모든 조합원에게 공평하게 배분되어야 한다.

8. 조합원은 협동조합의 이익뿐만 아니라 위험도 함께 책임져야 한다.

9. 조합원을 포함해서 협동조합의 운영을 위해 투자된 자금에 대해서는 시장 이자율에 의한 이자를 받을 수 있으나 투자 수준에 비례해서 이익을 분배받거나 투표권을 행사해서는 안 된다.

10. 협동조합이 조합원의 실질적 요구에 지속적으로 봉사할 수 있기 위해서는 경영자와 조합원 양방 간에 의사소통을 원활히 할 수 있는 운영체계가 있어야 한다.

13. 세계농민헌장과 가족농

핵심 내용 : 세계농민헌장이 한국 농협의 제안으로, 그것도 2006년 세계농업인연맹 (IFAP)서울 총회에서 채택된 것은 큰 의미가 있다. 한국 농협이 주도해 제정한 세계농민 헌장이 지향하는 궁극적인 목표는 가족농의 보호다.

전 세계 6억 명 이상의 가족농을 대표하는 세계 최대 농민단체인 세계농업인연맹 (IFAP)은 2006년 5월 19일 제37차 서울 총회에서 총회에 참석한 83개국, 118개 농민단체의 만장일치로 한국 농협이 제안한 세계농민헌장을 채택했습니다.

세계농민헌장이 지향하는 목표는 10개항의 기본 원리와 규범에 압축되어 있습니다. 이를 살펴보면 다음과 같습니다.

1. 농업의 중요성과 농민의 막중한 역할을 인정한다.
2. 농민조직을 필수불가결한 동반자로 참여시키고 존중한다.
3. 농민이 정당한 소득을 얻을 수 있도록 기회를 제공한다.
4. 농촌과 도시를 동등하게 대우하고 정당하게 대접한다.
5. 농업의 다양성과 지속 가능성을 보장한다.
6. 기아, 영양실조, 농촌 빈곤을 퇴치한다.
7. 공정하고 공평한 농산물 무역협상을 확립한다.
8. 농산물 유통체계에서 힘의 균형을 통해 시장이 제 기능을 발휘하고 활성화되도록 보장 돼야 한다.

9. 여성농민과 청년농민에 대한 특별한 배려와 격려가 있어야 한다.

10. 안전한 먹을거리 생산기준ㆍ생산이력제 등에서 국제적 협력을 확대 한다.

이 같은 내용의 세계농민헌장이 지향하는 궁극적인 목표는 가족농의 중요성입니다. 세계화의 거센 물결 속에서 초국적 농기업에 의한 농산업의 독과점과 이에 따른 가족농의 붕괴는 이제 더 이상 묵과할 수 없을 정도로 심각한 현상으로 치닫고 있는 것이 현실입니다. 가족농의 붕괴는 탈농과 농업노동자로의 전락, 농촌사회의 공동화로 이어집니다.

지난 반세기 동안 세계적으로 농민들은 농지를 빼앗기고 삶의 뿌리가 뽑힌 채 농촌에서 떠났습니다. 그들은 가업으로 이어받은 생계수단을 개발ㆍ성장ㆍ근대화ㆍ산업화ㆍ세계화 그리고 이윤이라는 명목으로 박탈당했습니다. 저개발 국가와 개발도상국의 농업은 농업생산의 다양성을 부정당하고 오직 효율만을 추구하는 공장형 농축산업의 생산물을 소비하는 곳으로 급격히 전락하고 있습니다.

전통의 농업 유전자원은 거대 기업에 의해 장악되고 이들에 의해 개발된 유전자조작 농산물의 종자가 그 자리를 차지하고 있습니다. 소비자들 역시 안전한 식품의 선택권을 빼앗기고 농업 생산과 가공ㆍ유통을 수직적으로 통합해 전 세계 시장에 독점적으로 공급하는 각종 농식품의 구매를 강요당하고 있는 것이 숨김없는 현실입니다.

세계농민헌장은 이러한 현실을 극복하기 위해선 가족농의 중요성을 세계 만방에 다시 천명하고, 가족농이 지속 가능한 농업과 농촌 발전 전략의 핵심임을 강조한 것으로 그 뜻을 다시금 깊이 새길 필요가 있습니다.

14. 한국협동조합협의회 공동 선언문

핵심 내용 : 농협중앙회를 비롯한 국제협동조합연맹(ICA) 6개 회원협동조합은 2009년 7월3일 한국협동조합협의회를 발족했다. 협의회는 이날 공동선언문을 통해 '협동조합 간 협동을 통한 지속 가능한 사회경제적 발전과 번영에 앞장설 것' 등 5개항을 다짐했다.

농협중앙회와 산림조합중앙회, 새마을금고연합회, 수협중앙회, 신협중앙회, 아이쿱생협연합회 등 국제협동조합연맹(ICA) 회원 6개 협동조합은 7월 3일 한국협동조합협의회를 발족했습니다. 협의회 발족은 한국의 협동조합운동이 한 차원 높은 단계로 발전해나갈 수 있는 계기를 마련했다는 점에서 의미가 있습니다.

협의회는 이날 공동 선언문을 발표하고 '협동조합 간 협동을 통한 지속 가능한 사회경제적 발전과 번영에 앞장설 것' 등 5개항을 다짐했습니다.

공동 선언문은 "개방화 · 국제화의 심화와 시장경제 원리에 따른 이익 추구의 지나친 확산 속에서 세계 경제의 위기가 닥친 이때에 우리는 전 세계 8억 협동조합인과 함께 공존과 공영 · 상생을 추구하는 협동조합의 막중한 역할과 가치를 재천명한다"고 밝히면서 "국제연합(UN)에서도 협동조합의 중요성을 인정하고, 협동조합의 발전과 번영을 위한 정부와 사회의 관심과 지원을 촉구하고 있음"을 강조했습니다.

이날 6개 협동조합이 공동으로 선언한 5개항의 내용은 다음과 같습니다.

첫째, 협동조합의 기본 가치인 자조 · 자기책임 · 민주 · 평등 · 공평 · 연대 · 정직 · 투명성 · 사회적 책임 · 타인에 대한 배려를 신조로 삼고 실천하며, 협동조합 이념을 확산하고 협동조합 원칙에 맞는 협동조합 운영을 통하여 더불어 잘사는 지역사회 건설과 국민경제의 균형 있는 발전, 세계 경제의 번영에 다함께 노력한다.

둘째, 협동조합 간 긴밀한 협동을 통하여 건강하고 쾌적한 공동체 사회를 구현하며, 지속 가능한 사회·경제적 발전과 번영을 위하여 앞장선다.

셋째, 지역사회와 협력해 협동조합의 가치를 전파하고, 조합원의 신규 가입·사업이용의 활성화·민주적 참여를 촉진시키며, 고용의 유지 및 창출에 기여하여 지역공동체의 지속 가능한 발전을 추구한다.

넷째, 안전하고 품질 좋은 상품을 생산하고, 직거래를 활성화시켜 생산자와 소비자 모두의 이익을 증대하며, 환경보호와 국민건강 증진에 기여한다.

다섯째, 정부와 사회가 협동조합에 대한 중대한 가치와 역할을 재인식하고 협동조합의 건전한 발전을 위해 지속적으로 지원해 줄 것을 촉구한다.

공동 선언문은 협동조합 본연의 가치와 역할에 대한 사회적 인식을 새롭게 하고 협동조합의 힘을 모아 공동의 목표를 함께 추구해나가자는 데 그 뜻이 있습니다. 따라서 협동조합 관계자들은 협의회를 중심으로 공동선언문의 정신을 살려나가는 데 모든 역량을 기울여야 할 것입니다.

15. 농협 심벌의 의미

핵심 내용 : 쌀이 가득히 찬 항아리를 형상화한 농협 마크 ·캐릭터인 '아리' ·토끼 마스코트 등 농협 심벌은 우리 농협의 이미지를 나타내는 것으로 넓게는 기업 문화를 상징하는 것이다.

우리와 아주 친숙한 농협 마크는 복주머니를 연상케 합니다. 쌀이 가득히 찬 항아리를 형상화한 것으로 농촌이 잘 살게 되기를 바라는 염원을 담은 것이라고 합니다. 물론 복주머니를 연상하다고 해서 잘못된 것은 아닙니다.

농협마크의 'V' 자 꼴은 '농' 자의 'ㄴ' 을 변형한 것으로 새싹과 벼를 의미하며, 농협의 무한한 발전을 상징합니다. 'V' 자 꼴을 제외한 아랫부분의 둥근 모양은 '업' 자의 'ㅇ' 을 변형한 것으로 원만함과 돈을 의미하며 협동과 단결을 상징합니다. 또한 마크 자체는 '협' 자의 'ㅎ' 을 변형한 것입니다. 그래서 전체적으로는 'ㄴ' + 'ㅎ' 은 농협을 나타냅니다.

밀알 같이 생긴 캐릭터 '아리' 는 지난 2000년 농협·축협·인삼협이 통합 농협으로 새롭게 출발하면서 미래지향적인 기업 이미지를 나타내고자 만든 것입니다. 이름을 '아리' 라고 지은 것은 농업의 근원인 씨앗을 모티브로 해서 쌀알·밀알·콩알에서 '알' 을 따와 친근한 이름을 붙인 것입니다.

농협의 마스코트로 토끼가 선정된 것은 토끼라는 동물이 온순하고 귀염성이 있는 동물이란 점에 착안, 항상 고객으로부터 사랑받고, 앞으로 더욱 사랑 받겠다는 의미라고 합니다. 또한 토끼는 번식력이 강해 새끼를 많이 낳으므로 지속적으로 발전을 하는 농협을 상징하는 의미도 있습니다.

최근에는 농협 앞에 'NH'를 붙여 'NH농협'으로 부르는데 이것은 국제화 시대에 세계로 뻗어가는 농협의 이미지를 구축하기 위한 것입니다. NH의 'N'과 'H'는 농협(Nong Hyup)의 영문 약자입니다만 이를 확대 해석하면 자연(Nathur)과 인간(Human), 즉 자연과 인간을 존중하는 의미도 있다고 하겠습니다.

일반적으로 사람들은 상품 구입에서부터 지장 선택에 이르기까지 기업 이미지에 따라 선택하고 판단을 내리는 경우가 많습니다. 이 때문에 각 기업에서도 명칭부터 종업원의 복장까지 통일된 이미지를 주는 기업 활동과 전략을 수립합니다. 이를 CI(Corporate Identity)라고 합니다.

농협 마크와 캐릭터인 아리, 마스코트인 토끼 등도 기업문화의 활성화 측면에서 이루어지는 CI 작업의 한 부분이라고 할 수 있습니다.

이러한 CI를 통해 '농협' 하면 '협동'이 떠오르고, 농협은 농민을 위해 봉사하는 조직으로써 지속적으로 발전해나가는 기업 이미지를 사회에 심어주는 것입니다.

기업문화가 없는 조직은 죽은 조직과 같다고 할 정도로 조직과 구성원의 행동에 아주 커다란 영향을 미칩니다. 최근엔 기업 경쟁력의 원천으로써 '제5 경영자원'이라고도 불리며 아주 중요시되고 있습니다.

16. 농협보험과 민영보험의 차이

핵심 내용 : 농협보험과 민영보험은 가입 후 사고 발생시 약정된 경제적 급부를 지급하는 점에서는 비슷하다. 그러나 농협보험은 상부상조 정신에 바탕을 둔 비영리사업이며, 민영보험은 이윤 추구를 목적으로 하는 영리사업이라는 데 근본적인 차이가 있다.

농협보험은 우연한 사고가 발생한 경우에 재산상의 자금 수요를 충족시킬 수 있도록 다수의 농협 조합원들이 미리 일정한 부담금을 갹출하여 공동으로 준비재산을 조성하고, 사고가 발생했을 때 경제적 급부를 제공하는 협동조합 보험제도라고 할 수 있습니다.

농협보험은 농협공제라고 하는데 공제(共濟)의 의미는 '함께(共) 건넌다(濟)' 는 뜻으로 '어려운 고비를 함께 건넌다' , '어려움을 함께 구제한다' 는 의미를 함축하고 있습니다. 공제의 가장 큰 특징은 상부상조의 정신을 보험에 접목한 것이라고 할 수 있습니다.

상부상조를 통한 구제제도는 우리 역사 속에서 맥락을 찾아볼 수 있습니다. 신라와 고려시대에는 보(寶)가 있었고, 조선시대에는 상호친목과 관혼상제의 부담을 덜어주기 위한 각종 계(契)가 성행했고, 자치 규범이었던 향약에도 이웃의 재난을 구제하는 내용이 있었습니다. 이러한 상호구제 제도가 현대적으로 발전한 것이 공제입니다. 농협공제는 '1인은 만인을 위하여, 만인은 1인을 위하여' 라는 협동조합 정신을 바탕으로 고객들의 각종 재난을 극복하고 안정된 경제생활을 도와주는 협동조합 보험인 것입니다.

민영보험은 영리를 목적으로 설립된 회사가 운용하고 판매하는 것으로, 우연한 사고로 인해 일시적 목돈이 필요한 경우에 대비하기 위해·많은 사람이 일정한 보험료를 적립해두었다가 사고를 당한 사람에게 보험금을 지급하는 제도입니다. 따라서 공제와 보험은 외형적으로 보면 비슷하지만 공제가 상부상조의 비영리사업인 반면 보험은 영리를 목적으로 하는 사업이라는 점에서 근본적인 차이가 있습니다.

이 같은 차이가 있기 때문에 농협의 공제는 계약자의 공제료 부담이 상대적으로 적고, 민영보험에 비해 고율의 배당과 복지환원 사업이 가능합니다.

최근 농협도 '공제'라는 말 대신에 '보험'이란 용어를 씁니다. 이는 보험시장이 확대되고, 경쟁이 치열해지면서 민영보험과 경쟁을 하기 위한 전략적인 노력의 일환입니다. 그렇지만 명칭만 보험이라는 말을 쓸 뿐 공제가 갖고 있는 본질까지 달라지는 것은 아닙니다.

농협의 공제료(보험료)가 민영보험에 비해 저렴한 것은 비영리라는 특성 외에도 전국에 점포망을 갖고 있는 농협의 영업조직을 이용해 사업비가 적게 들기 때문입니다.

또한 농협공제는 이익의 상당 부분을 환원하고 있어 계약자를 위한 무료검진, 농촌 의료지원, 고율의 배당, 공제 수련원 운영 등 민영보험과 차원이 다른 다양한 복지 환원사업을 하고 있습니다.

17. 한국, 일본, 대만 농협의 특징 비교

핵심 내용 : 협동조합이 나라마다 다양한 모습을 지니고 있는 것은 협동조합이 뿌리를 박고 있는 토양이 제각기 다른 데서 연유한다.

한국, 일본, 대만의 농업은 비슷한 점이 많습니다. 반면 각 나라의 농협이 가지고 있는 특징을 보면, 다른 점 또한 많습니다. 먼저, 농가 규모가 모두 영세하고, 다양한 작목을 재배하고 있었기 때문에 정부의 농촌개발정책과 더불어 종합농협을 중심으로 발전해온 것입니다.

다음으로 이들 나라 농협은 모두 신용사업의 수익으로 경제사업의 적자를 보전하고 지도사업비를 충당하고 있다는 것입니다. 하지만 전체적으로 볼 때 일본, 대만이 종합농협 체제는 먼저 시작했다고 볼 수 있습니다. 또한 종합농협 부문에서는 우리가 우세에 있지만 전문농협 부문에서는 우리가 뒤처지는 것이 차이점입니다.

협동조합은 나라마다 나름대로의 조직과 운영 방식을 지니고 있습니다. 그 중에는 협동조합의 전통적인 운영 원칙에 충실한 것도 있는 한편, 기업과의 경쟁 속에서 주식회사의 경영 방식을 도입한 협동조합도 있습니다. 또한 정부에 의해 정책적으로 설립되어 정부사업을 주로 대행하는 것이 있는가 하면, 협동조합의 자주·자율성을 지키기 위해 정부의 지원을 받지 않는 협동조합도 있습니다.

이 밖에 농업협동조합이 주류를 이루는 나라가 있는가 하면, 소비자협동조합이나 신용협동조합이 주류를 이루는 나라 등 협동조합의 발전과 운영 형태는 국가에 따라 각각 상이합니다.

이와 같이 나라마다 모습이 다양한 이유는 협동조합이 뿌리를 박고 있는 토양이 제각기 다른 데서 연유한다고 볼 수 있습니다. 협동조합 성립의 기초가 되는 자본주의의 발전 과정과 수준에 차이가 있고, 시민사회의 형성 과정이나 정치 구조 그리고 국민의 의식 수준이 상이할 뿐만 아니라 협동 관행의 경험도 차이가 있기 때문입니다.

한국 농협도 이러한 관점에서 볼 때 영세소농 구조를 중심으로 하는 농업의 특수성을 기초로 하여 독점자본과 농업인과의 관계, 정부의 농업·농협에 대한 정책 구조, 정치·경제·사회의 민주화 과정 등에 영향을 받아 오늘의 모습으로 형성되고 발전해온 것이라 할 수 있습니다.

18. 미국의 신세대 협동조합

핵심 내용 : 신세대협동조합은 산물 출하를 주로 하는 기존의 지방 판매농협과는 달리 포장 가공등의 새로운 부가가치 창출을 통해 조합원의 실익을 증대하고자 하는 새로운 형태의 협동조합 운동이다.

신세대협동조합(New Generation Cooperative)은 1990년대 초 미국 노스다코다와 미네소타 지역에 가공사업을 중심으로 50여 개 농협이 새롭게 등장하면서 시작됐는데, 이들은 산물 출하를 주로 하는 기존의 지방 판매농협과는 달리 포장·가공 등의 새로운 부가가치 창출을 통해 조합원의 실익을 증대하고자 하는 새로운 형태의 협동조합 운동입니다.

신세대협동조합의 특징을 구체적으로 살펴보면 다음과 같습니다.

첫째, 협동조합을 결성할 때 높은 자기자본을 확보하고 있는데 이는 출하권 발행을 통하여 출자금을 모집하기 때문입니다. 출자금은 농가가 출하할 수 있는 물량을 규정하고 있으며 출자하지 않는 농가는 조합 사업을 이용할 수 없습니다. 출하권 덕분에 신세대협동조합은 전통적인 협동조합보다 조합원으로부터 충분한 자기자본을 조달하여 경영 안정을 추구하고 있습니다.

둘째로, 출하권을 통하여 협동조합과 조합원 간 엄격한 계약 관계를 형성하고 있습니다. 따라서 주식과 출하권을 연계시켜 조합원은 구입한 주식 수에 비례하여 조합에 출하할 권리와 동시에 의무를 부여합니다. 조합과 조합원 간에 판매협약을 체결하며 여기에는 출하의무 외에도 농산물의 품질 조건, 대금 결제와 비용 계산, 제재 수단 등 다양한 권리와 의무 조항을 포함합니다. 만일 조합원이 출하를 이행하지 못하면, 조합은 그 물량을 다른 곳에서 조달하고 이에 대한 비용을 그 조합원에게 부담시킨다고 합니다.

마지막으로, 운영 원칙상 특징을 보면 이렇습니다.

하나, 전통적 협동조합 원칙을 고수하고 있으며, 협동조합은 자본 독점을 방지하기 위해 1인의 주식 보유 한도를 설정하고 있습니다.

둘, 민주적 관리를 위해 1인1표주의를 채택하여 선거를 통해 이사회를 구성하고 있습니다.

셋, 전통적 협동조합은 이용고 배당원칙을 적용하고 있어 조합원의 이익을 극대화하지 못한 수준에서 균형이 이루어지는 최적화 범위에서 비효율성이 있는 반면, 신세대협동조합은 출하권의 도입으로 조합원의 출자 비율과 사업이용 비율을 일치시키고 있어 출자 배당과 이용고 배당 간의 갈등 문제를 해결하고 있습니다.

신세대협동조합의 운영 원칙은 이 외에도 몇 가지 문제를 해결해줍니다. 즉 조합원의 농산물 생산에 대한 정보를 잘 전달해주고, 조합원의 경영성과 평가를 용이하게 해줍니다. 특히 출하권 거래허용에 따른 가격 변동은 직접적으로 협동조합의 경영 성과에 대한 외부적 평가를 반영하고 있어 개별 조합원이 복잡한 재무 분석을 하지 않고도 경영 성과 평가를 할 수 있습니다.

19. 유럽형 농협 환경 변화가 주는 교훈

핵심 내용 : 유럽 농협은 품목별 전문농협이 특징이다. 사업 환경의 변화에는 농업정책의 변화, 기술 개발의 확대, 식품 소비 패턴의 변화, 농식품 산업의 변화, 기업의 혁신, 협동조합에 대한 요구 증대가 있다.

협동조합이 정당성을 얻기 위해서는 이해관계자들, 넓게는 사회 전체에 적절히 봉사해야 합니다. 협동조합의 마케팅 지원에 대한 조합원의 요구는 더욱 커지고 있고, 농협은 여론으로부터도 힘을 얻기 위해 정당성을 확보해야 합니다. 정당성을 얻기 위하여서는 비판적 입장을 가진 사람과 일반 대중에게 진실을 알려주어야 하고, 비난에 어느 정도 진실이 있다면, 비판을 수용하고 나아가서는 사업 관행이나 조직 및 재정 구조, 정보체계 등을 개선해야 할 것입니다.

지역이나 사회에 대한 서비스가 중요하게 인식되고 있고 조합원만을 위한 경제 단체로서의 역할에서 벗어나 다양한 이해관계자들을 위한 다면적 역할을 담당해줄 것으로 기대하고 있습니다.

유통사업의 변화로는 가공사업 확대 전략, 시장지향성 증대, 지역시장 확보 전략, 혁신적인 브랜드 전략과 제품 개발이 있습니다.

먼저 가공사업 확대 전략은 많은 협동조합이 조합원 소득 증대를 위해 수직통합 전략을 추진해왔습니다. 그러나 아직도 가공하지 않거나 단순가공 상태의 농산물을 판매하는 농협의 비중이 큽니다.

시장지향성 증대 사례로, 벨기에의 낙농 세인트마리는 이탈리아 시장을 겨냥하여 이탈리아식 조리법에 맞는 치즈를 생산하고 있습니다. 시장지향적의 의미는 조합원을 소홀히 하는 것이 아니며, 바람직한 시장지향적 사업은 조합원 자신에게도 이익이라는 점을 인식하고 있습니다.

지역시장의 확보 전략을 보면 지역시장 전략은 지역 내 소비자의 기호와 입맛에 맞는 향토 농산물에 초점을 두고 있기 때문에 대규모 농산물 공급자와의 경쟁이 덜 한 편입니다. 이러한 전략은 독일, 네덜란드, 스웨덴, 프랑스 등에서 채택하고 있습니다.

혁신적인 브랜드 전략과 제품 개발을 보면, 가공 사업을 하고 있는 협동조합에서는 소매체인점의 자체 상표에 대항할 수 있는 협동조합 자체 상표 개발이 필수적입니다. 그리고 연합회 차원에서 브랜드 개발사례로는 아일랜드낙농연합회의 '케리골드' 가 있고, 기타로는 스페인 와인협동조합의 '바코와 비넥스컬', 프랑스의 '요플레' 가 있습니다.

우리도 생산자와 소비자 간의 교류 확대 및 상호 이해를 증진시켜, 자회사를 활용한 유통시스템을 강화하여 풍요로운 지역경제 육성에 기여해야겠습니다.

20. 올바른 주인으로서의 조합원

핵심 내용 : 올바른 주인의 모습은 자기 집에 불이 났을 때 피해를 최소화하려는 모습, 자기 집을 흥하게 하려고 애쓰는 모습에서 찾을 수 있다. 이런 모습을 가진 사람이 올바른 주인된 조합원이다.

협동조합에서 조합원이란 어떤 사람일까요. 조합원이라면 가끔 조합에 나와 "내가 이 조합의 주인이야!"라고 말씀하신 적이 있을 겁니다. 맞습니다. 조합원은 분명이 조합의 주인입니다. 그래서 조합은 주인이 없으면 당연히 존재할 수가 없습니다. 그러나 어떤 집이건 주인만 있다고 해서 집안이 잘되는 것은 아니라 주인이 제 역할을 다할 때 비로소 그 집안이 흥하고 잘되는 것처럼, 우리 조합도 주인다운 조합원이 보다 많아질 때 바로 서고 더 좋은 모습으로 변화되어갈 것입니다.

그렇다면 주인다운 조합원이란 어떤 사람일까요?

어느 날 마을 한가운데 있는 한 집에서 불이 났다고 생각해봅시다. 거기에는 그 집 주인과 그 집에 찾아왔던 손님 그리고 마을의 다른 주민들이 있었는데 이들은 각각 어떤 행동을 할까요? 그 집 주인이 진정한 주인이라면 아마도 자기 집에 있던 재산과 인명의 피해를 최소화하기 위해 갖은 노력을 다할 것입니다. 손님은 먼저 자기 몸을 피하려 할 것이며 마을 주민들은 방관자적인 입장에서 그 불이 자기 집에 옮겨 붙지 않나 하는 걱정을 하게 될 것입니다.

우리는 과연 그동안 조합에서 주인과 손님 그리고 마을 주민 중 어떤 사람과 같은 모습이었을까요. 진정한 주인과 같은 모습이었는지, 아니면 집안 문제를 남의 손에 맡기고 방관자처럼 팔짱만 끼고 구경해온 것은 아니었는지 한 번쯤 생각해보아야 할 것입니다. 물론 때로는 조합과 조합 임직원이 여러분의 기대나 요구를 충족시키지 못할 때도 있지만, 그렇더라도 정말로 주인된 조합원이라면 조합에 무관심하거나 외면하고 등을 저버려서는 안 될 것입니다.

아마도 정상적인 주인이라면 불만족스러운 원인을 찾아내어 그것을 고치고 바꾸어 보다 많은 사람이 그 조합을 찾도록 갖은 애를 쓸 것입니다. 주인된 우리가 외면하고 등을 돌린 조합이 어떻게 발전하겠습니까?

조합이 고치고 보완해야 할 점이 있으면 그 내용을 건의하거나 의견을 제시해서 반영되도록 하는 것이 바로 주인된 조합원이 해야 할 일인 것입니다. 물론 조합이나 조합 임직원은 조합원을 위해 필요한 일을 먼저 찾아 해결해주어야 하지만, 조합원이 올바른 주인 역할을 함께 해줄 때, 조합은 더욱 협동조합다운 협동조합으로 발전할 수 있으며, 그 속에서 주인된 조합원은 보다 많은 권리와 혜택을 누릴 수 있게 될 것입니다.

3장

농업 · 농촌 20선

1. 식량은 백신

20대 대통령선거가 코앞으로 다가왔다.

호랑이띠에 태어난 사람은 힘이 넘치고, 속임수와는 거리가 멀며, 정직한 인생을 살아가는 특징이 있다고 한다. 또한 솔직함과 낙천적이라는 특징도 있고 독립심이 강해 한번 마음먹은 일은 끝을 보며, 모험심과 명예욕이 강해 큰일을 해 낼 때가 많다고 한다. 특히 검은 호랑이띠는 리더십과 독립성이 강하며 열정적이고 큰 야망을 이룰 수 있는 성향을 가지고 있다. 따라서 새 대통령은 검은 호랑이를 닮은 사람이 되어서 농업 분야에도 큰 비전을 주었으면 한다.

현재 여당과 야당의 양강 구도가 견고한 대선 판세는 어느 한쪽의 우위를 예단하기 어려운 혼전의 연속이다. 선거전이 본격화하면서 대선 주자들의 농업관도 차츰 윤곽이 드러나는 모양새다. 후보들 모두 '식량안보 산업' 의 중요성 인정과 '농가소득 증대' 를 위해 한목소리를 내고 있다.

유럽연합에서 가장 큰 농산물 수출국인 프랑스는 농업 비중이 점차 감소하여 국내 총생산량에서 차지하는 농업 비중이 2.7% 수준인데도 불구하고, 프랑스 국민과 정치인들의 농촌 사랑은 점점 커지고 있다.

세계적 시사주간지 〈이코노미스트〉는 프랑스에서 농촌 사랑이 남다른 이유를 먼저 프랑스 사람들의 전통과 향수 때문이라고 분석한다.

이를테면 풍경화나 요리로 대표되는 프랑스 문화가 바로 땅에 뿌리를 두고 있다는 것이다. 그래서 굳이 까르푸 같은 현대식 매장보다는 저녁마다 열리는 농민시장에서 싸고 신선한 지역 농산물을 산다고 한다.

다음으로, 국토의 80%가 농촌지역이고, 상대적으로 산업화가 늦어 농촌에 대한 '가족적 연대감'이 많이 남아 있다는 것이다. 그렇기에 프랑스 국민은 여행하면서 펼쳐지는 전원풍경을 즐기고, 이러한 풍경을 가꾸는 이들이 바로 농민임을 알고 고마워한다.

또한, 프랑스에서 농촌 사랑이 남다른 이유로는 정치인의 올바른 농업관을 들고 있다. 2차 세계대전 당시 극심한 식량난을 겪었던 터라 식량안보에 대한 공감대가 형성돼 있으며, 국가 산업과 국토의 균형 발전에 농업과 농촌이 한 축을 이루고 있다는 점을 프랑스 정치인들은 잘 알고 있다.

과거 이런 프랑스식 농촌 사랑의 정점에 "농민 없는 국가는 없다"라고 외쳤던 농촌 출신 정치인 시라크 대통령이 있었다. 지금도 프랑스는 국내 농업을 지키는 정책을 펼치고 있으며, 프랑스 국민은 효율성의 척도만으로 농업의 가치를 평가하는 것을 꺼리고 있다.

또한 친환경적으로 전원풍경을 가꾸는 농민들과 국토경영계약을 맺어 합당한 지원을 아끼지 않고 있다.

사회지도층은 농업·농촌에 대해 보다 많은 관심을 기울이고 왜 우리 농업·농촌을 지켜야 하는지 국민에게 소상히 알려주는 역할을 담당해야 할 것이다. 언론도 농업·농촌에 대한 올바른 기사를 많이 실어 국민이 농업·농촌의 실상을 제대로 알 수 있도록 해야 할 것이다.

학교 교육도 학생들에게 올바른 농업관을 심어주는 데 일익을 담당해야 할 것이다. 교과서에 농업의 중요성을 일깨우는 내용을 싣는 한편, 농촌 체험학습을 정규 교육과목으로 편성하여 아이들이 올바른 정서를 함양할 수 있도록 도와주고, 어렸을 때부터 농업의 소중함을 간직해가도록 노력해야 할 것이다.

작년 노벨평화상 수상자는 유엔 산하 세계식량계획(WFP)에게 돌아갔다. 노벨위원회는 WFP의 코로나 대응구호를 인용하며 "백신을 찾을 때까지는 이 혼돈에 맞설 최고의 백신은 식량"이라고 했다. 앞으로 농업이 인류 문명에 끝까지 남을 이유이며, 우리가 농촌을 지켜야 할 이유이기도 하다.

코로나 영향으로 경제적인 어려움은 여전히 계속될 것이라고 한다. 원하건데 올해는 뛰어난 지도자가 나타나서 국가를 올바른 방향으로 이끌어가야겠다. 그리하여 2022년 대선이 국민에게 희망의 등불이 되었으면 한다. 범의 끈기와 인내로 서로 보듬고 힘을 모아 함께 노력한다면 우리는 반드시 올해를 희망의 해로 만들 수 있으리라 믿는다.

2. 고향사랑기부금

　농촌지역 경제활동 인구가 감소하면서 농어촌 지자체는 심각한 재정 부족 문제에 직면해 있다. 전국 228개 지자체 중 절반에 달하는 지자체가 향후 30년 이내 소멸 위험에 놓여 있다. 대도시와 농어촌의 재정자립도는 무려 3배 이상 차이가 난다. 때마침 지방소멸의 위기를 막고 지역경제를 활성화시키기 위한 〈고향사랑기부금에 관한 법률〉이 제정되어 국회 본회의를 통과(2021.9.28)했다. 관련법규에 의거 2023년 1월 1일부터 본격 시행될 예정이다.

　일본은 한참 앞선 2008년부터 고향납세 제도를 도입했다. 고향납세는 '지방인 고향에서 태어나고 자란 많은 사람이 자신을 길러준 고향에 자신의 의사로 얼마라도 납세를 하면 좋지 않을까' 라는 문제인식에서 출발했다. 일본의 고향납세는 기부형식의 납세제도로서 주민세의 일부를 본인이 지정하는 지자체에 납부하며, 그 기부금액의 일부를 세액공제 받을 수 있다. 이는 고향을 생각하는 사람들이 고향 지자체에 기부할 수 있는 기회를 열어줌으로써, 열악한 지방재정을 돕고 지역에 활력을 불어넣고자 하는 취지다.

　법률에서 정의하는 '고향사랑기부금' 이란 지자체가 주민복리 증진 등의 용도로 사용하기 위한 재원 마련을 위해 해당 지자체 주민이 아닌 사람으로부터 자발적으로 제공받거나 모금을 통해 취득하는 금전을 의미한다. 기부자가 거주 지역 외의 지자체에 주민복리 증진 등을 위해 일정 금액을 기부하면 정치기부금 제도와 유사하게 세제 혜택을 받는다.

아울러 해당 지자체는 기부자에게 그 지역의 농·특산품 또는 지역상품권 등으로 일정 한도 내에서 답례를 제공할 수 있다. 또한 개인별 기부액의 연간 상한은 최대 500만 원으로 규정했다. 고향사랑기부금의 모금은 대통령령으로 정하는 광고매체를 통해서만 가능하고, 전화·서신·이메일, 호별 방문, 사적 모임 등을 통한 모금은 금지된다. 기부금 접수는 지자체장이 지정한 금융기관 이체, 해당 정보시스템 전자결제, 신용카드 수납 등이 모두 가능하다.

일본의 경우, 고향납세는 첫째, 세금에 대한 의식이 높아지고 납세의 중요성을 소중히 인식하는 기회가 된다. 즉 기부 대상 지자체를 직접 선택하기 때문에 그 사용방법을 생각할 수 있는 계기가 될 수 있다.

둘째 지자체는 납세자의 뜻에 응할 수 있는 정책을 개선하고, 납세자는 지방행정에의 관심과 참여의식 또한 높일 수 있다. 현재 일본의 대다수 지자체가 기부자가 고향납세 시 기부금의 용도를 선택할 수 있도록 제도화하고 있으며, 개개인의 공헌으로 지역에 활력이 생기는 사례 또한 다수 경험하고 있다.

2008년 시행 초기 고향납세 제도는 큰 효과를 거두지 못했으나, 2011년 동일본 대지진 등 재난과 어려움을 당한 지역을 살리는 역할을 수행하면서 고향납세가 증가하기 시작하였고, 2015년 세제 혜택 확대 이후에는 실적이 크게 증가하였다. 지금은 2008년 기부액 81억 엔(한화 약 859억 원) 대비 약 60배나 늘어났다.

고향납세 실적이 크게 증가한 요인은 기부금에 대한 세제 혜택 확대와 지역 특산품 등의 답례품 제공을 활성화한 데 있다. 먼저 세액공제는 다른 기부제도에 비해 세금 감면 효과가 높다. 고향납세는 기부액 중 본인부담금 2천 엔(한화 약 2만1천 원)을 초과하는 부분에 대해 일정 부분 세액 공제가 가능한데, 일본 정부는 2015년 1월 고향납세제도 활성화를 위해 지방세법을 개정하면서 세액공제를 기존보다 2배 확대하였다. 또한 급여소득자가 5개 이내 지역에 기부할 경우 자동으로 공제되는 '고향납세 원스톱 특례제도'를 도입하여 기부 활성화에 크게 기여했다.

답례품 제공도 일본인의 고향납세 실적을 크게 증가시킨 요인이다. 고향납세에는 전액 세액공제를 받더라도 기본 본인부담금 2천 엔이 존재하지만, 기부자가 답례품을 받게 되면 2천 엔을 내고 지역특산품을 구입한 것과 동일한 효과를 낸다. 농촌지역의 구심체 역할을 하는 농협과 지자체가 협력하여 고향사랑기부금 정착 및 제도 활성화를 위해 애써주길 기대해본다.

3. 쌀은 건강

농업인 대부분이 쌀 농사를 짓는다. 쌀 농사는 우리나라 농업에서 대표적인 농작물이다. 못 먹던 시절에는 굶주림에서 해방되는 것이 급선무였다. 그러나 1980년대에 이르러 고도의 경제성장과 급격한 산업신장에 따라 국민의 식생활에 대한 가치관이 변하게 되었다. 특히 쌀의 자급자족으로 식생활이 풍요로워지고, 편의성을 추구하는 현대식 식단이 등장하면서 쌀밥이 설자리를 잃어가고 있다. 아울러 먹고살 만하면 민주화 욕구가 커진다고 했던가. 오늘날처럼 자신의 건강과 친환경 기반에 관심이 높은 때는 없었던 것 같다. 그렇다면 우리의 주식인 쌀은 건강과 어떤 관계가 있는지 한번 따져보자.

일반적으로 식생활은 민족, 인종에 따라서 인체의 생리작용이 상이하다. 하지만 한국인은 예부터 오랫동안 쌀밥을 먹어왔다. 그 결과 쌀밥을 먹는 식습관에 길들여져 있고 소화 흡수도 잘된다. 특히 치아의 형태나 장의 길이, 소화액의 분비, 장내세균을 위시해서 우리의 신체는 쌀밥에 알맞게 적응되어 있다. 그런데도 신세대들은 쌀밥보다 빵을 많이 찾는다. 필자는 강의 중에 간혹 쌀밥이 좋은지, 빵이 좋은지 질문을 하는 경우가 있다. 지금부터 그 해답을 찾아보도록 하자.

빵 · 커피, 쌀밥 · 생선구이보다 영양성 떨어져

쌀밥은 기본적으로 쌀의 기호성, 경제성, 생산성 등을 특징으로 하고 있는 반면,

빵은 쌀에 비해 비타민 B1이 더 많으며 경제적으로 선진화된 구미 여러 나라에서 먹고 있으니 좋은 것이라고 착각하는 사람도 더러 있다.

문제는 우리가 먹는 식사가 쌀밥만 또는 빵만 먹는 것이 아니므로 쌀밥과 빵의 영양학적 가치의 우열을 논할 수만은 없다. 중요한건 쌀밥과 같이 먹는 반찬이 무엇인가, 그리고 빵과 같이 곁들인 식품을 모두 합한 전체의 식사가 좋고 나쁜 것을 비교해야 한다. 즉 식사의 우열을 지배하는 것은 주식과 부식의 질과 양이다.

예를 들면 빵과 버터, 빵과 커피는 쌀밥과 생선구이, 김치를 곁들인 식사보다 떨어진다. 또한 쌀밥과 김치, 쌀밥과 된장국은 빵과 스프, 우유, 샐러드로 된 식사보다 떨어지게 된다. 쌀밥이든 빵이든 이들 식품과 곁들이는 부식에 의해서 그 영양성이 달라지게 된다. 이처럼 맛의 배합이라는 점에서 빵과 된장국보다는 빵과 크림스프가 적합하다.

서양 식사, 동물성 단백질 지방 많아

특히 보존식품을 주축으로 한 서구 식사의 간편성 때문에 아침식사에 빵이 일찍이 보급되었다. 하지만 서양 식사는 동물성 단백질과 지방 등의 공급이 많다. 이에 비해 쌀밥은 맛이 산뜻하므로 부식도 기름지지 않고 향기가 있다. 쌀밥의 가장 큰 장점은 빵보다 훨씬 많은 여러 가지 부식을 같이 먹게 되어 영양의 밸런스를 알맞게 할 수 있다는 점이다. 쌀밥은 건강에 특히 좋다.

쌀 농사를 지으면서 안정적인 식량을 확보하고, 정착생활을 하면서 독특한 농경 문화를 형성했다. 쌀과 인류는 떼려야 뗄 수 없는 생명줄로 연결되어 있다. 유목 생활을 하거나 쌀 농사를 지을 수 없는 기후대에 사는 사람들은 고기나 밀과 같은 식품을 주식으로 삼고 있다. 물론 문명의 발달로 식품이 다양화 되고 있지만 아직도 우리나라를 비롯하여 동아시아, 동남아시아 등 쌀을 주식으로 하는 나라들이 많다.

지금은 육류를 비롯하여 가공식품들을 선호하여 쌀 소비량이 엄청나게 줄긴 했지만 남달리 우리나라는 쌀에 의한 희로애락의 정서가 깊게 새겨져 있다. 우리 몸에는 우리 것이라고, 수천 년 세월 동안 우리 강산에서 생산된 산물이 우리 체질을 만들어 왔고 가장 적합하다. '쌀을 식량으로 하는 민족은 번영한다. 단위면적에서 얻을 수 있는 칼로리는 최대가 된다' 라고 말한 경제학자 애덤 스미스의 말을 되새겨보면 쌀밥과 빵의 건강 게임의 승자를 알 수 있을 것이다.

4. 꿈꾸는 농 · 산촌

'오늘 그리고 우리들' 중에서

사회가 더 복잡해지고, 매 시간 민감한 상황 속에 얽매어 사는 현대인은 도심 속의 바쁜 생활에서 벗어난 안빈낙도를 꿈꾼다. 이는 '오늘 그리고 우리들'이라는 다음 글을 보면 욕구가 더 강해질 것이다.

오늘날 우리는 더 높은 빌딩과 더 넓은 고속도로를 갖고 있지만, 성질은 더 급해지고 시야는 더 좁아졌습니다. 돈은 더 쓰지만 즐거움은 줄었고, 집은 커졌지만, 식구는 줄어들었습니다. 일은 대충 넘겨도 시간은 늘 모자라고, 지식은 많아졌지만, 판단력은 줄어들었습니다.

약은 더 먹지만 건강은 더 나빠졌습니다. 가진 것은 몇 배가 되었지만, 가치는 줄어들었습니다. 말은 많이 하지만 사랑은 적게 하고 미움은 너무 많이 합니다. 우리는 달에도 갔다 왔지만 이웃집에 가서 이웃을 만나기는 더 힘들어졌습니다. 외계를 정복했는지는 모르지만 우리 안의 세계는 잃어버렸습니다. 수입은 늘었지만 사기는 떨어졌고, 자유는 늘었지만 활기는 줄어들었고, 음식은 많지만 영양가는 적습니다. 호사스러운 결혼식이 많지만 더 비싼 대가를 치르는 이혼도 늘었습니다. 집은 훌륭해졌지만 더 많은 가정이 깨지고 있습니다.

그래서 오늘 우리가 제안하는 것입니다. 특별한 날을 이야기하지 마십시오. 매일매일이 특별한 날이기 때문입니다. 진실을 찾고, 지식을 구하십시오. 있는 그대로 보십시오. 사람들과 보다 깊은 관계를 찾으세요. 이 모든 것은 어떤 것에 대한 집착도 요구하지 않고, 사회적 지위도, 자존심도, 돈이나 다른 무엇도 필요하지 않습니다.

가족들, 친구들과 좀 더 많은 시간을 보내십시오. 당신이 좋아하는 사람들과 좋아하는 음식을 즐기십시오. 당신이 좋아하는 곳을 방문하고 새롭고 신나는 곳을 찾아가십시오.

인생이란 즐거움으로 이루어진 아름다운 순간들의 연속입니다. 인생은 결코 생존의 게임만은 아닙니다. 내일 할 것이라고 아껴두었던 무언가를 오늘 사용하도록 하십시오.

당신의 사전에서 '앞으로 곧' , '돈이 좀 생기면' 같은 표현을 없애버리십시오. 시간을 내서 해야 할 일의 목록을 만드십시오. 그리고 굳이 돈을 써야 할 필요가 없는 일을 먼저 하도록 하십시오. '그 친구는 요새 어떻게 지낼까' 궁금해하지 마십시오. 즉시 연락을 취해서 과연 그 친구가 어떤지 바로 알아보도록 하십시오. 우리 가족과 친구들에게 자주, 우리가 얼마나 고마워하는지 그리고 사랑하는지 말하십시오.

당신의 삶에, 그리고 누군가의 삶에 웃음과 기쁨을 보태줄 수 있는 일을 미루지 마십시오. 매일, 매 시간, 매 순간이 특별합니다. 당신이 너무 바빠서 이 메시지를 당신이 사랑하는 누군가에게 보낼 만한 단 몇 분을 내지 못한다면, 그래서 '나중' 에 보내지, 하고 생각한다면, 그 '나중' 은 영원히 오지 않을 수도 있다는 것을 스스로에게 말해 주십시오. 그리고 저기 있는 그 누군가는 지금 바로 당신이 그 사람을 사랑한다는 것을 알아야 하는 상황인지도 모릅니다.

'오늘 그리고 우리들 중에서'

필자도 오늘 특별한 곳을 제안하고자 한다. 마음이 아름다워지는 곳(생태체험), 몸이 아름다워지는 곳(천연염색), 영혼이 아름다워지는 곳(인심). 이곳이 우리나라 산촌의 생태관광이다.

생태관광은 지구 환경을 보전하고 지속 가능하게 하는 관광산업의 한 분야로서 21세기의 가장 중요한 관광의 한 요소로 대두될 것이다. 생태관광은 자연뿐만 아니라 이와 연관된 문화적 요소까지 포함해 지속 가능한 관광 영역이기 때문이다. 이미 아시아 지역을 포함한 거의 모든 나라에서 환경을 보전하고 지역개발의 경제적 도움을 주는 중요한 촉매제로서 생태관광을 개발해 많은 관광객을 유치하고 있다.

이제 우리도 산촌에 생태예술을 입혀 아름다운 생태관광을 적극 발굴해야 한다.

5. 농업은 생명경제

농업생명공학 적극 육성해 농촌에 희망을

일찍이 공자(孔子)는 "식(食), 병(兵), 신(信) 셋 중에서 군사(兵)보다 더 중요한 것이 백성을 배불리 먹이는 식(食)"이라고 하여 군사력보다 식량안보를 중요시했다.

이러한 농경사회의 농업관은 서구의 기독교 사상에서도 잘 나타난다. 기독교 교리에서는 농업인은 식량을 생산하는 근면한 사람들로서 '신의 선택을 받은 자(the people chosen by God)'로 여겨왔다.

우리나라에서는 조선시대의 세종대왕이 '국가는 백성을 근본으로 삼고, 백성은 식량을 하늘로 삼는다(國以民爲本 民以食爲天)'는 사상을 통치이념으로 정하였다. 근대사회에 이르러 프랑스의 경제학자인 미라보는 농업을 '상공업의 뿌리'라고 하였다.

오늘날 세계 농업은 자연과 첨단기술이 결합된 미래산업으로 발전하고 있다. 선진국일수록 농업을 미래의 유망산업으로 인식하며, 특히 농업 부문의 경쟁력을 높이기 위해 생명공학 농작물 분야에 대한 투자를 더욱 늘리고 있다.

IT-BT 접목기술 활성화해야

생명공학 농작물은 유용한 유전자를 찾아 작물에 넣어주는 방법으로 종(種)의 한계를 뛰어넘는다. 식물뿐 아니라 동물이나 미생물에서도 식물체에 유용한 유전자를 발굴하기 때문이다.

이런 강점 때문에 '1996년 유전자 재조합 작물 상업화가 시작된 이후 지금까지 전세계적으로 농업생명공학 산업은 놀라운 성장을 거듭해오고 있다. 앞으로는 세계 농산물시장의 대부분이 유전자 재조합 작물로 채워질 것으로 전망된다.

현재까지 농업생명공학 산업은 미국 주도하에 있다고 해도 과언이 아니다. 즉 시장에서 유통되는 생명공학 작물은 미국의 농업생명공학 기업들이 개발한 종자를 재배해 얻은 것이 대부분이다.

특히 현재 재배중인 대부분의 생명공학 작물은 제초제 혹은 해충 저항성 작물들로 생산원가를 절감하거나 수확량을 증가시키는 특성을 갖는 작물이 대부분이었으나 이제는 유통 및 식품가공업자, 소비자 등에게 보다 실질적인 혜택을 주고 특정한 영양소와 건강 기능성을 향상시켜 부가가치를 증가시킨 2세대, 3세대 신품종이 지속적으로 개발되고 있다.

우리 농업 역시 기술 집약과 규모 확대가 진전되면서 시설채소와 과수, 화훼 등이 빠른 속도로 성장하고 있고, 일부 신선 농산물과 가공식품 부문에서는 수출이 꾸준히 늘어나고 있다.

반면 현재 우리나라의 작물 생산비율은 세계에서 0.5%를 차지하며 이는 연간 15조 원에 해당한다. 만약 우리가 경쟁력 있는 작물에 대한 기술을 정비하지 않는다면 머지않아 우리 식탁은 외국 농산물에 의해 점령당하게 될 것이다.

생명공학기술로 더 크고 맛있는 과일을 만들어야

그동안 국내 생명공학 기술은 유전자 재조합 작물 개발을 반대하는 여론에 밀려 상당히 지연되었다. 하지만 생명공학은 식량난 해결과 고용 창출·비용 절감·기술력 수출을 통해 다양한 경제적 혜택을 창출하는 미래산업이다.

따라서 우리는 과학적인 정보를 바탕으로 유전자 재조합 작물 및 생명공학의 올바른 국민 인식 개혁을 통해 농업 발전을 도모해야 한다.

그리하여 우리 농업도 투자 여하에 따라 크게 달라질 수 있다는 가능성을 보여주어야 한다. 예컨대 선진국 농업처럼 첨단기술을 접목시켜 생명공학을 육성하면 얼마든지 미래 유망산업으로 발전할 수 있다는 희망을 보여주어야 한다.

물론 국내에서도 농촌진흥청을 비롯한 많은 연구기관에서 특정 환경에 강하거나 해충이나 제초제에 내성을 지닌 생명공학 작물을 연구 중이기 때문에 머지않아 상업화가 가능할 것으로 예상된다.

앞으로 과학적인 정보를 바탕으로 생명공학 작물 및 생명공학에 대한 올바른 인식을 갖는 것은 물론, 생명공학에 대한 투자와 연구에 더욱 힘써 세계 생명공학 작물시장에서 우리나라가 당당히 앞서가야 할 것이다.

6. 도농상생과 신토불이

　지금 농촌은 농가인구가 줄면서 빈집이 늘고, 마을이 사라지고, 읍면이 없어질 위기에 직면했다. 코로나로 인해 외국 노동자도 돌아가고 없다. 그러다 보니 농사 지을 사람이 턱없이 부족해서 코로나19로 막힌 외국인 노동자가 돌아올 날만을 고대하고 있다.

　코로나로 인구 감소의 경향이 데드크로스를 넘었다는 통계도 등장했다. 226개의 시·군·구 중 166개가 인구 감소하고 60개 지역만 증가했다. 지방소멸이 가시화되었다는 증거다. 지방자치 40년을 경험했다. 지방 중심 자치행정을 했는데도 인구 감소로 소멸 위기라면 중앙정부의 정책과 지방행정이 문제가 있다는 증거다.

　도시도 문제가 있는 건 마찬가지다. 일자리가 부족해서 아우성이다. 집값은 천정부지로 올라서 내 집 마련의 꿈은 점점 멀어지는 느낌이다. 전·월세로 개점한 상점들은 세를 낼 돈도 벌지 못한다. 코로나가 사람의 손과 발을 묶어놓으니 도심은 활력을 잃은 지 오래다.

　이 대목에서 도농상생을 주장하고 싶다. 도시에 내 집이 없는 가구가 농촌으로 이주하는 정책, 직장에서 물러나 연금으로 근근이 살아가는 도시인에게 농촌에서 일거리를 마련토록 하는 정책, 텅텅 비어가는 농어촌학교를 노령인구의 공동주택 또는 요양원으로 활용하는 방안, 청년실업자가 농업에서 스마트농장 같은 창업으로 고소득을 일굴 수 있도록 지원하는 정책, 도시민이 국내 농산물을 외국 농산물에 우선하여 구매, 소비해주는 상생협력 방안 등이 마련되어야 할 것이다.

농업은 국민의 먹거리를 생산하는 차원을 넘어 멀리 바라봐야 한다. 코로나이후
는 식량 산업, 바이오, 의약품산업 등은 안보 차원에서라도 국가적으로 집중 육성할
당위성이 확보되어야 한다. 특히 농·수·축산업, 바이오산업에 대한 집중적 투자
가 이뤄져야 한다. 나아가서는 도시 소비자에게 도달하는 유통구조를 개선하는 3차
산업, 농·산·어촌의 풍광과 인심을 상품화하는 4차 산업, 이들을 아우르는 5차, 6
차 산업으로 이끌어야 한다. 이를 위해서는 도시와 농촌이 상생해야 한다.

우리 것은 옛 것이 좋고, 우리 땅에 나는 농산물이 우리 몸에 가장 좋다는 의미를
가진 '신토불이' 란 말이 있다. 복고풍이라 해서 무시해서는 안 된다. 때론 옛 것으로
돌아갈 줄 아는 지혜도 필요하다. 그런 의미에서 이제 농촌도 신토불이 운동을 다시
할 때라고 본다. 농업은 그 지역의 풍토에 의존하는 산업이다. 한국에서는 한국형
농업이 기본이다. 어느 나라와 비교해서는 안 되는 것이 농업이다. 아무리 효율적이
라도 미국 농업과 비교할 수는 없다.

'푸드마일리지' 라는 말이 있다. 이는 식품이 생산지에서 소비지 식탁에 오르기까
지의 거리를 의미한다. 푸드마일리지가 시사하는 농업은 세계무역기구의 자유무역
방향과 다를 수밖에 없다. 우리나라 국민 1인당 푸드마일리지는 6,700톤km로 세계
에서 일본 다음으로 높다. 이처럼 식량안보가 불안정하다.

코로나 이후 농업의 방향은 우리 풍토에 맞는 농업을 지키고 푸드마일리지를 단
축하는 것부터 시작해야 한다. 푸드마일리지를 고려한 새로운 영농모델을 창출해
야 한다. 각 가정의 푸드마일리지는 얼마인지 계산해 보자.
수입 아스파라거스 1개를 소비할 때 이산화탄소 배출량은 340그램이고 국산을
소비하면 100그램이다. 서울 거주 3인 가족이 연간 식생활에서 배출하는 이산화탄

소(CO_2) 배출량은 100% 국산일 경우 60kg이고, 국산 40%와 수입산 60% 일 경우 360kg이다. 지구촌의 지속가능성을 추구하기 위해 우리의 식탁은 어떻게 해야 하는지 보여주는 증거다. 푸드마일리지는 신토불이 식생활의 중요성을 숫자로 표시하는 지표다.

최근 지방소멸이 가시화되고 있다. 지난해는 수도권 인구수가 지방 인구수를 넘어 섰다. 사망율이 출산율을 앞지른 해이기도 하고, 대졸자가 대입자보다 많아진 해이기도 하다. 올 초 거의 모든 언론에서 이대로 가다가는 '벚꽃 피는 순서대로 대학교 망한다' 는 기사도 쏟아져 나왔다. 그동안 지방 중심 자치행정을 했는데도 인구감소로 소멸위기라면 중앙정부의 정책과 지방행정이 잘 못되었다는 증거다. 예컨대 행정 권한은 지방분권을 이루었으나 식생활 분권은 못했기 때문이다. 이제 식생활의 분권, 즉 신토불이식 생활이 지방을 살릴 수 있다고 본다.

7. 코로나19 시대의 농업경제

코로나19 이후, 경제학 측면에서 농업의 중요성이 더 부각되고 있다. 올해 노벨평화상 수상자는 유엔 산하 세계식량계획(WFP)이 선정됐다. 노벨위원회는 수상 이유로 "WFP는 기아 퇴치를 위해 노력했고 분쟁 지역에 평화를 가져오는 데 기여했다"고 밝혔다. 또 노벨위원회는 WFP의 코로나 대응구호를 인용하며 "백신을 찾을 때까지는 이 혼돈에 맞설 최고의 백신은 식량"이라고 했다. 앞으로 농업이 인류문명번성의 최후 보루이며, 우리가 농촌을 지켜야 할 이유이기도 하다.

2020년 1월 20일, 국내 신종 코로나바이러스감염증 첫 확진 환자가 보고된 날이다. 대수롭지 않게 여겼던 바이러스는 무려 10개월째 우리를 괴롭히고 있다. 특히 우리 생활의 많은 것을 바꿔놨다. 코로나의 직격탄을 받은 콘택트 관련 기업들은 많은 일자리가 감소했다. 세계 금융위기 이듬해인 2009년 5월 이후 지금이 최대 감소폭이라고 하니 정말 큰 문제가 아닐 수 없다.

코로나19가 지구촌을 뒤흔들고 있는 요즘, 내년을 준비하는 손길이 빨라졌다. 다음 해를 전망하는 전문가들은 평소보다 일찍 미래전망서를 내놓았다. 이는 코로나19 대유행이 생활 전반을 한꺼번에 바꿔놓으면서 4차 산업혁명이란 추상적 방향이 뚜렷해진 때문이기도 하다.

전문가들은 우리가 원하든 원치 않든 변화를 요구하는 시대에 변화를 빨리 받아들이고 기민하게 움직인다면 위기는 기회가 될 수 있다고 말한다. 그런 의미에서 우리는 지금 내 업종이 미래사회에도 살아남을지 꼼꼼히 살펴보아야 한다. 그 대안 중

하나가 경제학 관점으로 보는 농업의 중요성이다.

사실 지난 봄, 우리의 일상에 벌어진 마스크 대란은 큰 교훈을 남겼다. 그동안 우리나라는 미세먼지와 황사 방지 등을 위해서 마스크 생산시설을 확대했다. 그 덕택에 마스크 대란을 단기간에 막을 수 있었다. 식량 역시 마찬가지다. 그나마 쌀은 자급도가 높아서 조금은 안심이 된다. 하지만 코로나19가 장기화할 경우 식량안보의 위험은 계속 증가할 것이다.

식품 가격 상승과 먹거리 사재기 우려가 확대되어 식량안보 위기에 따른 농산물 수급 불균형 문제는 세계 곡물 재고가 하락하는 시점에 증폭될 것이어서 식량안보의 중요성은 더욱 부각될 것이다.

사람들은 건강식품과 친환경식품, 면역력 증강식품에 대한 관심을 갖게 되었고 식품 안전성에 대한 관심이 늘면서 국산의 선호도와 신뢰도가 높아졌다. 외식산업에서 혼밥문화와 비대면 쇼핑이 증가하면서 농식품의 온라인 구매율이 대폭 늘어날 것이다.

이처럼 시대 변화에 따라 농업도 새롭게 변화해야 한다. 이제 농업은 산업구조 영역을 벗어나 '농업의 팽창' 시대에 접어들었다. 농업의 팽창이란 농업의 확장에서 경험한 개념을 넘어 완전히 산업구조의 영역 밖으로 넓혀가는 것이다. 아울러 코로나19의 대확산으로 식품 안전과 청결에 대한 인식이 크게 높아지면서, 식품 서비스 업계가 공장형 농업에 크게 의존하는 쪽으로 갈 공산이 매우 커지고 있다.

팬데믹 이전에도 다양한 이점이 있어 공장형 농업이 각광을 받아오기 시작한 터였다. 컨테이너 박스나 대형 건물 안에서 외부 기상 조건과 상관없이 선반에 쌓아 농작물을 기르는 이른바 공장형 농업은 농산물을 몇 분 안에 식료품점, 식당이나 기타 필요로 하는 곳에 출하할 수 있게 한다. 실내 환경이기 때문에 병충해에도 강한 농작물을 재배할 수 있다. 이렇듯 농업의 새로운 가치 세계의 발견은 경제학적 측면에서도 큰 성과를 보여줄 것이다.

포스트코로나 시대 식량의 안정적 생산은 더욱 절실해졌다. 식량자급률을 어떻게 올려야 할 것인가를 고민하고 대책을 강구해야 한다. 국민의 생명 창고를 안정적으로 지키기 위해서는 생산자가 안심하고 농사를 지을 수 있는 토대를 만들어야 한다. 불안정한 농산물 가격 폭락사태 하에서는 마음 놓고 농사를 지을 수가 없다. 안정적인 생산을 기대하려면, 주요 농산물의 공공수매제와 식량자급률 및 농업의 가치 법제화, 농민수당 등 실사구시적인 정책을 빨리 도입해야 한다.

8. 에너지 환경의 농촌

코로나19로 힘들다. 설상가상 지구촌에 기후변화로 인한 풍수해와 산불 피해가 급속도로 늘고 있다. 현재 지구의 평균 온도는 약 15도이다. 이는 현재 기온이 다른 때보다 가파르게 상승하고 있다는 것을 의미한다. 이런 현상은 온실효과와 관련이 있다. 기후변화에 가장 큰 영향을 미치는 것은 이산화탄소다. 이산화탄소는 화석연료를 태울 때 나온다.

우리 생활에 편의를 주는 화석에너지는 고갈 위험이 있는 동시에 환경을 파괴시킨다. 반면 대체에너지는 고갈 위험과 환경 파괴도 적은 미래에 반드시 필요한 자원이다. 우리 농가도 대체에너지를 이용하면 무한공급성과 환경친화성이라는 두 마리 토끼를 잡을 수 있다.

기후변화협약과 같은 국제적 환경협약들이 발효된 이후 선진국은 대체에너지 개발 보급에 한창이다. 원래 대체에너지는 공해와 환경오염이 적고, 전 세계적으로 지역적 편중이 낮은 에너지라는 것이 장점이다. 이처럼 대체에너지는 친환경적인데다 청정에너지 성격을 지니고 있어 미래에너지를 책임지는 잠재력이 큰 국가자원이다.

반면 에너지 전환효율이 낮아 화석연료보다 가격이 비싸다는 단점에도 불구하고 세계 각국은 이 같은 대체에너지를 국가경쟁력의 관건으로 보고 적극 개발 보급하고 있다. 대체에너지 활용이 에너지의 영구성과 친환경성을 통해 외부경제를 창출하고 기후변화협약에 따른 온실가스 감축 등 국가경쟁력에 유리하기 때문이다.

재생에너지 사용은 선진기업이라면 반드시 해야 하는 필수조건이 되었다. 구글, 애플, 아마존, 스타벅스 등 우리나라 기업과 관련 있는 글로벌 기업들은 재생에너지 사용을 거래 조건으로 내세우고 있다. 이들 회사는 협력업체에게까지 이 조건에 참여할 것을 요구하고 있어서 우리나라의 기업들도 예외는 아니다.

우리나라의 경우, 주요에너지 구성원인 석유 및 석탄의 비중이 감소하는 반면 대체에너지는 기술 수준 및 시장기반 조성이 아직 부족한 편이지만, 향후 대체에너지 보급 목표 달성대책을 세워놓고 있다.

농업 부문도 예외는 아니다. 약 33%의 비중을 차지하는 시설재배농가의 경우, 생산비의 30~40%를 냉난방비가 점유하고 있다. 또한 도농교류 확대로 경종(耕鍾) 분야에서 관광농업 쪽으로 이동하고 있어 농가민박촌 또한 연료 절감 노력이 시급하다.

따라서 우리 농가도 어떠한 형태로든 여기에 동참해야 되는 사항이다. 이제부터라도 대체에너지(전기 대신 태양열과 지열 이용, 폐비닐 등을 대체연료로 사용)을 이용한 시스템 개발이 필요하다. 이를 위해서는 다음과 같은 주도성, 기술성, 경제성, 자발성, 친환경성과 같은 전제조건이 필요하다.

첫째, 정부 주도의 개발 및 보급이 필요하다. 정부의 다양한 정책적인 지원에 힘입어 화석연료와의 가격 격차가 상당 부분 줄어들고 있으나 농가의 대체에너지의 보급 활용은 자생력을 확보하기에는 아직 역부족이다.

둘째, 실효성 높은 일관된 정책이 이루어져야 한다. 대체에너지의 자원량을 활용할 수 있는 '기술성과 경제성 확보'를 위한 지속적인 노력은 물론 농가의 자발적인 참여와 민간자본 유입을 촉진해 농촌 활성화를 유도해야 한다.

셋째, 대체에너지 사용의 문제점에 대한 해결 대책이 뒷받침되어야 한다. 현재 대체에너지의 초기 투자비용이 비싸고, 효율성 검증이 미약하다. 또 고유가 극복을 위해 정부가 대체에너지 시설을 보급하면서, 이런 대체 에너지 시설에서 나오는 악취와 매연으로 인근 주민들이 겪고 있는 불편을 소홀히 해 분쟁의 불씨가 되고 있다는 사실이다.

이제 연료 사용만 규제하면 된다는 생각은 바꿔야 한다. 농가의 대체에너지 활용도 하나의 창조경영이다. 과거 에너지 절약방식에서 벗어나 영구성과 친환경성을 추구하는 청정에너지 이용방식이 장기적으로 에너지 환경의 경제적 측면에서 농가의 경쟁력을 보장해줄 것이다.

9. 치유농업 경제

코로나 19 시작 이후, 달력 속 6월, 7월, 8월 세 칸만 두리번거리다 보면 여름이 주위에 꽉찬 것을 느낀다. 무덥고 습해 불편함을 주는 여름이지만, 그럼에도 불구하고 공원속 초록색 나무들의 푸른빛과 지금 반짝 살아있다고 소리치는 풀벌레 울음소리 같은 역동적인 환경이 생동감을 준다. 어쩌면, 사계절을 몽땅 가진 나라에서 태어난 것이 다른 나라에 비해 얼마나 다행스러운지 모르겠다. 하지만 요즘처럼 코로나 19가 계속되고, 경제적 여건마저 안 좋은 상황에서는 자칫 건강에 부정적인 영향을 미칠 수 있다. 건강한 여름 나기에는 육체적인 건강과 함께 정신적인 건강도 매우 중요하다.

그런 의미에서 네덜란드의 케어팜을 벤치마킹할 필요가 있다. 케어팜(care farm)은 농업 및 농촌생활을 통해서 몸과 마음을 치유하는 농업의 새로운 순기능으로 네덜란드에서 가장 발전된 모습을 보이고 있다. 케어팜은 농촌 체험 및 영농 활동을 통하여 정서 함양 및 육체의 피로해소의 기능과 농촌경관 활용을 통한 정신적 · 육체적 회복을 목적으로 행하여지는 모든 농업 활동을 뜻한다.

네덜란드의 케어팜 시스템은 사회적 돌봄(care) 서비스와 농장(farm)이라는 단어를 합성한 것이다. 즉 치매노인, 중증장애인 등 사회적으로 돌봄서비스가 필요한 중증장애인 등을 농장에서 일할 수 있게 해주고 이들이 농장에서 보내는 시간을 치유와 재활을 위한 서비스를 받아, 국가에서 비용을 지불하는 시스템이다.

1970년대에 처음 시작된 네덜란드 케어팜은 요양원이나 병원보다 비용이 저렴하고 다양한 환자들의 욕구에 부응할 수 있다는 장점 때문에 수요가 늘어나고 있다. 여기서 치매노인, 정신장애 등 돌봄이 필요한 사람들이 농장에서 자연과 접목된 여러가지 활동에 참여함으로써 치유와 재활서비스를 받고 있다.

현재 케어팜 농가 수는 1,100여 곳에 이른다. 그리고 케어팜을 이용해 돌봄서비스를 받는 인원은 2만 5,000여 명으로 알려져 있다. 많은 농민이 이전까지 추진되던 생산량 위주의 농업은 더 이상 희망이 보이지 않는다고 생각하고 농업이 주는 자연적 경관, 자연보전, 에너지 생산, 휴식 등 사회적 요구에 초점을 맞추면서 케어팜은 꾸준히 성장하고 있다.

따라서 우리 농촌도 동물매개 치유농장과 같은 프로그램이 당장 시급하다. 이런 사례가 있다. 탬플 그랜딘은 생후 3살 때까지 말을 하지 못했고, 의사에게 자폐증 진단을 받았다. 그녀의 어머니가 딸을 치료하기 위해 여러 가지 시도를 하였으나 별다른 효과가 없었다. 그런 그녀의 자폐증을 개선시킨 것은 놀랍게도 농장동물과의 활동이었다.

탬플 그랜딘은 소와 오랜 시간을 함께 보내며 동물의 소리를 이해할 수 있는 능력을 가지게 되었다. 그녀는 사람들과의 의사소통 수단인 언어보다는 눈으로 인지하는 비언어적 지능이 더 높았다. 그녀가 비언어적으로 세계를 인지하기 때문에 동물의 세계관이나 감정을 더 잘 이해할 수 있었다. 그녀는 농장동물과의 상호작용을 통하여 자폐증을 극복하고 현재 콜로라도주립대학교 동물학 교수로 재직하고 있다. 그랜딘은 자폐증 계몽활동과 가축의 권리보호 분야의 세계적인 학자이며, 동물복지를 배려한 가축시설의 설계자로도 활동하고 있다.

창문을 열어 기분 좋은 바람을 들이고, 새들 지저귀는 소리 들으며, 행복하게 하루를 시작해보는 농촌, 네덜란드 케어팜의 성공 사례는 우리나라 농업에 시사하는 바가 매우 크다. 네덜란드의 면적은 우리나라의 40%에 불과하지만 농업 생산에 한계를 갖고 농업의 기술력을 갖춰 전 세계 농업 수출 부문 2위를 유지하고 있다.

이렇듯 세계 농업을 대표하는 네덜란드는 농업을 통해 발전을 거듭하고 있다. 우리나라 농촌지역도 어려움을 겪고 있다. 특히 코로나시대에 치매노인, 정신장애 등 돌봄이 필요한 사람들, 그리고 스트레스에 찌들은 도시민을 위한 치유프로그램이 필요한 시점이다.

10. 추억의 고향 농촌

'사람은 추억을 먹고 산다'는 말이 있을 만큼 추억은 삶에서 빠질 수 없다. 해마다 설날이 다가오면, 나의 머릿속은 늘 귀성열차가 자리 잡고 있다. 어릴 적 같은 동네에 살다가 서울로 돈 벌러 간 또래부터 형과 누나들까지 빼곡하게 태우고 시골역으로 완행열차가 다가오는 장면이 떠오른다.

생각이 고향으로 달려가는 이 순간, 〈꿈에 본 내 고향〉, 〈고향열차〉, 〈고향이 좋아〉, 〈고향아줌마〉, 〈타향살이〉, 〈고향무정〉 등 고향을 소재로 한 그리운 대중가요들이 갑자기 주마등처럼 스쳐간다. 이런 설날이 눈앞에 다가왔다. 요즘은 고속열차, 비행기, 고속버스, 승용차 등을 이용하여 내 고향 모든 지역이 일일 생활권이 되다보니, 고향을 그리워하는 노래가 점점 자취를 감추고 있는 형편이다.

매년 산자락 넘어가는 귀향열차 속에 비친 고향은 일찌감치 까치가 마중나온 듯하고, 섬을 낀 어촌에선 귀성객을 맞이할 차비를 서두르는 갈매기의 풍경들이 눈에 선하기만 하다.

이처럼 다음 날의 설날을 위해 먼 데서 가족들이 고향 집으로 오게 된다. 서로 모여서 여러 이야기와 놀이와 먹는 것 장만을 위하는 시간을 갖는다. 즐거운 마음으로 구성원 모두가 도와서 설을 준비한다. 마침내 설날 새벽에 어머니가 깨우는 소리에 눈을 비비면서 찬물에 세수를 하고 때때옷을 입고 먼저 부모님께 세배를 하고 난 뒤, 집안 어른이 계시는 큰 집에 가서 차례를 지내고, 산소를 찾아 참배를 한 다음, 동네 어른들께 세배하러 다니는 게 일상이었다. 덕담과 함께 세뱃돈도 받고 맛있는 것도 얻는 게 즐거움이었다.

오후에는 모처럼 이십 리 길을 걸어 극장에 나가서 영화를 보거나 각종 전통 놀이에 참가하여 즐겁게 보낸다. 이제 이런 설날의 풍속도 자꾸 멀어져가고 있고, 모든 게 소중한 추억으로 간직될 뿐이다.

본래 '설'은 묵은 해를 정리하여 떨쳐버리고 새로운 계획과 다짐으로 새 출발을 하는 첫 날이다. 이 '설'은 순수 우리말로 그 말의 뜻에 대한 해석은 구구하다. 그 중 하나가 '서럽다'는 '설'이다. 선조 때 학자 이수광이 《여지승람》이란 문헌에 설날을 '달도일'로 표기했는데, '달'은 슬프고 애달파한다는 뜻이요, '도'는 칼로 마음을 자르듯이 마음이 아프고 근심에 차 있다는 뜻이다.

'서러워서 설'이라는 속담도 있듯이 추위와 가난 속에서 맞는 명절이라서 서러운 지, 차례를 지내면서 돌아가신 부모님 생각이 간절하여 그렇게 서러웠는지는 모르 겠다. 또 설에 대한 가장 설득력 있는 견해는 '설다, 낯설다'의 '설'이라는 어근에서 나왔다는 설(說)이다. 처음 가보는 곳, 처음 만나는 사람은 낯선 곳이며 낯선 사람 이다. 따라서 설은 새해라는 정신·문화적 시간의 충격이 강하여 '설다'의 의미 로, '낯설은 날'로 생각되었고, '설은 날'이 '설날'로 정착되었다.

하지만 전통 풍습이 제어할 수 없는 사회의 변화 등은 거스를 수 없는 대세다. 이 미 개인소득 3만 달러를 넘은 수도권 도시 사람들에게 전통명절이 주는 의미는 또 다를 것이다. 이제 많은 사람이 고향을 방문하고, 친지를 찾는 것보다는 공항에서 해외로 나가는 일이 익숙해지고 있기 때문이다.

이번 설에도 공항에는 해외로 나가는 여행객들이 넘칠 것이다. 고향을 찾지 않은 사람들이 많아질수록 '서러운 설, 낯설은 설'이 될 것임은 분명하다. 그래서 여전히 목이 마르고, 내 고향이 낯설고 서럽기만 하다. 먹는 것은 넘쳐흘러 배고픔은 해결 했고, 세뱃돈도 1960년대 10원에서 지금은 5만 원으로 늘었지만, 여전히 사람들의 마음은 영양실조다. 그때가 그립다. 먹는 것은 부족했지만, 마음만은 부자였던 추억 의 경제학을!

11. 강소농 경제마을

세계 최대의 책마을

과거에는 초라한 마을이었다만 발상 전환과 주민의 협력이 마을을 통째로 바꿔버린 예가 있다. 헤이온와이(Hay-on-Wye)는 잉글랜드-웨일스 접경지역 와이강가에 있는 인구 1,300명의 마을이다. 5월 말에는 헤이축제 준비가 한창이다. 옥스퍼드대를 졸업한 괴짜 리처드 부스가 1961년 낡은 성을 사서 헌책방을 만들면서 지금은 100만 권 넘는 장서를 가진 세계 최대의 책마을이 되었다.

우리나라 파주 헤이리 마을의 모델이다. 책마을 헤이는 40여개의 책방과 30여개의 골동품 가게가 매년 50만 명 이상의 관광객을 맞는다. 한 해에 팔리는 책만 해도 100만 권이 넘는다. 007의 작가 이언 플레밍이 이곳에서 다윈의《종의 기원》초판본을 찾아낸 일화도 있다.

리처드 부스는 대형마트에서 헌책을 팔지 않는 이유에 대해 고민하다가 작은 마을을 선택했다고 한다. 그가 열네살 때 단골서점 주인이 "너는 헌책방 주인이 될 것이다"라고 했는데 그 말이 현실이 되었다. 리처드 부스는 모든 것을 주민들과 함께 하고, 주민생활과 연계하며, 기존에 있는 것들과의 자연스러운 어울림을 통해 창조적인 문화도시를 만들어낸 것이다.

에덴은 세계 최대의 온실로 탈바꿈

고령토 광산이었던 잉글랜드 남서부 콘월 지역의 에덴은 세계 최대의 온실로 탈바꿈했다. 5,000여 종 100만 식물이 재배되는데 2001년 3월 개장 이래 연간 130만 명이 찾고 있다. 20번째 007 영화 〈어나더데이〉의 촬영지이기도 했다. 우리나라 서천 국립생태원의 모델이다.

유명 음반 제작자였던 팀 스미트는 19세기풍 정원을 복원하다 에덴을 구상했다. 아이디어 단계부터 주민들과 협력했다. 공사기간 중에 이미 50만 명의 유료 관광객이 찾았다. 에덴의 비전은 '환경, 주민소통, 모든 수익은 지역에게'이다. 지역 생산물로 상점을 채우고 1,700여 명의 지역민이 일을 한다. 바다로 떠밀려온 나뭇조각 하나 버리지 않고 교육 및 건축 자재로 재활용했다. 식물에게 줄 4,300만 갤런의 물은 대부분 빗물을 이용했다. 지금도 전체 물 사용량의 43%가 빗물이다. 교육을 중시하며 지구상의 모든 식물의 씨앗과 열매를 보존하겠다는 것이 에덴의 미래 비전이다.

오버무텐마을의 관계마케팅

'0원 마케팅'으로 돌파구를 찾은 스위스 작은 마을이 있다. 인구라야 87명의 아주 작은 오버무텐(Obermutten) 마을에 무려 20개 나라의 이웃주민이 생겼다. 바로 페이스북을 통한 지역홍보가 일궈낸 성과다. 이벤트를 시작한 것이 2011년 9월 27일, 8년 남짓 동안 수도 베른보다 더 많은 145,000명의 페이스북 팬을 확보했다.

오버무텐 마을의 관계마케팅은 페이스북 팬을 명예주민으로 선포해 페이스북 팬이라는 약한 유대 관계를 명예주민이라는 강한 유대 관계로 바꿔놓았다. 우리나라 최초의 마을기업은 전남 순천시 장천동 마을이다.

현재 장천동 주민자치위원회의 경우 자연세제 판매사업인 '녹색실버가게'를 마을기업으로 운영하고 있다. 주민자치위원회에서는 본래 그 지역 현안인 음식물 쓰레기 문제를 해결하기 위해 쓰레기 수거방식에 대한 해결 방안을 주민들이 직접 찾는 과정에서 관내 각 가정과 식당, 공공시설 등에 EM(Effective Microorganism: 유용미생물군) 보급을 확산하여 문제를 해결하고 있다.

또한 수익구조 확보를 위해 홍보와 교육을 위해 무상제공했던 EM활성화액을 관내 식당가와 가정에 판매하는 한편 이 사업을 통해 가정용 세제 줄이기, 음식물쓰레기 절감 운동에도 기여하고 있다.

모든 혁신은 꿈을 꾸고 이를 행동에 옮기는 결심에서 시작된다. 혁신의 모델이 된 영국의 작은 마을 헤이와 에덴, 0원 마케팅으로 돌파구를 찾은 스위스 작은 마을 오버무텐, 이들 모두 '괴짜' 소리를 듣는 마을 혁신가와 이들에게 협력한 주민들이 창조해낸 것이다. 여기서 우리도 대한민국 농·산·어촌·마을의 가능성을 엿볼 수 있다. 창의적인 아이디어와 주민들의 협력으로 마을 혁신사업을 성공적으로 이끌어내야 하는 이유가 있다.

12. 슬로푸드 농촌

최근 여러 영역에서 대안운동이 활발하게 전개되고 있다. 대안교육 운동, 대안의료 운동, 대안문화 운동 등이 바로 그것이다.

슬로푸드, 현대 농업에 대한 반성 대안운동으로 생겨

농업과 관련해서도 대안을 추구하는 운동이 일어나고 있는데, 그 중 하나가 패스트푸드의 반대 개념인 슬로푸드(slow food) 운동이다. 다른 대안운동이 기존의 체제나 대상에 대한 성찰에서 출발하는 것처럼 슬로푸드 운동도 현대 농업에 대한 성찰로 생겨났다.

오늘날 속도 중심의 생활은 우리를 패스트푸드의 노예로 만들고 있다. 패스트푸드적 생활방식은 우리의 삶을 망가뜨리고 소중한 자연과 환경을 파괴해왔다. 이에 대한 반성으로서 능동적이고 실질적인 해답이 바로 대안농업 운동으로서 슬로푸드 운동이다. 이는 자국민의 전통적 입맛으로의 회귀운동이며, 우리나라처럼 소생산자에 기반을 둔 지역농업, 제철농업을 옹호하고, 위기에 처한 종을 지키는 역할을 하고 있다.

1986년 로마 '맥도날드 반대운동' 서 첫 시작

슬로푸드 운동의 시작은 1986년으로 거슬러 올라간다. 미국 패스트푸드의 대명사인 맥도날드가 로마에 진출하자 이에 대항해 전통음식 보존의 기치를 내걸고 맥도날드 반대운동 차원에서 시작됐다. 하지만 소위 햄버거 등 편리하고 간편한 음식문화로 대변되는 패스트푸드는 생각보다 빠른 속도로 확산되면서 전통음식을 소멸시켰다.

이에 위기감을 느낀 이탈리아 정부는 전통음식 보존이라는 기치를 내걸고 운동을 시작했다. 미국도 패스트푸드의 종주국이긴 하지만 최근 들어 슬로푸드 운동이 급속도로 미국 전역에 전파되고 있다.

슬로푸드 운동본부는 이탈리아 브라에 있으며, 현재 전 세계에 회비를 내는 정회원만 7만 명에 이르고, 전 세계 45여 개 국가에 550여 개의 지부를 두고 있다. 회원들은 슬로푸드 운동을 통해 멸종위기에 처한 작물이나 전통음식을 발굴 보존하고, 슬로푸드 운동 전파를 위한 교육 · 출판 · 성금모금 활동도 벌이고 있다.

선진국 대부분 환경운동과 연결, 국민의식 개혁으로 전개

이처럼 대부분의 선진국은 단순히 자국의 먹거리를 살리는 차원을 넘어 환경운동과 연결고리를 같이 하고 있다. 소비촉진 운동 이상의 국민의식 개혁 운동으로 전개되고 있다. 우리 농업계 안팎에서도 가요계의 전문 트로트학과와 화훼디자이너 교육을 위한 플라워디자인과가 생겼다.

아울러 도농교류 확산으로 전개되고 있는 농촌의 슬로푸드 마을이 인기다. 이 마을은 도시 사람들이 가고 싶은 고향과 농촌 사람들의 희망이 함께 만날 수 있는 곳이다. 하지만 전통농업을 이론적으로 배울 수 있는 학습의 장은 이미 실종되어 버렸다. 즉 현행 초·중·고생의 교과서를 보면 농업·농촌이라는 단어가 갈수록 빠져 나가고 있는 것이 이를 뒷받침하는 증거다.

따라서 전통농업을 바로 알기 위한 고민이 필요하다. 농업을 제대로 알아야 우리 농촌이 부활할 수 있다. 그러기 위해서는 슬로푸드학이 필요하다. 즉 정치경제, 외교문화, 역사, 사회심리 등 종합적으로 접근한 슬로푸드학을 만들어 우리 학생들이 한국 전통농업을 제대로 알 수 있는 기회가 마련되어야 한다.

패스트푸드에 길든 아이들에게 전통음식을 기대하는 것은 우물가에서 숭늉을 찾는 것과 다를 바 없다. 슬로푸드는 농촌경제의 심리적 자산이다. 당장 슬로푸드학을 만들자. 그래야 비로소 길이 열릴 것이다.

13. 흙은 생명경제의 근원

　어릴 적 고향마을에 하얀 눈이 내리면 동구 밖에 뛰쳐나가 눈사람을 만들었다. 동생보다 눈사람을 크게 만들기 위해 열심히 눈을 뭉치고 굴리다 보면 하얀 눈 아래 검정 흙이 묻어 나와 눈사람을 망쳐놓곤 했다. 생각해보면 사실 흙은 원래부터 존재했던 것이고, 겨울과 함께 찾아온 눈이 흙이라는 본질을 덮어버린 것이다. 하지만 사람들은 눈을 좋아할 뿐 덮어버린 흙은 외면해버린다. 사실 세상에 존재하는 흙이 진실이라면 그것을 덮어버린 고정관념, 편견, 오해 등이 눈일 것인데, 보기에 좋은 하얀 눈에만 관심을 둔다.

　그런 의미에서 흙의 진실을 파헤쳐보자. 흙은 생명의 근원이고 삶의 터전이며, 농업의 바탕이다. 흙은 생명체로서 한 줌의 흙 속에는 수천, 수억의 토양미생물이 살아 숨 쉬고 있다. 그리고 흙을 바탕으로 식물도 자라고 사람도 살아간다. 어쩌면 사람과 흙은 서로 나누어져 있는 것이 아니라 하나를 이루는 인토불이(人土不二)다. 때문에 흙이 병들면 사람도 병약해진다. 병든 흙은 삶의 터전을 황폐화시키고, 그 흙에서 난 농산물은 우리의 몸을 해치게 된다. 또한 흙은 오곡백과를 생산해 우리를 먹여주고, 섬유를 만들어 몸을 보호해주며 나무를 키워 삶의 자리를 마련해준다. 우리가 살아 숨쉴 수 있는 것도 흙이 식물을 키워 산소를 생산해주는 덕분이며, 뭇 동물이 쏟아내는 온갖 배설물과 쓰레기를 분해해 우리의 환경을 깨끗이 정화해준다.

　그뿐만 아니다. 세상만물은 흙이 베풀어주는 은혜 없이는 존재할 수 없다. 흙은 생명의 어머니이다. 흙이 생명체로서 살아 있어야만 모든 만물이 비로소 소생을 하고, 인간에게 밝고 쾌적한 미래를 보장해준다. 절대로 상대를 기만하지 않는 진실한 흙, 두 쪽의 씨앗을 뿌리면 가을에 열 배, 백 배로 보답하는 흙, 사람의 발에 짓밟히지만 동시에 자신을 짓밟는 사람을 떠받쳐주는 흙. 흙은 이토록 진실하고 겸손하며 모든 사람에게 양식을 제공하고 생명을 유지시켜 준다.

또한 흙 속에 뿌리박은 민들레부터 이름 모를 나무까지 진정 고향은 흙 속일 게다. 흙이 몸이 되고 물이 핏줄이 되는 자연의 일원으로 이 이름 모를 초목들도 사람과 함께 살아온 것이다. 옛날 조상들은 농사일 때문에 비가 와도 걱정, 안 와도 걱정, 날씨가 추워도 걱정, 더워도 걱정이었지만 결국엔 자연의 섭리로 알고 슬퍼하거나 노여워하지 않았다. 흙의 진리를 알고 있었던 까닭이다.

그런 의미에서 춘원 이광수도 《흙》에서 진리를 찾았을 것이다. 겉으로 드러나 있는 《흙》의 주제는 파탄지경에 처한 농촌을 조금이라도 되살리기 위해서는 지식인의 농촌 계몽이 필요하므로 지식인은 농촌계몽을 위해 투신해야 한다는 것이다.

주인공 허숭을 비롯해 김갑진, 윤정선 등 중심인물 모두가 우여곡절을 거쳐 결국에는 농촌계몽운동의 전선에 몸을 던지는 것으로 전개됨으로써 이 같은 주제가 뚜렷이 표출됐다. 그러나 이뿐이 아니다. 이 같은 주제의 안쪽에는 자기희생 정신에 바탕을 둔 순결한 도덕적 의지를 통한 대아의 실현이라는 속뜻이 숨어 있다.

여기서 순결성과 열정이 《흙》의 전개를 주도하는 기본 동력이다. 《흙》에는 김갑진, 이건영, 윤정선 등 높은 교육을 받은 지식인들임에도 돈과 성욕을 좇아 타락한 향락 생활에 젖어 있는 인물들이 무더기로 등장, 허숭의 삶이 대변하는 이같이 순결하고 열정적인 도덕적 의지와 대비돼 있다.

앞으로 흙을 살리고 지키는 일은 현대인에게 부과된 매우 중요한 과제이다. 하지만 지금 현대인은 누구와 함께 살아가고 있는가? 이미 젊은이들은 농촌과 농업이라는 이름을 잃어버렸다. 농업인들도 희망을 잃어버리고 있다. 하지만 흙 속에서 희망을 찾자. 흙은 움트는 새싹 앞에서 갓난아기를 키우는 어미다. 흙은 말라 비틀어지거나 벌레 먹은 줄기와 잎과 열매 앞에서 애가 타는 어미다. 흙은 잎새가 비록 무성해도 가뭄과 장마가 아니어도 마음 못 놓는 어미다. 흙은 잘 익은 열매를 거두고도 근심 많은 어미다. 그래서 인간은 흙에서 왔다가 흙으로 돌아가는 모양이다. 이래도 보기 좋은 하얀 눈에만 관심을 가질 것인가? 아니면 매사 짓밟았던 흙을 재차 짓밟을 것인가?

14. 그린투어 농촌경제

들녘에는 오곡이 황금물결을 이루고, 산에는 울긋불긋 물감을 들인 듯 숲과 나뭇잎은 황홀함 그 자체인 가을, 이런 가을도 녹음 짙은 여름이 없었으면 불가능했을 것이다. 이렇게 녹색이 손짓하는 소리에 귀기울여온 프랑스는 1948년 이후 녹색관광의 활성화를 위해 많은 정책을 펼쳐왔다.

1960년대 그린투어리즘이 본격화되자, 도시민의 농촌 장기체류가 일반화되었다. 허나 이때만 해도 민박서비스가 농촌관광의 전부였을 정도로 미약한 수준이었다. 1970년대 들어 주5일 근무제 도입으로 관광 수요가 급격히 늘어나면서 1971년 그린투어진흥센터가 설립, 그린투어리즘이 정착되기 시작했다.

프랑스 농촌관광이 농업활동과 직접 관계를 맺으면서 본 궤도에 오르게 된 것은 1980년대 초부터이다. 사실 국제 농산물 시장이 공급과잉 국면에 들어서면서 이를 타개하기 위해 경영 다각화 문제를 본격적으로 고민하게 되었고, 그 결과 농업활동과 연계된 관광활동에 시동을 거는 계기가 되었다.

특히 87년 이후 도시민이 농촌에서 휴가를 보낼 수 있도록 정부가 지원 및 홍보를 꾸준히 전개하였고, 1988년 법률 개정을 통해 농촌관광사업을 농업활동의 일부로 인정해 세제상 우대 조치와 저리융자 지원을 해왔다. 그런 이유로 프랑스는 자연스레 농촌관광의 기준과 원칙이 세워졌고, 매년 약 200억 유로의 관광 매출을 올리고 있다. 이 수치는 프랑스 전체 관광 지출의 약 20%에 달한다. 또한 이 규모는 프랑스 전체 농업 생산액의 절반에 이르며, 프랑스 국민 5명 중 1명이 1년에 하루 이상을 보낸다. 숙박일수 기준으로도 농촌관광은 프랑스 전체 관광 숙박일수의 29%에 달하는 시장점유율을 기록하고 있으며, 6명 중 1명이 시골 별장을 소유하고 있다. 프랑스의 농촌관광은 농수산부와 환경부 및 행정자치부의 적극적인 참여 속에서 건설교통부 산하 관광부에서 담당하고 있다.

특기할 만한 것은 상설기구인 농촌관광협의회의 존재다. 이곳은 관광부 장관이 주재하고 농촌관광 활성화 방안을 협의, 발전시키는 임무를 가진 기구다. 하부 단위에는 5개 소위원회가 존재하여 농촌관광정책, 경제적 성과 및 관광의 경쟁력 확보, 상업 및 정보화 그리고 고용 · 교육 · 역사 · 문화 · 환경 · 복지 등을 각각 다루고 있으며, 매 6~8주마다 위원회가 소집되고 있다.

또 프랑스 농촌관광 민간 네트워크로는 농업회의소가 운영하는 '농업과 관광', 소규모 농가가 중심인 '아쾌이브 페이장', 농촌 지역 민박활동을 하고 있는 지트 협회 등 3개로 구성된다. 프랑스의 농촌관광 정책의 기본 방향은 한마디로 '사회적 필요'에서 찾을 수 있다. 또한 기본정책의 목표 달성을 위해 세부 목표를 설정하고 있다. 프랑스 정부는 지자체와 협약(2000~2006년)을 통해 농촌관광 분야에서 관광시설에 대한 지원을 명문화하였다. 협약기간 중 정부의 지원 규모는 5,300만 유로(약 740억 원)에 이른다.

이렇게 프랑스 정부는 농촌관광의 특성을 제대로 이해하고 이를 사회화합과 교류 및 환경 · 문화자원의 보존을 위한 공익사업으로 분류하고 지원하고 있다. 농가의 소득보다는 지역을 알리고 도시와 농촌 사이의 교류를 촉진하며, 시설투자가 부족한 농촌의 발전기반을 조성하는 논리로 활용되고 있다.

우리나라도 근래 농촌관광에 상당한 관심을 쏟고 있다. 농촌 체험교육 중심의 여가문화 변화에 힘입어 농촌관광 수요가 계속 늘고는 있지만, 아직은 막 태동기를 지났을 뿐이다. 시장 규모는 연간 1.4조 원 정도이며, 국내여행 지출 총액의 5.5% 정도로 추정된다. 이는 전체 관광시장에서 차지하는 농촌관광의 비중이 20%에 이르는 선진국에는 턱없이 차이가 나는 실정이다.

프랑스는 농업의 공익적 가치를 중시하며 지속 가능한 농업정책을 추진하고 있다. 우리 정부도 3만 달러 시대에 걸맞게 농촌관광 활성화의 여건을 전폭 개선하여 농가소득 5,000만 원 달성을 보장하는 농업정책을 추진할 때다.

15. 지구온난화와 농촌

지구온난화의 주범은 이산화탄소

언론의 역할과 실천은 '그 근본이 무엇이냐'에서 출발해야 한다. 이러한 근본이 바로 본모습이다. 예를 들어 나무는 홍수와 가뭄을 막아주고, 우리가 숨 쉬고 내뱉은 이산화탄소를 흡수하고, 산소를 공급한다. 그리하여 나무에서 살아가는 여러 동식물과 미생물 집단에게 삶의 환경을 제공하고, 토양을 건강하게 하여 산사태 등을 막아준다.

최근 여름철 폭염의 원인은 바로 지구온난화다. 지구온난화의 강력한 주범은 이산화탄소다. 250년간 대기 중의 이산화탄소의 양은 30% 이상 증가했다. 이로 인해 지구 전체가 뜨거워지고 있다. 이를 피부로 느끼는 게 바로 열대야다. 우리나라 열대야 일수는 100년 전에 비해 두 배 이상 증가했으며, 전 세계적으로 아열대지역이 북상함에 따라 우리나라도 점차 아열대기후로 변하고 있다. 에너지 사용량 세계 10위, 온실가스 배출량 세계 9위인 한국은 기후변화에 대한 책임이 매우 크며 이에 대한 대응 역시 필요하다.

지구온난화가 농촌에 미치는 영향도 예외는 아니다. 지구온난화로 인하여 현재의 기후대가 중위도 지역에서 양극 방향으로 15만550km까지 이동할 것으로 예상되며 이로 인해 경작 가능한 농작물 및 수목의 분포가 영향을 받게 된다. 또한 전체적으로 기후체제를 변화시켜 토양 중 유기물 함량을 감소시키고 토양을 황폐화시키는 부정적인 효과가 크다. 따라서 다음과 같은 근본적인 대책과 실천이 요구된다.

온난화 대책에 따른 지속적인 관심과 실천이 요구

첫째, 논농사를 포기하지 않도록 해야 한다.

논은 홍수를 조절하고, 지하수를 저장하며, 공기를 정화하고, 토양의 유실을 방지한다. 논은 홍수 때 약 36억 톤의 물을 논에 가두어둘 수 있다. 춘천댐 총 저수량의 24배나 되는 양이다. 논을 통해 땅으로 스며들어 지하수가 되는 양도 1년에 약 158억 톤정도다. 이는 전 국민이 1년간 사용하는 수돗물 양의 2.7배, 연간 1조 6,000억 원어치다. 아울러 산림 조성도 중요하다. 우리나라 산림이 국민에게 주는 공익적 가치가 연간 66조 원에 이르기 때문에 나무 심는 일을 게을리할 수 없다. 숲이 주는 혜택을 돈으로 계산하면 무려 34조 6,000억 원에 이른다.

둘째, 에너지와 자원 절약의 실천이다.

가정 및 직장에서의 냉·난방 에너지 및 전력의 절약, 수돗물 절약, 공회전 자제, 대중교통 이용, 카풀(carpool)제 활용, 차량 10부제 동참 등이 대표적인 방법이다. 이러한 노력이 약간의 불편을 초래하는 측면은 있으나, 사회 전체적으로는 에너지 소비 및 온실가스 배출량을 감축시킴으로써 국가 부의 증대에 기여한다.

셋째, 환경친화적 상품으로의 소비양식 전환이다.

동일한 기능을 가진 상품이라면 환경오염 부하가 적은 상품을 선택하는 것이 최선의 방법이다. 이러한 소비 패턴이 정착될 경우 생산자도 제품 생산시 소비성향을 고려하게 되므로, 장기적으로는 경제구조 자체가 환경친화적으로 바뀌게 된다. 고효율등급의 제품 및 환경마크 부착제품을 구입한다.

넷째, 폐기물 재활용의 실천이다.

온실가스 중의 하나인 메탄은 주로 폐기물 매립 처리과정에서 발생하며 재활용이 촉진되면 매립지로 반입되는 폐기물량이 감소하므로 메탄 발생량도 따라서 감소한다. 또한 폐기물 발생량이 감소하면 소각량이 감소하여 소각과정에서 발생하는 이산화탄소 배출량도 감소한다. 폐지 재활용은 산림자원 훼손의 둔화를 통해 온실가스 감축에 기여한다.

다섯째, 나무를 심고 가꾸기를 생활화한다.

나무는 이산화탄소의 좋은 흡수원이다. 예를 들어, 북유럽과 같이 산림이 우거진 국가는 흡수량이 많아 온실가스 감축에 큰 부담을 느끼지 않는 것이 좋은 예다.

'아는 것이 힘이다' 라는 격언이 있다. 그러나 '불편한 진실' 을 실천하기 위해서는 '아는 것을 실천하는 것이 힘이다' 라는 격언으로 바뀌어야 한다.

16. 농촌은 오래된 미래

우리 농촌은 오래된 미래

방학이다. 과거 7080세대의 대학생 시절, '농활'은 필수 코스였다. 주로 여름방학이 되면 학생들은 농촌으로 가서 부족한 일손을 보태며 실천하는 지성인의 면모를 배웠다. 농활은 배움과 실천이 만나는 생활 속 현장이었다. 대학생들은 농활에 대한 각양각색의 추억을 간직하고 있다. 글로만 공부하던 학생들이 처음 해보는 농사일에 밭을 매다 기절하거나, 생각 외로 농사를 잘 지어 마을 어르신이 땅을 줄 테니 와서 살라고 하는 등, 자신만의 농활 체험담을 갖고 있다.

사실 그동안 배고프고 힘들었지만, 농촌은 우리도 모르는 사이에 많은 힘을 축적해왔다. 그래서 농업은 오래된 산업이자, 새로운 미래 산업이다. 사실 우리 농촌의 모습은 우리 국민 생활의 변화와 함께 그 얼굴이 바뀌어왔다. 그동안 생산성 향상을 위해 시행했던 경지정리, 각종 수리시설 그리고 비닐하우스와 최근의 유리온실 등 현재 우리 농촌의 모습은 모두 우리나라 경제의 발전과 함께 변해왔다고 할 수 있다. 하지만 공업중심의 경제성장에 따라 도시가 확대되면서 농업에 필요한 소수인력을 제외하고는 대부분 농촌을 떠난 현재와 같은 모습으로 바뀌게 되었다.

판단할 때 조급함은 잘못

한편 도시가 안고 있는 많은 문제는 도시 자체의 노력만으로는 해결하기 어렵다. 비싼 주택가격, 교통 혼잡과 주차문제, 대기오염과 수질오염 및 쓰레기 문제, 일자리 부족, 사회적 갈등 등의 도시 문제는 도시 내부의 노력만으로는 해결하기 어렵다. 따라서 당연히 도시의 확대가 국가 발전의 미래 모습이 되어서는 안 된다. 이제는 우리나라가 당면한 다양한 경제적, 사회적 문제를 궁극적으로 해결할 수 있는 미래의 터전으로서 농촌의 기능과 역할을 재정립하고 재인식해야 한다. 결국 도시화도 한계점에 도달하면 오히려 분산돼 농촌으로 퍼지는 현상으로 이어질 가능성이 높다.

요즘 우리 농촌에 나타나기 시작하는 유턴 현상, 국토 균형발전 차원에서 강조되는 분산화, 지방화도 이런 경향으로 해석할 수 있다. 따라서 도시가 한사코 건조하게 변질돼갈수록 농촌의 향수는 더욱 필요한 수분의 공급처가 될 것이다. 당장은 농촌을 애써 외면하는 비서정성이 요즘 도시의 풍속도이겠지만, 바쁠수록 한 박자 쉬어갈 수 있는 농·산·어촌의 쉼터 역할은 어느 때보다도 중요해졌다. 그런 의미에서 다음 사례는 현대를 살아가는 우리에게 산 교훈을 준다.

알렉산더 대왕이 친구로부터 귀한 선물을 받았다. 선물은 아주 훈련이 잘된 사냥개 두 마리였다. 사냥을 즐겼던 알렉산더 대왕은 기뻐했다. 어느 날 알렉산더 대왕은 사냥개를 데리고 토끼 사냥에 나섰다. 그런데 사냥개들은 사냥할 생각이 전혀 없는 듯했다. 토끼를 물끄러미 바라보며 빈둥빈둥 누워 있었다. 알렉산더 대왕은 화가 나서 사냥개들을 죽여버렸다. 그리고 사냥개를 선물한 친구를 불러 호통을 쳤다.

"토끼 한 마리도 잡지 못하는 볼품없는 개들을 왜 내게 선물했는가? 그 쓸모없는 사냥개들을 내가 모두 죽여버렸다."

친구는 알렉산더 대왕의 말을 듣고 놀란 표정으로 말했다.

"그 사냥개들은 토끼를 잡기 위해 훈련된 개들이 아닙니다. 호랑이와 사자를 사냥하기 위해 훈련받은 개들입니다."

농촌의 발전이 곧 국가발전의 근간

이렇듯 토끼만을 잡기 위해 분주하게 돌아가는 도시의 일상, 그 경쟁 속도에 균형을 맞추기 위해 고층 아파트만 바라보고 산다면, 진정 호랑이나 사자를 잡을 수 있는 미래가 찾아올 것인가.

다행히 현재까지는 우리 국토의 공간에 농촌지역이 상당부분 차지하고 있다는 사실이 고맙다. 반면 농촌이 살기 힘들다고 도시로 떠나는 사람들이 아직도 많다는 게 씁쓸하다. 그래서 이번 대통령 선거 과정에서는 우리나라의 미래 발전을 위해서 '농촌의 발전이 곧 국가 발전의 근간' 이라고 인식할 수 있는 리더의 탄생을 기다리고 있다.

보통 사람이 살고 있는 농촌, 추억이 방울방울 열려 있는 농촌의 매력은 앞으로 우리 국민의 경제적, 심리적 자산이 될 것이라는 것이다.

17. 농촌체험의 교육적 가치

근래 학교별 수학여행이 체험 위주의 교육여행으로 바뀌면서 농촌체험 마을이 인기다. 아이들은 농촌 체험마을을 방문해 천연 염색 티셔츠와 향초, 꽃차 만들기와 향토 음식 체험, 농장 일손 돕기 등 농촌 문화를 경험하고, 자작나무 숲 등 지역의 관광명소 탐방과 모험레저·스포츠 체험도 즐긴다. 옛날 기성세대의 어린 시절의 농촌 풍속도와는 사뭇 다르다.

초등학교 시절, 마을에서 학교까지 가려면 이십 리 길을 걷고 뛰어야만 했다. 굽이굽이 산등성이를 돌아 꾸불꾸불한 논둑길을 따라가다보면, 어느새 학교 지붕이 희미하게 보였던 기억이 난다. 집에서 학교까지 가는 길에 중간치기 하기에 적당한 감나무 골이 있었다. 돌이켜보면 그곳은 자연이 선물한 놀이터였다. 지금이야 2차선 아스팔트길이 정든 시골길을 대신하고 있지만, 1970년대 등하교 길의 풍경은 그야말로 어머님 숨결처럼 따사롭기만 했다.

잠시 사무실 창밖에서 불어온 바람이 살짝 뺨을 스치더니, 이어 달리기를 알리는 호루라기 소리가 시골학교 운동회 속으로 푹 빠지게 만들었다. 아마 어릴적 운동회가 맞을 것이다. 염색한 청백 띠를 이마에 두르고 줄지어 이동하며 차례를 기다리면서도 단 한 명도 옆으로 삐져나가는 것을 보지 못했다. 분명 운동회 연습을 많이 한 모양이다. 전체가 지켜야 하는 규율에 따르려고 모두들 부지런했다. 이 같은 약속 지키기가 저절로 이루어졌을까? 그렇지는 않다. 철저히 연습한 결과였다. 그리하여 공동체를 이끌어가는 하나의 틀을 만들어낸 것이다.

운동연습이 어떤 일에 능숙해지기 위한 단순한 되풀이라면, 학교교육은 운동연습으로 얻은 능숙한 움직임을 창조해낸 것이다. 그리하여 처음부터 정해진 순서가 있는 것처럼 행동하는 것이다.

반면 도시아이들은 다르다. 올봄 조카 녀석들의 운동회를 보면서, 시골 초등학생들의 운동회와는 사뭇 다른 느낌을 받았다. 운동회 연습은 시골 아이들 못지않게 했을 것이다. 하지만 줄에서 옆으로 벗어난 아이들이 왜 이렇게 많은지? 사실 도시 아이들은 컴퓨터와 지내는 시간이 많고 방과 후에도 각종 학원 수강으로 공부에만 매달리다 보니 서로 어울려 마음껏 뛰어놀 만한 시간이 많지는 않다.

이처럼 한창 나이에 제대로 놀지 못하고 공부에만 쫓기다 보니 아이들이 정서적으로 메말라가고 심지어 학교폭력 등 여러 가지 청소년 문제도 확대되고 있다.

이 같은 도시 아이들의 놀이문화와 정서적인 문제를 해결하기 위한 방안이 농촌체험 학습이다. 비록 도시에 살지만 아이들에게 조금이라도 자연과 가까이 만나게 해주고 싶은 부모들이 늘어가고 있다. 아이들은 처음엔 진흙탕에 들어가려 하지 않지만, 나중엔 아예 나오려고 하지 않는다. 말랑말랑한 진흙의 촉감을 좋아할 수밖에 없다.

일본의 경우 이러한 농촌체험 학습의 교육적 가치를 높이 평가해 초등학교의 70%가량이 농사체험 학습을 실시하고 있다. 특히 오래전부터 농촌체험 학습을 보다 적극적으로 추진하기 위해 '종합학습시간' 이라는 과목을 신설, 정규 교육의 하나로 편성했다. 하지만 우리나라는 학교 교육차원에서 그리 활성화되지 못하고 있다. 이러한 '1교1촌 운동' 이 초 · 중 · 고교로 확대되어야 한다. 특히 '도시 청소년과 어린이' 대상에 맞는 농촌 문화체험, 농촌 자원봉사 등 프로그램도 적극 개발되어야 한다. 그러기 위해서는 자연이 선물한 농촌 놀이터가 복원되어야 한다. 옥수수 따고, 개구리도 잡고, 콩도 구워먹고, 냇가에서 물장구 치고, 처음 보는 아이들도 금세 친해지는 아름다운 곳, 편안하고 왠지 기분이 좋아지는 곳, 연인이랑 친구랑 함께 있으면 사랑과 우정이 새록새록 솟아나는 곳, 부모 같은 사람들과 즐겁게 담소를 나눌 수 있는 곳, 할아버지랑 할머니께 손자나 손녀가 되어드리는 곳, 낯선 사람끼리도 대화의 끈을 연결해주는 곳, 농촌이 그리운 이유가 무엇인지 모르는 사람이라도 가보면 그 이유를 알게 되는 곳, 누구나 그런 농촌을 좋아하게 되는 그날까지!

18. 농촌유학의 특수효과

　도시에서 자라는 초등학생들은 학교 문을 나서자마자 학원을 전전한다. 아이들의 사교육 참여율은 가난한 가정을 제외하면 100%에 달한다고 한다. 학원에서 돌아오면 마땅히 뛰어놀 곳이 없는 아이들은 게임이나 스마트폰에 빠져 대부분의 틈새시간을 보낸다. 그런데 경북 예천의 용문초등학교의 경우, 도시를 떠나 이곳으로 유학온 11명의 초등학생들이 있다. 이곳에는 학원도 없고 스마트폰도 자진 반납하고 농촌학교를 다니며 농촌체험을 즐기고 있다.

　이렇듯 아이가 잠시라도 자연을 느끼기를 바라는 도시 부모들이 늘고 있다. 아이교육을 위해 아예 귀농을 하는 경우도 드물게 있지만, 그러지는 못하더라도 아이만이라도 시골에서 지낼 수 있게 해주려는 것이다. 예전에는 주말 농촌체험이나 여름방학을 이용한 농촌캠프와 같은 소극적인 농촌 방문이 많았다. 하지만 지금은 도시학생이 짧게는 10일, 길게는 1년 동안 농촌학교로 전학와서 생활하는 적극적이고 능동적인 농촌유학이 많은 게 특징이다. 이러다 보니 폐교 위기에 몰렸던 일부 농촌학교는 활기가 넘치고, '사람은 서울로, 말은 제주도로 보내라' 는 격언은 옛말이 되어가고 있다. 학교 안에 컴퓨터, 가야금, 한국화, 피아노, 영어, 스포츠댄스, 골프, 사물놀이 등의 과정을 개설한 경기 양평의 조현초등학교, 농촌유학생을 위해 기숙센터까지 마련하고, 방과 후에는 이 센터에서 원어민 영어교사 강좌, 요가와 명상, 자연체험, 한지공예 등을 가르치는 전북 완주의 봉동초등학교 양화분교, 2주짜리 짧은 산촌유학 프로그램을 운영하는 경남 함양의 마천초등학교 등이 대표적인 사례다.

이런 일을 조직적으로 풀어낸 것은 일본이 한참 앞섰다. '산촌유학' 이라 불리는 일본 농촌학교 프로그램의 경우, 도시에서 온 다양한 연령대의 아이들이 짧게는 1년에서 길게는 3년까지 농촌의 생활과 교육을 체험시키고 있다. 30여 년 전 1주간의 농촌체험으로 시작됐지만 지금은 정부와 단체의 지원을 받는 체계적인 유학 프로그램으로 발전했다. 1976년부터 지난해까지 일본에서 산촌유학을 해 본 학교는 전국적으로 500여 곳에 이른다.

현재 일본 산촌유학은 행정이 주체인 곳이 20%, 지역 주민과 학교가 주체인 곳이 60%, 민간단체가 주체인 곳이 20%이다. 우리나라에는 일본과 같이 1년 단위로 도시아이들이 농촌에 가서 일상생활을 하면서 체험할 수 있는 프로그램은 극히 드문 실정이다. 아마도 대부분의 학부모들은 도시학교와 농촌학교 간의 실력 차이를 걱정함은 물론, 한창 자라나는 청소년 시기에 부모와 떨어져서 성장하는 문제를 염려할 것이다. 그러나 우리의 모든 일상이 네트워크로 연결되어 있는 오늘날에는 도농 간의 실력 차이는 걸림돌이 되지 않는다.

지금은 전국 구석구석을 가리지 않고 온갖 다양한 정보가 날아다니는 인터넷 시대다. 사람이 많이 모인 대도시에 가야만 견문이 넓어지는 그런 시대는 지났다는 뜻이다. 또한 자녀들이 부모와 떨어져서 기숙생활을 할 경우 성장에 어떠한 지장이 있을까. 어린 나이에 부모와 떨어져서 의복도 스스로 갈아입고, 아침에 부모가 깨워주지 않아도 스스로 일어나는 생활을 반복하면 오히려 독립심이 더 커지게 될 것이다. 국내의 농·산촌에도 멀어야 6시간이면 당도할 기숙센터가 마련된 풍치 좋은 학교가 있다. 일주일에 한 번씩 오가면서 부모와 자식 간의 정을 더욱 돈독하게 다질 수 있는 기회가 얼마든지 있다.

다행히 최근에는 아이들과 가족 일부 또는 전부가 일시적으로 옮겨와 생활하는 가족형 농촌유학의 경우 귀농을 촉진하는 효과를 낳고 있다.

농촌유학의 일차적인 성과로 농촌학교 학생 수를 늘려 학교 운영을 정상화시키고, 학생들로 하여금 자연과 농촌을 이해하게 하는 인성·감성교육에 기여할 수 있다. 이를 통해 인구구조 개선, 주거시설 개선, 도농 교류와 귀농 촉진, 지역경제 부양 등 다양한 사회·경제적 효과를 기대할 수 있을 것이다.

19. 농촌 봄나물 향연

4월은 '건강한 봄나물의 향연' 이라고 불릴 민큼 영양가 높은 제철 봄나물들이 풍성하다. 생으로 먹어도 무쳐먹어도, 다른 음식과 함께 먹어도 맛있는 봄나물들. 봄나물은 '봄의 전령' 이라고 할 만큼 가장 인기 있는 제철상품이다. 향긋함과 신선하고 독특한 맛이 미각을 깨워줘 입맛 없는 봄철에 제격이다.

조석으로 부는 바람은 찬 기운이 살짝 돌지만 한낮의 햇살은 눈이 부셔 눈을 뜰 수가 없다. 아직은 시장에 나가면 여러 봄나물이 가득해서 고기보다도 비싼 봄나물이다.

곧 있으면 봄나물은 최적이다. 봄나물은 갑작스러운 기후변화와 겨울 동안 고갈된 각종 영양소의 부족을 채워준다. 비타민과 각종 영양소가 풍부한 제철 봄나물을 섭취해 봄이 전하는 싱싱함만큼이나 나른한 몸을 생기 있게 바꿀 수 있다.

두릅은 단백질이 많고 지방, 섬유질, 칼슘, 비타민, 사포닌 등이 들어 있어 혈당을 내려주고 혈중 지질을 낮춰주어 당뇨병과 신장병, 위장병에 좋은 음식이다. 또한 두릅에는 철분 성분이 풍부하게 들어 있어 빈혈 개선에 도움이 되며, 생리로 인한 철분 손실을 보완해주는 장점이 있다.

달래는 톡 쏘는 매운맛으로 이른 봄부터 주로 들이나 밭에서 많이 볼 수 있다. 달래는 비타민이 골고루 함유되어 있어서 빈혈에 도움이 될 뿐만 아니라 신경을 안정시켜주는 성분 덕분에 잠을 이루기 힘든 불면증 예방에 도움을 준다. 또한 달래에는 콜레스테롤은 높이고 나쁜 콜레스테롤은 낮춰주는 역할을 하는 알리신 성분이 함유되어 있어 기름진 육류와 함께 섭취하면 콜레스테롤 저하 효과를 볼 수 있다.

돌나물은 우리에게 '돈나물' 로 더 많이 알려져 있다. 돌나물은 수분 함량이 수박

보다 많으면서 아삭한 식감까지 갖추고 있으며 섬유질이 적고 비타민C와 인산이 풍부해 새콤한 맛을 낸다. 돈나물에는 여성호르몬인 에스트로겐과 비슷한 기능을 담당하는 이소플라본이 들어 있어 여성 갱년기 증세를 완화시켜주며 해열, 해독 등의 효능도 있어 한방에서는 황달 치료제로 쓰이기도 한다.

미나리는 예부터 물이 있는 곳이면 어디서나 잘 자라는 생명력과 파랗게 자라는 심지, 가뭄에도 푸른색을 잃지 않는 '삼덕 채소' 로 불린다. 미나리는 각종 비타민 및 섬유질이 풍부한 알칼리성 식품으로 혈액을 정화시키며 갈증을 해소해주기 때문에 음주 후 두통에 효과적이다. 봄철 미나리는 연한 식감으로 생으로 먹기 좋아 봄 제철 음식으로 손꼽힌다.

봄동은 3월 제철 음식 중 하나로 일반 배추보다 단맛이 강한 것이 특징이다. 봄동은 베타카로틴 함량이 높아 항산화 작용으로 인한 노화 방지 및 암 예방에 효과적이다. 특히 열량이 낮아 다이어트에 좋다. 봄동에는 지방과 단백질이 상대적으로 부족하므로 돼지고기와 함께 섭취하면 궁합이 좋다.

냉이는 '봄에 찾아 먹는 인삼' 이라고 할 정도로 단백질 함량이 높고 각종 비타민과 무기질이 풍부하다. 비타민C가 풍부하게 함유되어 있어 잃어버린 기력을 다시 회복하는 데 도움을 준다. 또한 원기를 돋우는 효과가 탁월하기 때문에 봄철 춘곤증을 이겨내는 데 도움이 된다.

쑥은 '성인병을 예방하는 3대 식물' 로 불릴 정도로 피를 맑게 하는 효능이 있다. 특히 체질 개선 효과가 있어 몸이 찬 사람에게 좋으며 만성 위장병에도 도움이 된다. 쑥은 미네랄이 풍부한 알칼리성 식품으로 몸을 따뜻하게 해주어 생리통 완화에 좋다. 다양한 조리법으로 남녀노소 누구나 맛있게 즐길 수 있는 봄 제철 나물, 봄철에 산이나 들에 자라나는 풀은 '아무것이나 뜯어 먹어도 약이 된다' 는 말이 있을 정도로 영양이 풍부하다.

제철에 나는 신선한 봄나물을 찾아 가까운 들과 밭으로 나가보자. 흙과 더불어 봄 향기를 맡으며 몸에 좋은 봄나물까지 캔다면 나른한 봄철 춘곤증부터 만성피로 증후군까지 이겨낼 수 있는 생산적인 효과를 보게 될 것이다.

20. 농촌은 녹색경제

녹색 열풍은 보이지 않는 경제학

일상에서 흔히 만나지만 무심코 지나갔을 여러 가지 생활 속 경제학이 '보이지 않는 경제학' 이다. 녹색의 열풍도 가격 결정의 메커니즘을 통해 자세히 들여다보면 사람의 건강 증진에 더 없이 훌륭한 보이지 않는 가격의 경제학이다. 건강은 어떤 상품에 담긴 가치를 돈으로 환산할 수 없는 일상생활에서 단순한 경제적 가격 그 이상이다. 그런 의미에서 건강과 밀접한 녹색의 열풍은 우리 삶에 강력한 영향을 미치는 진짜 보이지 않는 경제적 메커니즘이다.

봄이 되면서 도심지에서도 웰빙이 자라고 있다. 집안 베란다에서 친환경 채소를 재배할 수 있는 '상자텃밭' 이 그 주인공이다. 상자텃밭은 친환경 플라스틱 상자, 유기배양토 50ℓ, 상추모종이 한 세트로 구성돼 있어 좁은 공간에서도 손쉽게 채소 등을 가꿀 수 있도록 만들어졌다. 물과 햇빛, 정성만 있으면 온가족이 상자텃밭을 통해 건강한 먹을거리를 얻고 보람도 느낄 수 있다. 이런 녹색 열풍은 녹색이 놀라운 치유 능력을 갖고 있기 때문이다.

출근길에 지친 몸으로 사무실에 막 들어섰을 때 책상 위에 놓인 작은 녹색식물을 보며 미소를 지어본 경험이 있을 것이다. 자연의 산물인 녹색을 보면 눈의 피로가 풀리는 것처럼 우리 눈은 본능적으로 녹색을 편안하게 느낀다고 한다.

병원에서도 환자를 시각적으로 안정시킬 목적으로 수술실 의사나 간호사들이 녹색 가운을 착용한다. 당구대나 트럼프 놀이판은 시야를 어지럽히거나 피곤하게 하지 않게 하기 위해 녹색을 쓴다. 이뿐인가, 주방세제를 녹색 계열로 만들고 심지어

풀을 뜯어먹는 가축들도 녹색을 보면 반가워한다.

이 밖에도 우리 생활의 녹색이 쓰이는 곳과 녹색의 효과는 참 다양하다. 이는 녹색이 그만큼 스트레스가 해소에 도움을 준다는 증거일 것이다. 녹색식물을 보고 있으면 심신이 안정되고 알파파가 증가되어 사고력과 기억력이 증진된다는 연구 보고는 이를 뒷받침한다.

녹색식물은 사람의 건강과 밀접한 관계

녹색식물은 사람의 건강 증진에 특히 좋다. 우선 녹색식물은 인간에게 산소를 주고, 탄산가스를 흡수함으로써 환경을 정화시켜 준다. 다음으로 녹색식물은 태양의 빛을 이용해 이산화탄소(CO_2)와 물(H_2O)을 화합시켜 포도당이나 녹말과 같은 탄수화물을 만들기 때문에 우리가 먹는 밥이나 채소가 녹색식물이다. 이처럼 녹색식물의 세포 속에는 타원형의 구조물인 엽록소가 많이 들어 있기 때문에 식물의 잎은 대부분 녹색을 띤다.

자연의 산물인 녹색은 사람의 건강 증진과 스트레스 해소라는 두 마리 토끼를 잡을 수 있는 묘약인 동시에 농업환경과 밀접한 관계가 있다.

교육학자 리브스(R.H. Reeves)는 《동물학교》라는 책에서 동물들은 각각 신이 창조한 목적대로 살아갈 때 가장 우수한 능력을 발휘한다고 했다. 다른 목적을 요구하거나 타고난 재주를 다른 곳에 쓴다면 아무런 힘도 발휘할 수 없다는 것이 그의 이론이다.

동물들이 모여 학교를 만들었다. 그들은 달리기, 오르기, 날기, 수영 등의 교육과정을 짜놓고는 똑같이 같은 시간에 이 네 과목을 수강토록 했다. 오리는 수업을 가르치는 선생보다 수영 과목을 훨씬 잘했다. 날기도 그런대로 다른 동물과 비교해 잘해냈다. 그러나 달리기와 오르기는 낙제 점수를 받을 수밖에 없었다. 토끼는 달리기를 가장 좋아하고 잘했으나 수영은 빵점이었다. 다람쥐는 오르기에서는 남다르게 잘했지만, 날기가 문제가 되었다. 독수리는 날기에는 다른 과목보다 뛰어난 성적을 보였지만 다른 과목은 빵점이었다. 결국 수영을 잘하면서 달리기와 오르기, 날기를 조금씩 할 줄 아는 뱀장어가 가장 높은 점수를 받아 일등을 했다.

이렇듯 교육은 학생자신이 가지고 있는 특기와 잠재력을 머릿속에서 끄집어내어 능력을 발휘하고 그 특기와 잠재력을 이용해 더 많은 발전을 할 수 있도록 도와주는 것이다.

따라서 농업환경에 취미와 특기를 가진 위대한 학생들을 농업환경 속으로 돌아오게 할 특단의 교육대책이 시급하다.

4장

지역농협 공채

1. 최근 인재채용 트렌드

시대가 변하면서 인재에 대한 정의도 바뀌고 기업이 요구하는 인재상도 달라졌다. 기업이 요구하는 인재가 되기 위해서 채용 트렌드를 파악하고 이에 따른 철저한 준비가 필요하다.

■ '스펙' 은 No, '직무 역량' 은 Yes

최근 인재채용 트렌드는 '스펙' 중심의 평가에서 '직무 역량' 으로 무게중심이 옮겨지고 있다. 면접 시 "우리 회사가 당신을 뽑아야 하는 이유에 대하여 말해보세요" 라는 질문이 기본이며, 자기소개서에 본인이 직무에 적합하다고 판단하는 이유를 구체적으로 서술할 것을 요구하고 있다. 일부 기업은 TOEIC(공인어학성적) 등 일부 항목을 이력서에서 빼고, 지원자가 직무에 부합하는 본인의 경험, 지식 등을 하나의 스토리로 잘 엮어서 설명할 것을 요구한다.

■ 채용 방식 다각화

요즘은 대입 수능처럼 같은 날 일제히 치르는 공채 방식 외에 오디션, 캐스팅 등 다양한 채용 방식 도입이 확산된다. 오디션을 실시하여 역량을 발휘하는 인재에게 서류전형을 면제해주고 채용 홈페이지가 아닌 인스타그램을 통해 입사지원을 받기도 한다. 자기PR 기회가 다양해진 채용 방식에 관심을 가질 필요가 있다.

■ 인문학적 소양 강조

인문학적 소양 중에서도 올바른 역사에 대한 인식을 강조한다. 많은 기업이 인적성 검사에 역사 관련 문항을 포함하고 있다. 특히 알파고와 인간의 바둑 대결 이후에 인문학적 소양은 국내뿐 아니라 해외 취업시 가장 핫한 트렌드가 되고 있다. 인문학적 소양은 단기간 학습이 어려운 만큼 다독을 통해 생각의 폭을 넓히고 한국사의 주요 흐름을 이해하고 스스로 정리해보는 노력이 필요하다.

■ 인성평가가 대세

특히 돈을 다루는 농협 등 금융기관의 채용 트렌드는 '인성'을 강조하고 있다. 금융업무는 내부 직원들의 비리나 횡령 등 사고가 많을 수 있으므로 직원의 윤리의식을 중시한다. 일부 은행은 어학 성적과 금융 자격증 란을 없애는 대신, 자기소개서에 지혜, 배려, 행복 등의 제시어를 담은 가치관과 삶의 경험을 에세이로 작성하도록 하며 직업윤리를 물어보는 문항도 있다. 또한 열린 채용을 실시하며, 인재상에 부합하는 본인의 스토리를 녹여냈는지 여부가 서류 합격의 승부처로 지목되고 있다.

■ 지역인재도 기회균등 보장받는다

공기업은 채용시장에서 비교적 보수적인 편으로 인식된다. 하지만 최근에는 '스펙초월 채용' 바람이 불고 있다. 지원서류에 최소한의 정보만 기재하게 하는 스펙

초월전형을 도입하고, 대신 본인의 직무 경험이나 비전 등을 알 수 있는 에세이를 제출하도록 했다. 청년인턴 채용 서류전형에서 논술 방식을 도입하고 입사지원서에 학력과 어학성적, 자격증 등의 항목을 없애고 있다. 또한 공기업 본사의 지방 이전이 활발해 지면서 지방 근무가 가능한 인재인지 여부도 주요 고려대상이 되고 있으며, 지역인재에게 가점을 부여하는 기업도 있다. 지역 취업을 노리는 취준생이라면 지방 근무에 구애받지 않는 강한 입사의지와 입사 후 비전을 적극적으로 어필하는 전략이 필요하다.

■ 블라인드 면접 강세

블라인드 면접은 문재인 대통령이 "올해 하반기 공무원 및 공공부분 채용 시 블라인드 면접방식을 도입하라" 는 주문으로 큰 관심을 불러일으킨 바 있다. 이러한 방식은 에어프랑스-KLM(네덜란드 항공사)그룹이 2008년 승무원 채용에 최초로 도입하였다. TOEIC · TTOEFL이 변별력이 떨어진다고 판단하고 영어 커뮤니케이션 능력을 갖춘 인재를 채용하기 위해 블라인드 면접을 실시하였다. 그 결과 영어 구사능력이 뛰어난 채용자를 더 많이 선발하게 되었다. 블라인드 면접 방식은 차별요인을 배제하고 공평한 기회를 보장하기 위해 지원자의 학력, 외모, 성별, 출신지, 신체조건 등을 배제하거나 면접 이력서의 내용 자체를 반영하지 않는다.

■ NH농협 면접 준비

면접은 인성면접, 적성면접, 주장면접 크게 3개로 나뉜다. 블라인드라도 자기소개서를 제출하는 곳이 있으니 꼭 명심해야 한다. 30초에서 1분 정도 PR하고 신상은 절대 밝히면 안된다.

인성면접은 말 그대로 본인의 신념대로 예상 질문에 맞춰 지금부터 차근차근 준비해가면 된다. 예상질문이 많고, 중복된 질문도 많을 수 있다. 중복된 건 그만큼 중요하고 현직 3명의 예상질문이 겹쳐서 그런 거니 더 유의하고 준비하면 된다.

적성면접은 말 그대로 단답식 질문과 대답이다. 이걸 점수 안 매기고 가산점으로 점수를 부여하는 감독관도 있고, 점수를 매기는 감독관도 있다. 이것은 경우에 따라 다르니 유념하고 틈틈이 봐주길 바란다.

주장면접은 앞에 있는 면접보다 비중이 크고 중요하다고 볼 수 있다. 무작위로 주제를 뽑고 거기에 대한 본인의 생각을 말하는 것이다. 보통은 농협 관련 이슈로 주장면접을 했지만, 최근에는 사회적 이슈에 관련된 주장면접도 한 적이 있기 때문에 이에 대한 준비도 해야 한다.

농협관련 이슈는 농민신문이나 NBS(한국농업방송), 다른 사회적 이슈는 뉴스나 신문을 통해 틈틈이 봐두면 된다.

2. 취업 성공을 위한 조언

■ **자기소개서 작성 요령**

인생을 좌우하는 한 장의 페이퍼, 바로 자기소개서다. 만약 당신이 대학을 수시전형으로 입학했다면 자소서의 위력을 충분히 경험했을 것이다. 자기소개서는 입사 첫 관문인 서류전형에 필수 서류이기 때문에 취업 성공의 출발점이 된다. 형식과 내용을 제대로 갖추어야 면접의 기회를 얻을 수 있고, 서류전형만으로 취업할 기회도 얻게 된다. 하지만 취업 준비생들이 자기소개서 작성 때문에 겪는 스트레스와 두려움 때문에 '자소서포비아' 라는 말까지 생겨났다. 자소서포비아는 2014년부터 이른바 '스펙 초월 채용' 이 취업시장의 새로운 트렌드로 떠오르면서 취업준비생들 사이에 회자되기 시작한 말이다.

기업들은 신입사원 채용 과정에서 토익·학점 등 정량적 스펙을 대신하여 직무 관련 경험이나 인턴 참여 여부, 그리고 희망 직무에 대한 이해도 등에 정성적 평가 요소를 강화하며 자기소개서 비중을 크게 높였다. 이후 자기소개서 공포증을 호소하는 취업준비생들이 크게 늘어났다. 취업포털사이트 인크루트가 구직자 472명을 설문한 결과 89%가 "자소서 항목이 너무 많아 어려웠다"고 답했으며, "항목이 너무 어려워 입사 지원을 포기한 경험도 있다" 는 응답도 75.6%에 달했다. 일부 기업들은 지원 동기, 성장 과정, 성격의 장·단점 등을 열거하는 수준에서 벗어나, 회사에서 10년은 근무해야 알 만한 전문적인 내용과 논문 수준의 자기소개서를 요구하기도 한다.

자기소개서 비중이 높아지면서 자기소개서 관련 '사교육 시장' 도 성행하게 되었다. '자기소개서 대필', '자기소개서 대행'이라는 타이틀을 내걸고 수십만 원의 돈을 받고 성장 배경부터 입사 후 포부까지 알아서 작성해주는 인터넷 대필 업체들이 등장한 것이다. 자기소개서 첨삭을 해주는 업체도 생겼다. 청년실업 문제가 심각한 가운데 취준생들이 이제는 자기소개서 작성 단계부터 낙담하고 있는 것이다

■ 서류전형에 합격하는 자기소개서 작성법

① 먼저 전체적인 틀을 짜고 작성한다.

요즘은 자소서 샘플이 온라인에 난무하기 때문에 복사—붙여넣기 해서 작성한 자소서는 대학입시에서 자소서 '유사도 검사'를 하면, 전체 글의 짜임새와 작성자의 무성의함, 부도덕함이 드러나기 쉽다. 그리고 급하게 작성한 글은 완성도가 낮아질 수밖에 없다. 또 많이 하는 실수로는 저명한 인사들의 명언을 인용하여 좋은 이미지를 주려다 오히려 역효과를 내기도 한다. 따라서 자기소개서는 전체적인 틀 속에 지원할 회사의 특성을 파악하고 자신의 강점과 어필하려는 메시지를 담아야 한다.

② 맞춤법은 기본이다.

지금은 워드프로세서가 한글 맞춤법을 잡아 주지만 아직도 이력서에 95% 이상 맞춤법 오류가 있다고 한다. 평가자 입장에서 좋은 내용임에도 맞춤법이 틀리다면 우선 제외하고 싶을 것이다. 서류의 1차적인 당락 요인은 내용보다는 형식이다.

③ 정해진 글자 수에 맞추어야 한다.

요즘 기업의 자기소개서는 대체로 500자나 1,000자 이내로 글자 수를 정해놓는다. 그런데 열정과 성의를 보여준다고 정해진 글자 수를 초과하면 대부분 감점 요인이 되고, 부족하면 그만큼 정성이 부족하다고 생각하기 쉽다. 오히려 정해진 글자수에 맞게 간단명료하게 표현한 이력서가 좋다. 과유불급(過猶不及)이라는 말이 가

장 잘 적용되는 것이 자소서 작성이라 할 수 있다.

④ 표현은 솔직하게, 내용 전개는 두괄식으로 하라.

'최선을 다하겠다', '최고가 되겠다', '필요한 직원이 되겠다' 등의 추상적이고 상투적인 표현은 수백, 수천 장의 이력서를 검토하는 평가자에게 '진정성 부족'으로 외면당하기 쉽다. 따라서 솔직한 표현이 중요하다. 경험에서 우러나는 솔직함은 서류에서도 그대로 읽힌다. 그리고 내용은 두괄식으로 써야 한다. 나열식으로 전개하는 경우에는 문맥을 유지하기가 어렵다. 자신의 경험을 중심으로 이야기를 전개하다 보면 표현은 솔직해지고 좋은 인상을 주게 된다.

⑤ 문어체를 사용하라.

"○○○했어", "○○하다고 봐" 등의 구어체를 사용해 친화력을 나타내려는 표현은 감점 요인이 된다. 자기소개서는 대화가 아닌 문서이기 때문이다. 더불어, 형식의 차별화가 중요하다. 문단이나 단락 나누기, 깔끔한 폰트는 한눈에 들어오고 읽기도 편하다.

■ 이력서: 시작이 반이다

이력서는 채용회사에 첫인상을 심어주는 아주 중요한 문서다. 지원하는 회사와 첫 대면에 해당하는 이력서의 중요성은 아무리 강조해도 지나치지 않다. 좋은 이력서는 객관적으로 비춰지는 나의 모습이 다른 사람들과 어떻게 다른지 드러내는 차별화 요소가 된다.

첫째는 서류 전형에서 가장 먼저 보게 되는 사진이다.
요즘은 사진을 찍기 위해 프로필 사진관에 리터칭 전문 사진관까지 찾는데, 자연스러운 자신의 모습이 좋다. 지나친 보정으로 실물과 사진이 눈에 띄게 다르면 마이너스다. 면접관끼리 "지원자의 사진이 실물이 달라도 너무 다르다"라는 얘기가 나오면 곤란하다. '워낙 이미지 사진이 많아 얼굴을 알아보기 어렵다' 고 할 정도의 지나친 보정은 신뢰감을 떨어뜨린다.

둘째는 자격증이다.

자격증은 노력의 결과물이므로 자랑스럽기는 하겠지만 지원한 회사의 직종과 직무에 관련 있는 자격증 위주로 기록하는 것이 좋다. 모든 업무에 공통적으로 필요한 컴퓨터 활용능력 등은 문제가 없으나 직무와 연관이 있는 자격증을 우선 기록해야 한다. 최근의 채용 트렌드인 스펙 초월 채용과 같은 맥락에서 자격증을 기재하도록 해야 한다.

셋째는 봉사활동이다.

지원자의 성품과 인성을 확인하는 좋은 자료이다. 봉사활동이 진정성 있는 활동이었는지 진학과 취업을 위해 시간을 채우기 위한 형식적인 활동이었는지는 쉽게 구분할 수 있다. 특히, 공무원이나 공기업은 기본적으로 봉사활동을 이력서에 기록하고 평가한다. 물론 일부 일반 기업의 이력서에도 봉사활동을 기록하는 경우가 있다. 지금은 VMS(사회봉사활동인증시스템)으로 봉사활동 내용 및 시간을 온라인으로 공식 인정받을 수 있다.

넷째는 취미나 특기다.

취미는 지원자의 성향이나 성격을 파악하기 위한 중요한 도구이다. 영화 보기, 독서 등의 일반적인 취미보다는 자신을 잘 표현하는 취미를 기술하는 것이 좋다. 취미나 특기는 지원자의 열정과 목표의식을 볼 수 있고 이를 통해 성향이나 활동 반경 등 여러 가지를 나타내주는 자료이기 때문이다. 마술, 스킨스쿠버 등도 좋지만, 지원하는 회사 직무와 관련된 취미나 특기를 적극적으로 활용하면 좋다.

3. NH농협 자소서 문항

■ **[상반기]**

1. 삶을 살아가는 데 가장 중요하게 생각하는 가치관과 그 이유를 기술하시오.

2. 새롭고 낯선 환경에 적응할 수 있는 본인의 장점을 기술하시오.

3. 관행적인 방식에서 벗어나 창의성을 발휘하여 효율성을 높이거나 이룬 성취를 기술하시오.

4. 힘들었던 경험 및 극복 과정에 대해 설명하고, 이를 통해 얻은 교훈은 무엇인지 기술하시오.

5. 농협의 운영지표(비전)은 '농업인이 행복한 국민의 농협' 입니다. 향후 농협인으로서 농협의 비전을 달성하기 위해 발휘할 역량과 이를 통한 5년 또는 10년 후 목표 및 비전을 기술하시오.

6. 농축협에 입사하고자 하는 이유를 설명하고 어떠한 준비를 해왔는지에 구체적인 사례를 바탕으로 기술하시오.

■ **[하반기]**

1. 본인이 소중하게 생각하는 신념이나 가치관을 설명하고 그 이유를 서술하시오.

2. 최근 스스로 계획하여 이룬 성취와 이를 위해 노력했던 경험에 대해 기술하시오.

3. 다른 사람과 의견 차이나 갈등 발생 시 극복하는 자기만의 방법에 대하여 기술하시오.(사례 활용 가능)

4. 본인의 역량을 고려하여 입사 후 하고 싶은 업무와 목표에 대해 기술하시오.

5. 농·축협에 지원한 동기와 지원하기 위해 어떠한 노력과 준비를 하였는지 기술하시오.

4. NH농협 인 · 적성검사(예시)

■ 인 · 적성 검사 예시 : 수리영역

주의사항

문항수 30문항/ 시험시간은 30분입니다. 시간 엄수하시기 바랍니다.

1 . 준모네 집에서 회사까지의 거리는 5km이다. 준모는 집에서 오전 7시에 출발하여 회사를 향해 시속 4km로 걷다가 늦을 것 같아 도중에 시속 6km로 달려서 오전 8시에 회사에 도착하였다. 이때 준모가 달려간 거리는?

① 1 km ② 2km ③ 3km ④ 4km

2 . 8%의 설탕물과 5%의 설탕물을 섞어서 6%의 설탕물 300g을 만들었다. 8%의 설탕물은 몇 g을 섞었는가?

① 80g ② 100g ③ 120g ④ 140g

3. 사랑이의 자료분석 점수와 지각능력 점수의 평균은 78점 이고, 자료분석 점수가 지각능력 점수보다 6점이 더 높다고 한다. 이때 사랑이의 지각능력 점수는?

① 72점 ② 73점 ③ 74점 ④ 75점

4 . 300원짜리 공책과 500원짜리 볼펜을 합하여 10개를 사고 3,600원을 지불하였다. 이때 300원짜리 공책은 몇 권 샀는가?

    ① 7권   ② 6권   ③ 5권   ④ 4권

5. 등산을 하는데 올라갈 때는 시속 3km로 걷고, 내려올 때는 다른 길을 택하여 시속 5km로 걸어서 모두 00시간이 걸렸다. 총 11km를 걸었다고 할 때, 내려온 거리는?

    ① 4km   ② 5km   ③ 6km   ④ 7km

6. 두 개의 신호등 중 하나는 40초 동안 켜졌다가 8초 동안 꺼지고, 다른 하나는 50초 동안 켜졌다가 10초 동안 꺼진다고 한다. 두 신호등이 동시에 켜진 후, 그 다음 동시에 켜질 때까지 걸리는 시간은 몇 초인가?

    ① 240초   ② 220초   ③ 200초   ④ 180초

7. 농도가 14%인 알코올 200g, 농도가 4%인 알코올 300g을 섞으면 몇 %의 알코올이 되는가?

    ① 11%   ② 10%   ③ 9%   ④ 8%

8. 54에 자연수를 곱하여 어떤 자연수의 제곱이 되게 하려고 한다. 곱해야 하는 가장 작은 자연수는?

    ① 2   ② 4   ③ 6   ④ 5

9. 24km 떨어진 두 지점에서 준모와 사랑이가 동시에 마주보고 출발하여 도중에 만났다. 준모는 시속 5km, 사랑이는 시속 3km로 걸었다고 할 때, 준모가 걸은 거리는?

    ① 15km   ② 14km   ③ 13km   ④ 12km

10 . 가로의 길이가 480m, 세로의 길이가 300m인 직사각형 모양의 땅의 가장자리를 따라 일정한 간격으로 나무를 심으려고 한다. 네 모퉁이에는 반드시 나무를 심고, 되도록 적은 수의 나무를 심으려면 몇 그루의 나무가 필요한가?

① 25그루　　　② 26그루　　　③ 27그루　　　④ 28그루

11. 합금 A는 구리를 20%, 아연을 30% 포함하고, 합금 B는 구리를 40%, 아연을 10% 포함한다. 이 두 종류의 합금을 녹여서 구리를 200g, 아연을 150g 얻으려면 합금 A는 몇 g이 필요한가?

① 300g　　　② 380g　　　③ 400g　　　④ 420g

12. 사원 수가 36명인 어느 회사에서 남자사원의 4/5와 여자사원의 2/1이 등산을 좋아한다고 한다. 등산을 좋아하는 사원이 전체 사원의 2/3일 때, 이 회사의 여자사원의 수는?

① 16명　　　② 15명　　　③ 14명　　　④ 13명

13. 사랑이가 회사를 향해 분속 50m로 걸어간 지 24분 후에 준모가 자전거를 타고 분속 200m로 회사를 향해 출발하여 회사 정문에서 두 사람이 만났다. 사랑이가 회사까지 가는 데 걸린 시간은?

① 30분　　　② 31분　　　③ 32분　　　④ 33분

14. 가로의 길이가 세로의 길이의 2배보다 3cm만큼 짧은 직사각형이 있다. 이 직사각형의 둘레의 길이가 30cm일 때, 가로의 길이는?

① 11cm　　　② 10cm　　　③ 9cm　　　④ 8cm

15. 20문제가 출제된 자료 분석 시험에서 한 문제를 맞히면 5점을 얻고, 틀리면 2점을 잃는다고 한다. 사랑이는 20문제를 모두 풀어서 79점을 얻었다고 할 때, 사랑이가 맞힌 문제 수는?

    ① 16개   ② 17개   ③ 18개   ④ 19개

16. 사랑이와 준모가 가위바위보를 하여 이긴 사람은 3계단을 올라가고 진 사람은 2계단을 내려가기로 하였다. 얼마 후 사랑이는 처음 위치보다 19계단을, 준모는 처음 위치보다 9계단을 올라가 있었다. 이때 사랑이가 이긴 횟수는? (단, 비기는 경우는 없었다.)

    ① 15회   ② 14회   ③ 13회   ④ 12회

17. 둘레의 길이가 1.5km인 저수지를 준모와 사랑이가 같은 지점에서 동시에 출발하여 같은 방향으로 돌면 15분 후에 처음으로 만나고, 반대 방향으로 돌면 3분 후에 처음으로 만난다고 한다. 준모가 사랑이보다 빠르게 뛴다고 할 때, 준모와 사랑이의 속력의 차는?

    ① 160m   ② 140m   ③ 120m   ④ 100m

18. 어느 회사의 작년의 사원수는 1,000명이었는데 올해에는 남자사원이 6%줄고, 여자사원이 4%늘어서 955명이 되었다. 올해의 여사원의 수는?

    ① 557명   ② 562명   ③ 567명   ④ 572명

19. 자연수 a에 대하여 f(a)를 a의 약수의 개수로 정의할 때, f(x)=3을 만족하는 400 이하의 자연수 x의 개수는?

    ① 6개   ② 7개   ③ 8개   ④ 9개

20. 약사인 사랑이는 약품 A, B 두 제품을 합하여 45,000원에 구입하여 A제품은 원가의 20%, B제품은 원가의 10%의 이익을 붙여서 판매하였더니 6,500원의 이익을 얻었다. A제품의 원가는?

    ① 15,000원   ② 18,000원   ③ 20,000원   ④ 22,000원

21. 배를 타고 길이가 30km인 강을 내려오는 데 3시간, 거슬러 올라가는 데 5시간이 걸렸다. 정지한 물에서의 배의 속력은? (단, 배와 강물의 속력은 일정하다.)

    ① 시속 8km   ② 시속 7km   ③ 시속 6km   ④ 시속 5km

22. 준모와 사랑이가 함께 하면 4일 만에 마칠 수 있는 일을 준모가 8일 동안 작업한 후 나머지를 사랑이가 2일 동안 작업하여 모두 마쳤다. 이 일을 준모가 혼자 하면 며칠이 걸리는가?

    ① 12일   ② 13일   ③ 14일   ④ 15일

23. 어느 농장에서 돼지와 닭을 합하여 11마리를 기르고 있다. 돼지와 닭의 다리의 수의 합이 32개라고 할 때, 이 농장에서 기르는 돼지는 몇 마리인가?

    ① 4마리   ② 5마리   ③ 6마리   ④ 7마리

24. 연필 60자루와 공책 48권을 될 수 있는 대로 많은 학생들에게 똑같이 나누어주려고 할 때, 나누어줄 수 있는 학생 수는?

    ① 6명   ② 8명   ③ 10명   ④ 12명

25. 일정한 속력으로 달리는 기차가 있다. 이 기차는 길이가 800m인 다리를 지나는 데 30초가 걸리고, 길이가 400인 터널을 지나는 데 13초가 걸린다. 이 기차의 속력은?

    ① 초속 30m   ② 초속 35m   ③ 초속 40m   ④ 초속 45m

26. 현재 아버지와 아들의 나이의 합은 55살이고, 16년 후에 는 아버지의 나이가 아들의 나이의 2배보다 3살이 많다고 한다. 현재 아버지의 나이는?

  ① 43살   ② 45살   ③ 47살   ④ 48살

27. 두 자리의 자연수가 있다. 이 수의 각 자릿수의 합은 12이고, 이 수의 십의 자릿수와 일의 자릿수를 바꾼 수는 처음 수보다 18이 작다고 한다. 이때 처음 수는?

  ① 60   ② 65   ③ 70   ④ 75

28. 전체 인원이 100명 이하인 어느 모임에서 게임을 하는데 처음에는 6명씩, 다음에는 7명씩, 나중에는 12명씩 한 팀을 만들었다. 그런데 항상 2명이 남았다고 할 때, 이 모임에 참석한 사람은 모두 몇 명인가?

  ① 84명   ② 86명   ③ 88명   ④ 90명

29. 합이 50인 두 자연수가 있다. 큰 수를 작은 수로 나누면 몫은 5이고, 나머지는 2일 때, 이 두 수의 차는?

  ① 32   ② 33   ③ 34   ④ 36

30. 연필 3자루의 가격은 형광펜 한 자루의 가격과 같고, 연필 12자루와 형광펜 6자루의 가격의 합은 4,500원이라고 한다. 이때 형광펜 한 자루의 가격은?

  ① 390원   ② 410원   ③ 430원   ④ 450원

■ 인·적성 검사 예시 : 어휘력 영역

1. 다음이 나타내는 속성으로 상징할 수 있는 가장 적절한 어휘를 고르시오.

> 밤이 깊을수록 더욱 밝게 빛나는 별

① 태양　　　　② 소망　　　　③ 포기　　　　④ 혁명

2. 보기의 밑줄 친 말과 같은 뜻을 지닌 것은?

> 서울 <u>내지</u> 부산에서 많이 소비된다.

① 말고　　　　② 또는　　　　③ 하고　　　　④ 외에

3. 다음 중 밑줄 친 단어들의 의미 관계가 다른 것은?

① 뜨거운 햇볕에 모래가 달아오른다. : 그곳은 볕이 들지 않는 창고였다.

② 아버지의 말씀이 사무친다 : 부친은 편안하신가?

③ 해와 달이 된 오누이 이야기를 아세요? : 백제는 보름달이요, 신라는 초승달이다.

④ 바다에서 고기가 줄고 있다. : 여기는 대규모 어류양식장입니다.

4. 밑줄 친 낱말의 뜻을 바르게 풀이한 것을 고르시오.

> <u>낯간지럽다</u>

① 겸연쩍다　　　② 미안하다　　　③ 민망하다　　　④ 부끄럽다

5. 단어의 연결이 나머지 셋과 다른 것은?

① 산발(散發) - 간헐(間歇)　　　　② 궁색(窮塞) - 빈곤(貧困)

③ 방어(防禦) - 수비(守備)　　　　④ 박대(薄待) - 우대(優待)

6. 밑줄 친 단어와 비슷한 의미를 가진 것은?

> 아버지는 부황이 든 사람처럼 얼굴이 누렇게 떠 부석부석했고, 어머니는 숫제 강마른 대꼬챙이였다. 외가 식구들이라 해서 특별히 나은 사람도 없었다.

① 소홀히　　　　② 정말로　　　　③ 원래　　　　④ 나중에는

7. 밑줄 친 부분의 의미가 가장 이질적인 것은?

① 밤하늘에 숱하게 떠 있는 별들이 곧 쏟아져 내릴 것 같다.

② 일꾼을 아주 헐한 품값을 주고 고용했다.

③ 쌔고 쌘 것이 느타리버섯이다.

④ 시장에 지천한 것이 배추였다.

8. 다음 괄호 안에 들어갈 수 없는 것은?

> 그가 발끈하여 소리를 높여서 또 무슨 말을 이으려다가, 마루 끝에서 아버님의 기침소리가 나는 바람에 방 안은 (　　　)졌다.

① 분분해　　　　② 괴괴해　　　　③ 적막해　　　　④ 고요해

9. 단어의 연결이 나머지 셋과 다른 것은?

　　① 절대(絕對) - 상대(相對)　　　② 완고(頑固) - 유연(柔軟)

　　③ 영겁(永劫) - 찰나(刹那)　　　④ 설파(說破) - 갈파(喝破)

10. 다음 중 두 단어의 관계가 다른 것을 고르시오.

　　① 금상첨화(錦上添花) : 설상가상(雪上加霜)

　　② 봉건적(封建的) : 민주적(民主的)

　　③ 문외한(門外漢) : 전문가(專門家)

　　④ 도외시(度外視) : 비상시(非常時)

11. 다음 보기의 반의어를 찾으시오.

　방불(彷彿)하다

　　① 완연(完然)하다　　② 다르다　　③ 비슷하다　　④ 희미하다

12. 보기에서 설명하고 있는 단어들을 바르게 배열한 것은?

　ㄱ. 휘어서 구부러진 곳
　ㄴ. 일이 되어 가는 과정에서 가장 중요한 단계나 대목
　ㄷ. 세상의 이러저러한 실정이나 형편
　ㄹ. 일의 형편이나 까닭

　　　　　　　ㄱ　　ㄴ　　ㄷ　　ㄹ

　　① 고비　굽이　물정　사정

　　② 고비　굽이　사정　물정

　　③ 굽이　고비　물정　사정

　　④ 굽이　고비　사정　물정

13. 다음 설명에 해당하는 어휘를 바르게 짝지어진 것을 고르시오

ㄱ. 형제나 배우자가 없는 사람
ㄴ. 앞으로 좋게 발전할 품질이나 품성

① 맨몸-나룻 ② 홀몸-나룻 ③ 맨몸-늘품 ④ 홀몸 - 늘품

14. 낱말의 결합 형태가 다른 하나는?
① 알록달록 ② 사뿐사뿐 ③ 울긋불긋 ④ 알콩달콩

15. 다음 보기와 의미가 같은 것은?

병으로 기력이 쇠약해져서 걸음이 온전하지 못하고 매우 비틀거리는 모양

① 허우적대다   ② 허청거리다
③ 허둥대다   ④ 허적거리다

16. 다음의 단어를 바르게 설명한 것은?

주리다

① 제대로 먹지 못하여 배를 곯다.
② 물체의 길이나 넓이, 부피 따위가 본디보다 작아지게 하다.
③ 힘이나 세력 따위가 본디보다 못하게 하다.
④ 속을 태우다시피 초조해하다.

17. 보기의 ㉠과 뜻이 같은 것은?

> 나는 인간이 부재하는 정글 속에서 내 짧고 불행한 생애의 마지막을㉠ 맞고 싶지 않았다.

① 내 육감은 잘 맞는 편이다.

② 그들은 우리를 반갑게 맞아 주었다.

③ 우리 대학은 설립 60주년을 맞았다.

④ 우박을 맞아 비닐하우스에 구멍이 났다.

18. 다음 중 밑줄 친 의미가 다른 것은?

① 올 가을에는 유난히 단풍이 곱게 들었구먼.

② 또 가을이 다가와 우리의 마음을 설레게 하고 있다.

③ 재동이네도 일손이 달린다던데. 가을이나 잘했는지 모르겠구먼.

④ 어느새 여름이 가고 가을이 왔는지 서늘한 바람이 불었다.

19. 다음 중 밑줄 친 낱말의 뜻이 다른 것은?

① 팽이가 죽었다.　　　　② 시계가 죽었다.

③ 대마가 죽었다.　　　　④ 기계가 죽었다.

20. 다음 중 밑줄 친 낱말의 문맥적 의미가 다른 것은?

① 가벼운 상대　　② 가벼운 상처　　③ 가벼운 농담　　④ 가벼운 잘못

21. 다음 밑줄 친 낱말 중 그 뜻이 다른 하나는?

① 남쪽에서 불어오는 바람에 개는 눈을 감고 있었다.

② 오늘은 바람이 한 점도 없다.

③ 그는 바람을 일으키며 달려갔다.

④ 철수가 집에 가는 바람에 나만 골탕을 먹었다.

22. 다음 고유어에 대한 풀이로 잘못된 것은?

① 쾌 : 북어 스무 마리를 한 단위로 세는 말

② 축 : 생선 두 마리를 한 단위로 세는 말

③ 두름 : 굴비 따위를 열 마리씩 두 줄로 엮은 것

④ 마지기 : 논, 밭 따위의 넓이를 세는 단위

23. 다음 중 우리말로 바르게 순화한 것이 아닌 것은?

① 갈라쇼 → 뒤풀이공연   ② 마일리지 → 추가점수

③ 미션 → 중요임무   ④ 멀티탭 → 모듬꽂이

24. 비속어를 순화시킨 것 중 바르지 않은 것은?

① 꼬락서니 → 옷차림   ② 몰골 → 모습

③ 손모가지 → 손목   ④ 아가리 → 입

25. 보기의 낱말을 모두 목적어로 취할 수 있는 것은?

> • 고혈   • 눈물   • 지혜   • 우유   • 물감

① 삼키다   ② 짜내다   ③ 거두다   ④ 흘리다

26. 보기의 단어를 모두 목적어로 취할 수 있는 말은?

> 값, 끈, 활개, 가지, 기쁨, 하숙

① 사다   ② 치다   ③ 짓다   ④ 지다

27. 보기의 낱말을 모두 목적어로 취할 수 있는 것은 ?

• 목청	• 입맛

① 돋구다   ② 다리다   ③ 돋우다   ④ 다하다

28. 다음 보기의 (   ) 안에 들어갈 가장 알맞은 단어는?

- (   )은/는 행복한 자에게만 달콤하다.
- (   )을/를 물처럼 마시는 자는 (   )을/를 마실 가치가 없다.
- 한 잔의 (   )은/는 재판관보다 더 빨리 분쟁을 해결해준다.
- (   )와/과 미인은 악마가 소유하고 있는 두 개의 그물이다. 아무리 경험이 많은 새라 해도 그 그물에 걸리지 않을 수 없다.
- (   )은/는 인간의 성품을 비추는 거울이다

①   ②   ③   ④

29. 다음 밑줄 친 단어와 같은 의미의 단어로 적절한 것은?

돼지는 후각이 빼어나게 발달되어 있다. 멧돼지는 몇 십 리 밖에 있는 포수의 화약 냄새를 맡고 일찌감치 도망해버릴 정도로 후각이 발달되어 있다. 집돼지도 마찬가지로 냄새를 맡는 기능이 매우 발달되어 있다.

① 아무리 작은 일이라도 맡은 일에 최선을 다해야 한다.
② 며느리가 시장을 갈 때면 손자 녀석은 내가 맡는다.
③ 아이는 어머니 꽁무니에 붙어서 냄새를 킁킁거리며 맡는다.
④ 이번 성적표는 부모님께 도장을 맡아 와라.

30. '물체 - 액체 - 음료수 - 보리차' 와 동일한 방식으로 관계를 나열한 것은?

① 삶 - 놀이 - 활동 - 숨바꼭질　　　② 삶 - 활동 - 놀이 - 숨바꼭질

③ 활동 - 삶 - 놀이 - 숨바꼭질　　　④ 활동 - 놀이 - 삶 - 숨바꼭질

31. 보기에 제시된 낱말과 의미의 구조가 같은 것은?

> • 하천　• 우주　• 해양　• 수목

① 도로　　　　　② 자연　　　　　③ 세상　　　　　④ 생태

32. 보기의 개념들 사이의 관계가 '실수 - 유리수 - 정수 - 자연수 - 짝수' 와 동일한 방식으로 나열된 것은?

> 기름, 물체, 존재, 액체, 휘발유

① 존재 - 액체 - 물체 - 기름 - 휘발유

② 존재 - 물체 - 액체 - 휘발유 - 기름

③ 존재 - 물체 - 액체 - 기름 - 휘발유

④ 존재 - 액체 - 물체 - 휘발유 - 기름

33. 괄호 안에 알맞은 한자어를 고르시오.

> 틀린 글자나 빠진 글자 따위를 바로잡는 일을 (　　　　　)이라 한다.

① 校正　　　　② 校庭　　　　③ 敎正　　　　④ 敎程

34. 밑줄 친 단어의 동의어를 잘못 쓴 것은?

피와 뼈와 살을 (ㄱ)조상(祖上)에게서 물려받았을 뿐, 문화(文化)라고일컬을 수 있는 거의 모든 것이 서양(西洋)에서 받아들인 것들인 듯싶다.이러한 현실(現實)을 앞에 놓고서 민족 문화의 전통(傳統)을 찾고 이를(ㄴ)계승(繼承)하자고 한다면 이것은 (ㄷ)편협(偏狹)한배타주의(排他主義)나 국수주의(國粹主義)로 (ㄹ)오인(誤認)되기에 알맞은이야기가 될 것 같다.

① ㄱ - 先祖　　　　　② ㄴ - 斷絶

③ ㄷ - 狹小　　　　　④ ㄹ - 錯認

35. 다음 중 한 글자를 바꿔 반대말을 만들 수 있는 것은?

① 독립(獨立)　　　　② 모방(模倣)

③ 전용(轉用)　　　　④ 생성(生成)

36. 밑줄 친 부분의 의미가 다른 것을 고르시오.

① 그 사건은 수입 확대에 대한 반작용으로 일어났다.

② 그 중소기업은 반자동 변속 자동차를 개발했다.

③ 일반적으로 저항은 속도와 반비례한다.

④ 그는 외교관 출신인 반체제 운동가이다.

37. ㉠ ~ ㉣에 들어갈 한자가 바른 것은?

매사(㉠)에 자신(㉡)이 있는 사람은 자신(㉢)을 사랑하는 만큼 다른사람도 존중(㉣)할 줄 안다.

① 悔事 自身 自信 存中　　② 每事 自身 自信 尊重

③ 每事 自信 自身 尊重　　④ 悔事 自信 自身 存中

38. 보기에서 설명하는 단어를 바르게 배열한 것은?

ㄱ. 미리 판단함
ㄴ. 미리 헤아려 짐작함
ㄷ. 정답고 즐겁게 서로 이야기함
ㄹ. 심심하거나 한가할 때 나누는 이야기

① 예단 예측 한담 환담   ② 예측 예단 환담 한담
③ 예단 예측 환담 한담   ④ 예측 예단 한담 환담

39. 말의 짜임이 다른 하나는?

① 往來   ② 成敗   ③ 進退   ④ 亨通

40. 밑줄 친 부분의 의미가 다른 것을 고르시오.

① 만주사변은 제2차 세계대전의 전주곡이었다.
② 전교생이 20명도 안 되는 조그만 분교가 있었다.
③ 이 타이어는 전천후로 사용할 수 있는 제품이다.
④ 세계 경제의 주도권을 놓고 두 나라가 전면전에 돌입했다.

41. 밑줄 친 부분의 한자가 나머지 셋과 다른 것은?

① 방직 기사   ② 법원 판사   ③ 병원 의사   ④ 학교 교사

42. 밑줄 친 어휘의 쓰임이 어색한 것은?

① 이번 대회는 세계 각국의 역도 선수들이 기량을 뽐낼 <u>각축장</u>이 될 전망이다.

② 클래식을 전공한 민수의 누나는 베토벤의 음악에 <u>일가견</u>이 있다.

③ 사장은 이번 분기에 높은 성과를 거둔 간부들을 집으로 초대하여 차례로 <u>힐책</u>하였다.

④ 그 작가는 표절사건 이후 주위 사람들의 <u>백안시</u>나 <u>숙덕공론</u> 때문에 몹시 괴로워하였다.

43. 다음 중 '늘어놓다' 라는 뜻을 포함하지 않은 말은?

① 나열　　　　　　② 서열

③ 진열　　　　　　④ 교열

44. 보기와 의미 구조가 같은 것은?

·위임　·순종　·하강　·잉여

① 숭고　　　　　　② 첨삭

③ 종횡　　　　　　④ 인과

45. 낱말 구조가 나머지 셋과 다른 것은?

① 동서(東西)　　　② 매매(賣買)

③ 목검(木劍)　　　④ 왕복(往復)

■ 인 · 적성검사 연습 : 진단평가

문항 번호	정답	채점	문항 풀이시간		자가 분석
			분	초	
01		○ X	분	초	맞은 개수
02		○ X	분	초	개
03		○ X	분	초	
04		○ X	분	초	시간 내 푼 문항 개수
05		○ X	분	초	개
06		○ X	분	초	
07		○ X	분	초	총 소요 시간
08		○ X	분	초	분
09		○ X	분	초	
10		○ X	분	초	비고
11		○ X	분	초	
12		○ X	분	초	
13		○ X	분	초	
14		○ X	분	초	
15		○ X	분	초	
16		○ X	분	초	
17		○ X	분	초	
18		○ X	분	초	
19		○ X	분	초	
20		○ X	분	초	
21		○ X	분	초	
22		○ X	분	초	
23		○ X	분	초	
24		○ X	분	초	
25		○ X	분	초	
26		○ X	분	초	
27		○ X	분	초	
28		○ X	분	초	
29		○ X	분	초	
30		○ X	분	초	
31		○ X	분	초	
32		○ X	분	초	
33		○ X	분	초	
34		○ X	분	초	
35		○ X	분	초	
36		○ X	분	초	
37		○ X	분	초	
38		○ X	분	초	
39		○ X	분	초	
40		○ X	분	초	
41		○ X	분	초	
42		○ X	분	초	
43		○ X	분	초	
44		○ X	분	초	
45		○ X	분	초	

5. NH농협 면접의 기술

■ 면접: 취업성공의 8부 능선(취업의 당락을 결정하는 면접의 기술)

서류전형과 인·적성검사를 통과하면 면접을 치르게 된다. 취업의 당락이 결정되므로 면접에서 좋은 점수를 얻는 것이 취업 성공의 관건이라 할 수 있다. 면접관은 짧은 시간 안에 지원자들의 면면을 빨리 파악해야 하므로 대체로 첫인상과 표정, 말투, 행동을 통해 성격을 유추하고 판단의 근거를 찾게 된다. 그렇기에 평소 '보이는 것'에 대한 준비와 연습이 필요하다.

면접 대상자들은 대체로 상이한 두 유형으로 분류된다. 긴장하는 사람과 그렇지 않은 사람, 웃는 사람과 찡그린 사람, 자신감이 넘치는 사람과 힘이 없는 사람, 큰소리로 얘기하는 사람과 작게 중얼거리듯 말하는 사람, 시선 처리를 잘하는 사람과 눈을 못 마주치는 사람, 바른 자세로 앉은 사람과 구부정한 자세로 앉은 사람…. 이러한 지원자들에게서 면접관은 인성을 본다. 그렇기에 평소 유머, 배려, 관심 갖기, 입장 바꿔 생각하기, 긍정적으로 표현하기 등의 연습이 필요하다. 면접은 PT면접, 인성면접, 토론면접, 심층면접, 합숙면접 등이 있다. 각 면접 종류별 내용과 준비사항을 살펴보면 다음과 같다.

• PT면접에서는 말의 속도, 논리적 구성과 충실한 내용이 담겼는지를 본다. 이 단계에서는 어설프게 아는 전문용어를 나열하기보다는 자신만의 시각으로 다른 사람과 차별화되는 독특한 전략을 제시하는 것이 중요하다. 이에 더하여 내용만큼이나 발표시 표정과 말투, 음정의 높낮이도 신경을 써야 한다. PT면접장에 들어가 보

면 긴장한 지원자들은 좋은 내용임에도 자신 없는 말투, 또는 지나치게 빠른 속도로 발표를 하는 바람에 열심히 준비했던 과제가 빛이 바래는 경우를 종종 본다.

• 인성면접에서는 자발성, 책임감, 조직적응력, 협동능력, 커뮤니케이션 능력을 갖추었는가를 본다. 인성면접은 기업마다 평가항목이 다를 수 있지만 가치관, 태도, 조직적합성, 직무적합성 등을 주로 본다. 이때, 솔직한 모습을 보여주는 것이 중요하다. 학점이나 경험이 없는 것을 들어 약점을 파고드는 질문을 하는 경우가 있는데, 이럴 때는 Yes, But 화법으로, "솔직히 현재는 부족하지만 미래에는 극복할 수 있다"는 식으로 풀어가야 한다. 과장된 표현이 보기에도 어울리지 않듯이 좋게 보이려고 자기 생각과 다른 답변을 할 경우 오히려 좋지 않은 결과를 보게 되니 주의해야 한다.

최근에 입사 면접에서 인성면접이 대세로 떠오르고 있다. 인성면접에 성공하기 위해서는 첫째, 사실에 근거해야 한다. 사실에 근거해야 하는 것은 인성면접에서 자신만의 스토리가 있어야 하기 때문이다. 지원한 회사에서 원하는 미래의 목표를 위해 과거에 어떤 노력을 했고 지금 얼마나 준비가 됐는지 일관되게 표현할 줄 알아야한다.

둘째, 드라마틱한 요소를 스토리에 첨가한다. 면접관은 수많은 지원자의 얘기를 듣는다. 밋밋한 얘기에는 집중하지 않는다. 그래서 스토리에는 드라마틱한 요소가 필수이다. 그동안 우선적으로 자신이 경험한 일 중에서 도전적인 요소를 찾아내고 그 다음에 남과 다르게 행동했거나 경험했던 포인트를 찾는다. 드라마틱한 요소를 자신의 강점을 이용해 회사의 직무와 연결해야 한다.

셋째, 약점은 극복할 요소를 찾아놓고 말해야 한다. 약점은 직무수행 능력에 의심을 품지 않도록 지원한 직무에 요구되는 필수능력에 해당하지 않는 것에 초점을 맞추는 것이 좋다. 예를 들면 '저는 지나치게 꼼꼼합니다', '거절을 잘 못합니다', '너무 솔직해서 문제입니다' 등 약점을 통해 자신에게 부족한 부분을 개선하려 어떻게 노력해왔으며, 어떤 성과를 이루었는지 설명함으로써 계속 성장한다는 것을 보여줘야 한다.

• 토론면접에서는 주제의 내용에 맞게 상대방의 주장을 반박해 자신의 주장을 이야기하는지(대안 제시), 참여도는 높은지, 창의적인지, 경청을 하는지 등을 본다. 주제를 중심으로 '인상적이고 전략적인 참여 방법' 을 모색해야 한다. 주도적으로 토론에 참여하다 보면 자연스럽게 자신의 논리를 펼칠 수 있다. 발언 횟수에 집착해 주제와 관계없는 얘기를 '무조건 말하고 보자' 는 식으로 접근하면 안 된다. 또 한 가지 주의할 점은 '중간만 하자' 는 식으로 '토론면접 연습에서 익힌 대로' 짜인 각본을 외우듯이 하면 함께한 조원 전체의 점수를 낮출 수 있다는 점에서 주의해야 한다.

• 심층면접에서는 문제해결 능력, 창의적 태도, 지원자가 회사에 들어오면 무엇을 할 수 있는지를 살펴본다.

• 합숙면접에서는 발표 및 토론과 놀이 등을 통해 실제 직무능력이 있는지, 얼마나 협조적으로 주어진 과제를 수행하는지를 본다. 합숙면접은 과거 행동이 아닌 현재의 행동을 보고 인재를 판단할 수 있다는 장점 때문에 많이 실시한다. 여기서 중요하게 보는 것은 팀플레이(조직적합성)다. 무조건 이겨야 한다는 지나친 경쟁심은 오히려 독이 될 수 있다. 그러므로 구성원들과 함께 결과물을 만든다는 마음가짐으로 임해야 좋은 결과를 볼 수 있다.

면접을 치를 때는 지원한 회사에 대한 완벽한 분석과 단정한 복장은 필수다. 이는 면접관에게 자신의 입사동기를 뚜렷이 밝히고 이 회사에 오기 위해 많은 노력과 시간을 투자했다는 것을 알리는 신호로서, 합격 확률을 높여준다. 그리고 면접관의 의중을 헤아리는 안목이 필요하다. 같은 내용이라도 답변 방식에 따라 면접 점수는 달라진다. 즉, 면접의 요령을 철저하게 준비하는 것이 필요하다. 면접에 응하는 기본

사항은 다음과 같다.

- 간략하게 대답한다.
- 올바른 경어를 사용한다.
- 질문의 의도를 파악한다.
- 자신 있는 부분으로 이야기를 끌고나간다.
- 바른 자세로 이야기한다.
- 경직된 표정보다는 다양한 표정으로 이야기한다.
- 다른 사람의 답변도 경청한다.

다음으로는 면접의 평가 요소를 미리 알고 대비하는 것이 필요하다. 개인 면접에서는 성공 의지, 창의력, 발표력 등이 중시된다. 성공 의지에서는 입사 후 진로 의식, 자신감, 업무 자세의 평가 등 장래 포부의 정확성, 자신감과 신념 정도를 평가한다.

창의력에서는 급변하는 경제 환경에 대처하는 문제해결을 위한 노력과 끈기 등을 평가한다. 발표력에서는 의사전달의 명확성, 논리성, 발음 및 속도, 발표 내용에 대한 이해와 동의를 구하는 노력 등을 평가한다. 집단면접에서는 참여성과 조직적응력을 중시한다. 참여성은 경청하는 태도 및 자세, 조원들의 의견에 대한 질의, 응답, 의견 제시, 자발성을 평가한다.

조직적응력에서는 조원들과의 원활한 대화, 조원들의 의견에 대한 수용 자세 및 태도, 주어진 상황 및 지시에 대한 준비와 동참 자세 등을 평가한다.

■ 면접의 좋은 예와 안 좋은 예

· 합격을 부르는 면접의 좋은 예

① 면접관을 보며 웃으면 보는 사람도 기분이 좋아지는 법

밝은 인상을 주는 것은 기본 중에 기본이다. 첫인상은 굉장히 중요하여 처음 들어온 정보가 그 사람의 전체적인 이미지를 판단하게 만들기 때문이다. 단아한 복장과 머리스타일은 물론이고 옷차림과 표정, 자세도 반듯하게 신경 써야 한다.

② 면접에서 나의 장점을 확실하게 심어주자

면접관이 역량을 파악하는 가장 쉬운 방법은 지원자의 과거 경험을 물어 보는 것이다. 따라서 자신이 업무수행능력을 가지고 있다는 것을 제대로 전달하는 것이 중요하다. 이때 자신이 직접 겪은 이야기를 사례로 들어 대답하는 것이 좋다. 자신 있고 당당한 태도로 신뢰감과 호감을 동시에 줄 수 있어야 한다.

③ 화려한 미사여구보다는 솔직함으로 승부하자

시중에서 면접 예상 질문을 쉽게 구할 수 있다. 사실 예상 질문과 실제 받는 면접 질문에 큰 차이는 없다. 그렇다면 뻔한 질문과 답변에서 자신을 돋보이게 하는 방법은 솔직함이다. 정답이 정해져 있지 않는 질문에 자신의 스토리를 자기만의 표현으로 이야기하는 것이 가장 좋다. 진심은 언제나 통한다.

• 면접의 나쁜 예

① 지각은 절대 금물이다

늦으면 아예 가지 않는 것이 더 나을지 모른다. 면접 기회를 스스로 포기했다고 위안이라도 삼을 수 있고 자신감이 조금 덜 깎이기 때문이다. 면접 실시 통보를 받으면 면접 장소의 위치와 소요 시간을 확실히 파악하고 교통편도 꼼꼼히 체크해 두어야 한다. 기본적으로 30분 전 쯤에는 지정된 장소에 도착한다는 생각으로 면접장에 미리 도착하여 여유로운 마음가짐으로 임해야 긴장감을 풀 수 있다.

② 너무 화려한 의상은 오히려 감점

깔끔하고 단정한 이미지를 주는 것이 좋다. 그럴 때 눈에 띄는 화려한 의상은 삼가는 게 좋다. 특히 남성인 경우 네이비 또는 검정색계열의 어두운 양복을 착용하는 것이 좋다. 넥타이도 너무 화려한 것은 피하고 여성의 경우에는 너무 짧은 치마와 깊이 파인 상의를 피해야 한다.

• 참고할 만한 면접 사례

• 면접에서 당락을 결정하는 가장 중요한 요소 지원자의 '태도' 다. ○○회사 면접장에서 면접관 중 한 사람이 여러 지원자 중 한 여성 지원자를 지정하며 "저 여성 지원자를 뽑는 게 좋겠다."라고 의견을 말했다. 그가 면접장으로 오는 길에 해당 여성 지원자를 회사 앞 횡단보도에서 보았는데 사람들이 많은 거리에서 큰 목소리로 허리를 굽히며 "안녕하십니까? 지원자 ○○○입니다"라고 인사 연습을 하는 것을 보았다는 것이었다. 그 여자 지원자에게서 열정을 느낄 수 있었고 결국 그녀는 합격했다.

• 모 공기업에서는 면접관이 한 지원자가 화장실에서 볼 일을 마치고 나오면서 세면대에서 손을 씻은 후 휴지 여러 장을 마구잡이로 뽑아 아무 일 아닌 듯이 쓰고 버리는 모습을 우연히 보고 면접에서 부정적으로 봐 탈락시킨 사례가 있다.

• 어느 방송사의 아나운서 면접장에서 실기와 필기를 모두 통과한 여섯 명 중 한 명만 채용되는데, 하나같이 흠잡을 데 없이 뛰어나서 누구를 뽑아야 할지 고민이 됐다. "이제 끝났으니 나가도 좋습니다"라는 말이 떨어지자 후보자들이 일제히 일어나서 나가는데, 그중 한 명만이 자신이 앉았던 의자를 제자리로 밀어넣고 나갔다. 면접위원들은 그 모습을 유심히 지켜보았고 결국 그 지원자를 채용하기로 결정했다. '사람이 긴장할 때 나오는 행동은 대개 습관처럼 늘 하던 행동일 가능성이 높다'고 본 것이었다.

• 모 대기업 면접에서 지방대학 패션디자인학과를 나온 지원자 A는 면접 현장에서 면접관이 "우리 회사에서 이러한 어려운 일이 주어지면 할 수 있느냐? 그 이유는 무엇인가?"라고 묻자, "예, 저는 할 수 있습니다. 저는 잡초처럼 밟히면 일어서고 넘어져도 또 일어서서 당당히 일할 수 있습니다"라고 답했다. 더 질문이 없어서 떨어진 줄 알았던 이 지원자는 며칠 후 출근하라는 통보를 받았다.

• 미국의 사우스웨스트 항공사는 면접장에 올 때 정장에 반짝이는 구두를 신고 온 지원자들에게 면접관이 갈색 반바지를 건네면서 "여기 계신 분들 중 정장 바지를 벗고 제가 가져온 갈색 반바지를 입으실 분 안 계십니까?"라고 제안을 했다. 지원자 대부분 황당해하는 표정을 지을 뿐 갈아입지 않았지만 그 자리에서 정장을 벗고 갈색 반바지로 갈아입는 지원자가 있었다. 그 결과 갈색 반바지를 입지 않은 사람들은 면접관이 정중한 인사와 함께 돌려보냈다.

• 모 리서치 결과에 따르면, 3년간 2만 명의 신입사원을 추적한 결과 이 중 46%가 입사 후 18개월 이전에 회사생활에 실패했다고 한다. 회사에 적응하지 못한 이유는 회사가 요구하는 태도를 갖추지 못했기 때문이다. 그래서 조직문화에 융화할 수 없었고 결국 낙오자가 되었다. 이런 결과를 보더라도 신입사원이 실패하는 이유는 기술이나 능력 때문이 아니라 태도 때문이라는 것을 알 수 있다. 입사 면접에서도 사소한 태도가 면접에 결정적인 요소로 작용했다는 것을 알 수 있다.

6. 면접 관련 용어 정리

■ 케이무브

'케이무브(K-Move)'는 청년 취업준비생의 해외 취업 및 창업 등을 지원하는 정부 정책이다. 부서별로 추진되던 해외 진출 프로그램을 통합해 청년층의 해외 취업을 효과적으로 지원하는 것이 목적이다. 케이무브는 2013년부터 추진되었으며, 고용노동부를 비롯한 다수 기관이 협력하여 진행하고 있다.

케이무브의 해외진출 프로그램은 해외 취업, 해외 인턴십, 해외 창업, 해외 봉사 등으로 구성되어 있다. 케이무브 대상자가 되면 'K-Move 스쿨', 'GE4U'와 같은 해외 연수 프로그램을 통해 취업에 필요한 직무교육과 어학연수 등을 받을 수 있다. 'K-Move 스쿨'은 해외 연수 후 바로 현지 취업을 보장하는 프로그램으로, 지원비의 20~30% 정도를 부담하고 참가할 수 있다. 이 외에도 케이무브는 'K-Move 멘토단'과 'K-Move 센터' 등을 통해 해외 현지 네트워크를 활용하여 양질의 일자리를 발굴하고 취업·창업 현장을 지원하고 있다.

■ 스터디 고시

취업을 위해 스터디 모임에 가입하는 것이 고시에 합격하는 것만큼 힘들고 어렵다는 것을 이르는 말이다. 좋은 스터디 모임에 들어가면 면접 요령 등을 쉽게 얻을 수 있어 실제 채용 과정에서도 유리할 수 있다는 판단이 확산하면서 등장한 현상이다. '취업 스터디 가입도 하늘의 별따기' 라는 말까지 나올 만큼 스터디 고시는 취업 준비생들 사이에서 일반화되어 있다.

가입 경쟁률이 웬만한 기업 경쟁률과 맞먹는 스터디 모임도 있으며 학벌 등 자신들이 정한 기준에 따라 가입 조건을 만든 스터디 모임도 적지 않다. 이른바 유명 스터디 모임에 가입하기 위해선 졸업한 대학, 학과, 나이, 성별, 거주지, 토익 · 토플 등의 공인 영어성적, 해외 거주기간, 영어 실력, 취업 준비 기간, 스터디 참가 횟수, 과거합격 여부 등의 정보를 제공해야 하는 것이다. 유명 스터디 그룹이 요구하는 자격 조건은 갈수록 까다로워지고 있다. 최근 이력서나 자기소개서를 요구하는 스터디는 평범한 축에 속한다.

요즘은 높은 영어 점수나 '인 · 적성 시험 통과 이상' 등 취업 전형에 대한 경험을 요구한다. 특히 면접 경험을 중시한다. 스터디 고시에 합격했다고 해서 안심할 수 있는 것은 아니다. 스터디 그룹 자체의 내부 규율이 매우 엄격한 곳이 적지 않기 때문이다. 예컨대 내규 위반이 3회를 넘으면 하루 동안 휴대전화를 빼앗는 '강력한 페널티' 를 적용하는 스터디도 있으며, '벽 보고 노래 부르기' 와 같이 수치심을 느끼는 벌칙까지 주는 곳도 있다. 체벌을 하는 스터디도 있다.

■ 홈퍼니 (Homepany)

홈퍼니란 가정(Home)과 기업(Company)의 합성어로, 가정과 일을 조화시킬 수 있도록 배려하는 회사를 일컫는 말이다. 가정 같은 분위기에서 편안하게 일하면서 업무의 능률을 올리는 기업 경영 방식을 일컬어 '홈퍼니 경영' 이라 한다. 홈퍼니 경영의 대명사로 거론되는 회사는 구글이다. 구글은 자녀를 둔 직원을 위해 하루 또는 일주일 단위로 급하게 보모를 신청하는 제도인 '백업 차일드 케어(Backup child care)' 를 운영하고 있으며, 기업 내 어린이집을 운영하거나 세탁, 자동차 관리, 법률 자문 등 각종 가사 일을 대행해주는 서비스를 제공하고 있다.

홈퍼니에는 다른 의미도 있다. 취업 준비생들 사이에서 홈퍼니는 '집에서 마치 업무를 하듯 기업 입사 원서를 제출하는 데 매진한다' 는 의미로 쓰인다. 그러니까 구직자가 "요즘 나는 홈퍼니에서 근무한다" 고 말하면 이는 직장에 출근하는 게 아니라 집에서 취업원서를 접수하는 일에 몰두하고 있다는 의미인 셈이다. 2010년 구직자들은 홈퍼니를 가장 공감하는 취업 관련 유행어로 꼽은 바 있다.

■ 호모 솔리타리우스(homo solitarius)

'외로운 인간' 이란 뜻으로, 취업난 때문에 혼자서 모든 것을 하는 20대 청춘을 이르는 말이다. 혼밥족과 아싸족이 호모 솔리타리우스의 전형적인 사례라 할 수 있다. 혼밥족은 혼자 밥먹는 사람들을 지칭하는 말이고 '아웃사이더족' 의 준말인 '아싸족' 은 취업을 위해 스펙을 쌓고 학점을 따느라 스스로 '왕따' 가 되는 사람들을 이르는 말이다.

중앙일보는 호모 솔리타리우스의 등장은 가까운 친구조차 경쟁자일 수밖에 없는 취업 빙하기 시대의 산물이라고 말한다. 취재팀이 대학생 30여 명에게 물은 결과 대다수가 "취업 스트레스 때문에 친구보다 남이 더 편하고, 때로는 혼자인 게 더 낫다" 고 말했다는 것이다. 이런 경향은 다음소프트에서 2010년부터 2015년까지 '외롭다' 는 키워드로 진행한 블로그 분석에서도 나타난다. 블로그 분석에서 연관어 1위는 '사람(언급량 7만 5,150건)' 이었으며, 2위는 '혼자(3만 7,282건)', 3위는 '친구(2만 9,930건)' 였다.

호모 솔리타리우스를 겨냥한 비즈니스도 활발하다. 예컨대 신촌의 '이찌멘', 서울대 인근의 '싸움의 고수', 홍익대 앞 '델문도', '니드맘밥' 등 혼밥족을 위한 1인 식당은 대학가를 중심으로 빠른 속도로 증가하는 추세다. 모바일로 즐기는 육성 시뮬레이션 게임도 큰 인기를 끌고 있다. 전용 게임기를 스마트폰 앱이 대체했다는 점만 다를 뿐 1990년대 유행했던 '다마고치' 와 유사한 게임으로, 캐릭터를 이용자가 성장시키는 게 주된 내용이다. 게임의 대상은 애완동물부터 공주, 왕자, 천사, 개복치 등 매우 다양한데, 호모 솔리타리우스는 육성 시뮬레이션 게임을 통해 현실에서 충족되지 않는 관계 본능을 달래고 있다.

■ 열정페이

'열정(熱情)'과 봉급을 의미하는 '페이(pay)'의 합성어로, 하고 싶은 일을 할 수 있는 기회를 주었다는 이유로 아주 적은 월급을 주면서 취업 준비생을 착취하는 행태를 일컫는 말이다. 널리 알려진 열정페이는 대략 이런 것들이다.

"너는 어차피 공연을 하고 싶어 안달이 났으니까 공짜로 공연을 해라", "너는 경력이 없으니까 경력도 쌓을 겸 내 밑에서 공짜로 엔지니어를 해라", "너는 원래 그림을 잘 그리니까 공짜로 초상화를 그려줘라."

열정 페이 현상을 보고 "모든 밥에는 낚싯바늘이 들어 있다. 밥을 삼킬 때 우리는 낚싯바늘을 함께 삼킨다"는 소설가 김훈의 표현이 떠올랐다는 정정훈 변호사는 이렇게 말했다.

"'인턴 자본주의', '알바 공화국'이라는 표현은 밥벌이를 위해 낚싯바늘을 삼켜야 하는 우리 시대 젊은이들의 비정한 현실을 드러낸다. 한 줄의 스펙을 위해서라도 정규직 전환이라는 미끼가 달린 낚싯바늘을 숙명처럼 거부할 수 없는 것이, 젊은이들에게 강제된 오늘의 취업 현실이다."

■ 자소설

'자기소개서'와 '소설'의 합성어로, 소설을 쓰듯 창작한 자기소개서를 일컫는 말이다. 강한 인상과 거창한 이미지를 주는 자기소개서를 써야 취업에 유리할 것이라는 생각에 실제 경험하지 않은 것이나 모르는 분야를 잘 알고 있는 것처럼 포장하는 식이다. 청춘들은 자기소개서(자소서)에 마치 그 회사에 입사하기 위해 태어난 것처럼 쓰는 데 심혈을 기울인다. 자소설은 정량 평가 대신 정성 평가를 하는 기업들이 증가하면서 나타난 현상이다. 자소설 때문에 이른바 취업준비생과 기업 사이에 숨바꼭질이 벌어지는 경우도 적지 않다. 지원자가 자기소개서에 적은 세세한 경험에 대한 증빙서류 등 증거를 요구하는 기업들이 등장하고 있기 때문이다.

예컨대 한 기업의 관계자는 "과거엔 서류를 통과한 지원자가 적어낸 경험이 부풀려진 경우가 많아 면접 때 이를 검증하느라 애를 먹었다"며 "서류전형에서부터 구체적인 근거를 요구하니 허수 지원자도 줄었다"고 했다.

자소설이 증가하면서 면접에서 돌발 질문을 던지는 기업도 증가하고 있다. 예컨대 상·하반기 채용 때마다 구직자들이 써낸 자소서를 하나도 빠짐없이 모두 다 읽는 것으로 알려진 현대차 그룹은 지원자들이 써낸 자소서에 이른바 'Ctrl+C', 'Ctrl+V'로 다른 사람의 자소서를 베낀 경우가 있을 뿐만 아니라 다른 사람이 대필해준 자소서도 많다는 것을 알고 심층면접에서 돌발 질문을 던지는 것으로 알려졌다.

▣ 코피스족

'코피스'는 커피(coffee)와 오피스(office)의 합성어로, 커피숍에서 노트북이나 스마트폰으로 일하는 직장인을 일컬어 '코피스족'이라 한다. '카페브러리(카페+라이브러리)족'으로도 불리며 커피숍을 도서관처럼 활용하는 대학생도 코피스족으로 볼 수 있겠다.

2012년 한 조사에 의하면 일과 공부를 위해 커피숍을 찾는 고객은 전체 고객 중 40퍼센트에 달했는데, 커피 한 잔 시켜놓고 다른 사람의 방해를 받지 않은 채 일에 몰두할 수 있다는 게 코피스족 증가의 이유로 거론된다. 커피숍은 창의성을 발휘하기에 위해 아주 적당한 장소라면서 코피스를 예찬하는 사람들도 적지 않다.

실제 2013년 미국의 소《비자 연구 저널(The Journal of Consumer Research)》에 실린 미국 일리노이주립대학 연구진의 보고서는 커피숍에서 일하는 게 사무실이나 집처럼 조용한 곳에서 일하는 것보다 더 능률적이라고 했다. 창의성은 적당한 주변 소음이 있는 곳에서 더 많이 발휘되는데, 커피숍에서 발생하는 소음이 딱 그 정도 수준이라는 것이다.

경기 침체와 불황 속에서도 커피숍이 승승장구하는 배경에 코피스족이 있는 것으로 알려지면서 이들을 겨냥한 대형 커피 프랜차이즈들의 마케팅 경쟁도 치열하다. 휴대폰 충전기, 노트북 충전을 위한 콘센트, 무료 와이파이 제공 등은 기본이고 매장 내에 PC·노트북을 구비해놓은 곳도 있다. 오래 앉아 있는 이들을 위해 딱딱한 의자를 푹신한 소파로 교체하는 등 코피스족의 편의를 위해 실내 인테리어에도 상당한 공을 들이고 있다. 아예 이들을 위해 '미팅룸'이나 '비즈니스룸' 등 독립된 공간을 만든 곳도 있다. 스마트폰 대비 상대적으로 큰 화면을 제공하는 대형 모니터를 갖추고 코피스족이 원하는 장르의 광고를 어플이나 인터넷 서칭을 통해 쉽게 찾아볼 수 있도록 한 테이블인 터치탁도 등장했다. 터치탁 테이블에는 태블릿 PC가 장착되어 있다.

7. NH농협 입사 전략

▥ 과연 농협은 매력적인 직장일까?

약 250년 전 산업혁명시대부터 시작된 자본주의는 오늘날 우리에게 물질적 풍요와 번영을 가져다 주었다. 하지만 자본주의는 개인 간 생존을 위한 치열한 경쟁을 부추기고 부의 양극화, 인간성 상실, 환경오염이라는 시대적 과제를 안겨주었다. 그리고 이는 우리가 풀어내지 못한 숙제로 남아 있다. 자본주의 3.0은 수명을 다했지만 뚜렷한 해결책이 없어 보인다.

자본주의를 위기에서 구할 새로운 대안 경제모델로 협동조합이 주목 받고 있다. 자본주의가 '돈이 먼저인 세상'을 추구한다면, 협동조합은 '사람이 먼저인 세상'을 목적으로 하고 있다. 사람이 목적인 협동조합에 근무하는 자체만으로도 우리나라 협동조합의 맏형인 '농협'에서 일한다는 것이 무척이나 행복하다.

인간이 세상을 살아가는 목적은 '행복'이다. 자본주의에 익숙해진 현대인은 '행복=돈'이라는 등식에 사로잡혀 많은 돈을 벌기 위해 치열한 경쟁 속에 뛰어든다.

심리학자 카너먼과 동료들은 2010년 미국인 4만 명을 대상으로 돈이 '행복감'에 미치는 영향을 조사했는데, 연수입 4만 달러 정도까지만 행복감이 올라가고, 그 이상은 영향이 거의 없다는 결과를 얻었다. 돈이 행복에 미치는 영향은 약 10%정도라고 한다. 돈만으로는 행복해 질 수 없다는 얘기다. 일을 통해 보람을 느끼고 자아를 실현해 나가며 타인에 대한 배려와 나눔의 삶이 인간의 행복을 결정하는 가장 중요한 요소라 할 수 있다. 요즘 젊은 직장인들을 '찰러리맨'이라고 한다. 'Child + Salaryman'의 합성어로 성인이 돼서도 직장 내에서 어린아이와 같이 철없는 생각과 행동을 하는 젊은 직장인들을 일컫는다.

소크라테스는 "남을 위한 봉사와 나눔 없이는 행복해질 수 없다"고 했다. 협동조합에서 일하는 것도 마찬가지이다. 협동조합은 타인에 대한 배려의 윤리적 가치를 신조로 삼고 있는 보통의 인간이 협동에 의해 보다 나은 인간적인 삶과 사회를 만들려고 설립한 조직이다. 나의 직장과 내가 하는 일이 사회·문화·경제적 약자인 농업인을 위한 일이라 생각하다면 항상 농협에 대한 긍지와 일에 대한 보람을 느낄 수 있는 최고의 직장이라 자부할 수 있게 될 것이다.

■ 농협에 입사하기 위해서는?

첫째, 협동조합에 대해 정확히 알아야 한다.

〈협동조합 이념과 정체성〉, 〈협동조합과 주식회사와의 차이점〉그리고 농협의 〈미션농협의 근본적인 목적과 경영이념〉·〈비전농협이 추구하고 나아갈 미래상〉·〈핵심가치 임직원의 사고와 행동〉에 대한 이해가 지원자의 필살기 정보가 된다.

둘째, 〈농협은 어떤 채용 기준으로 인재를 선발하는가〉를 아는 것이 중요하다.

지원자는 농협중앙회, 농협계열사, 지역(품목) 농축협 모집부문과 입사 절차(지원서 작성─서류전형─필기전형─면접전형─채용 신체검사─최종합격자─배치)를 확인하고 전형별 합격을 위한 준비를 철저히 해야 한다. 그리고 면접관들로부터 관심을 갖게 하는 '한 방'이 필요하다. 그것이 바로 농협에 대한 풍부한 정보다. 대부분 지원자들은 홈페이지를 통해 농협에 대해 알게 되는데 그 정도로는 다른 지원자들과 차별성을 가지지 못하기 때문에 나만 가지고 있는 정보가 필요하다.

셋째, 농협의 조직 구성과 주요 사업에 대한 지식이 필요하다.

이는 농협에 대한 관심과 애정을 표현할 수 있는 좋은 재료이기도 하다. 최근 언론에 보도된 농협 관련 기사나 방송을 스크랩하거나 자신만의 차별화된 정보를 찾아야 한다. 남들이 모두 아는 정보는 희소성이 없어 경쟁력을 될 수 없다.

넷째, 농협이 원하는 협동조합 인재상을 알아야 한다.
홈페이지나 뉴스, 인터넷 조사로만 판단해서는 내게 맞는 정답을 찾기가 어렵다. 농협을 직접 방문해 인재상을 파악한 뒤 내가 왜 농협의 인재상에 부합하는 인재인지 사례를 통해 증명해야 한다.

■ **농협이 하는 일**

교육지원부문

농업인의 권익을 대변하고 농업 발전과 농가 소득 증대를 통해 농업인 삶의 질 향상에 도움을 주고 있습니다. 또한 또 하나의마을 만들기 운동 등을 통해 농업 농촌에 활력을 불어넣고 농업인과 도시인이 동반자 관계로 함께 성장 · 발전하는데 기여하고 있습니다.

· **교육지원사업**

농 · 축협 육성 · 발전지도 · 영농 및 회원 육성 · 지도, 농업인 복지증진 , 농촌사랑 · 또 하나의 마을 만들기 운동, 농정활동 및 교육사업 · 사회공헌 및 국제 협력 활동 등

경제부문

농업인이 영농활동에 안정적으로 전념 할 수 있도록 생산 · 유통 · 가공 · 소비에 이르기까지 다양한 경제사업을 지원 하고 있습니다. 경제사업 부문은 크게 농업경제 부문과 축산경제 부문으로 나누어 지며, 농축산물 판로확대, 농축 산물 유통구조 개선을 통한 농가소득 증대와 영농비용 절감을 위한 사업에 주력하고 있습니다.

· **농업경제사업**

영농자재(비료, 농약, 농기계, 면세유 등) 공급, 산지유통혁신, 도매 사업, 소비지유통 활성화, 안전한 농식품 공급 및 판매

· **축산경제사업**

축산물 생산, 도축, 가공, 유통, 판매 사업, 축산 지도(컨설팅 등), 지원 및 개량 사업, 축산 기자재(사료 등) 공급 및 판매

금융부문

농협의 금융사업은 농협 본연의 활동에 필요한 자금과 수익을 확보하고, 차별 화된 농업금융 서비스 제공을 목적으로 하고 있습니다. 금융사업은 시중 은행의 업무 외에도 NH카드, NH보험, 외국환 등의 다양한 금융 서비스를 제공하여 가정경제에서 농업경제, 국가 경제까지 책임을 다해 지켜 나가는 우리나라의 대표 금융기관입니다.

· **상호금융사업**

농촌지역 농업금융 서비스 및 조합원 편익 제공, 서민금융 활성화

· **농협금융지주**

종합금융그룹(은행,보험, 증권, 선물 등)

더보기 | 더보기 | 더보기

■ 농협의 인재상

농협은 신뢰받는 조직으로 발돋움하기 위하여 다음과 같이 인재상을 정립했다.

시너지 창출가 ●

항상 열린 마음으로 계통간,
구성원간에 존경과
협력을 다하여 조직 전체의
성과가 극대화될 수 있도록
시너지 제고를 위해
노력하는 인재

● **행복의 파트너**

프로다운 서비스 정신을
바탕으로 농업인과 고객을
가족처럼 여기고
최상의 행복 가치를 위해
최선을 다하는 인재

최고의 전문가 ●

꾸준히 자기계발을 통해 자아를
성장시키고, 유통·금융 등 많은
분야에서 최고의 전문가가 되기
위해 지속적으로 노력하는 인재

정직과 도덕성을 갖춘 인재

매사에 혁신적인 자세로 모든 업무를
투명하고 정직하게 처리하여 농업인과
고객, 임직원 등 모든 이해관계자
로부터 믿음과 신뢰를 받는 인재

● **진취적 도전가**

미래지향적 도전의식과 창의성을
바탕으로 새로운 사업과 성장동력을
찾기 위해 끊임없이 변화와 혁신을
추구하는 역동적이고 열정적인 인재

▪ NH 합격 사례 : 김 ㅇ ㅇ, 서울 ㅇ ㅇ ㅇ 지점

농협은행 상반기 채용 경험에 대해 간단하게 설명 드리겠습니다.

먼저 전국적으로 약 3만 명 정도가 지원했고 경쟁률은 평균 93대 1이었습니다. 그런데 서울은 200 : 1 정도였습니다. 작년에는 농협은행 6급 채용까지 기업은행 외에는 전형이 끝나지 않아서 치열했는데 올 상반기도 비슷할 것 같습니다. 다행히도 올 상반기에는 지역별 모집이어서 국립대학이 대단히 유리합니다.

• 서류전형

서류는 답이 딱 정해진 것 같지는 않습니다. 합격자들을 보면 학점, 토익, 학교가 좋지만 금융권 준비가 없었던 사람도 있고, 금융권 준비는 되었지만 다른 스펙이 떨어지는 사람도 많았습니다.

특히 자소서, 인턴, 자격증이 중요한 거 같습니다. 다른 회사들과는 다르게 수상 경력을 적는 란이 없기 때문에 기본적인 스펙 비중이 높을 거 같네요.

요즘은 자소서 비중을 높이고 있다고 하니 자소서에 힘을 쏟는 것이 지금으로서는 최고의 방법인 것 같습니다.

• 인적성

인적성은 총 80문제였습니다. 4가지 유형이 반복되었는데 단어 간의 관계, 도형 회전시 모습, 응용수리, 숫자 간의 규칙 찾기(수열)이었습니다. 난이도는 그리 높지 않지만, 빠른 시간 안에 정확하게 많이 풀어야 합니다. 제가 시험 볼 때는 도형이 난이도가 높은 편이었는데 그 유형을 많이 안 풀고도 붙은 사람이 있는 것으로 보아, 4가지 유형 중 한 가지를 못한다고 과락되는 형태는 아닌 것 같습니다. 그래도 혹시 모르니 어려운 유형도 조금은 푸는 게 좋을 것 같네요.

CJ가 비슷한 유형으로 인적성을 출제하니 참고할 만하지만 조금은 다릅니다. 그리고 농협은 인적성 유형을 자주 바꾸는 경향이 있으므로 다양하게 준비하는 것도 나쁘지 않을 것 같습니다.

• 면접

6급 면접은 토론면접과 다대다 면접으로 이루어집니다. 토론면접은 12~14명 정도의 지원자를 3명의 면접위원이 관찰하는 방식입니다. 보통 기조 발언 한 번, 자유토론, 마지막 발언을 하게 됩니다. 토론면접은 한국경제에 매주 올라오는 기사인 '시사이슈 찬반토론' 만 준비하면 문제없습니다.

기출 문제는 경제 민주화와 카드 발급 기준 완화 등 찬반이 갈리는 주제에 관한 것이 대부분입니다. 주제 자체는 취업 준비하는 사람들에게는 큰 부담이 없습니다. 주제를 예측하는 것 보다도 표현 방식이나 표정, 말투 등을 연습하는 게 좋을 거 같습니다.

다대다 면접은 면접위원 다섯 분이 계시고 지원자 5명이 들어가게 됩니다. 면접위원이 한 분씩 돌아가면서 5명에게 질문하는 방식입니다.

자기소개서에 대한 질문은 많지 않습니다만, 한 가지 정도는 질문 받은 사람도 있다고 하네요. 농협은행 면접의 가장 큰 특징은 경제 용어에 대한 질문과 상황 판단입니다.

최근에 이슈가 되었던 경제 용어에 대한 질문을 반드시 합니다. 또한 일반 대학생들이 명확하게 알기 힘든 법정관리 VS 워크아웃, 채권단 자율협약단, 신탁상품의 종류 등도 질문할 때도 있습니다. 그런데 상반기 면접 때는 한 명당 한 가지만 질문 받았고 그렇게 난이도가 높지는 않았습니다. 그때 저랑 같은 조 사람들이 받은 질문은 엔저현상/배드뱅크/CMA/채권단 자율협약 등 이었습니다. 상황 판단은 어떠한 상황을 제시하고 구직자가 어떤 식으로 답변하는지 보는 겁니다. 예를 들어 "내가 만약 면접에서 떨어진다면 뭘 더 준비해서 농협에 도전하겠는가?" 라고 물어보는 식입니다. 상반기 때 면접 내용을 정리하겠습니다.

　1분 자기소개서 / 존경하는 인물 / 옆에 선배가 일을 방만히 한다면 / 농협은행 지점이 다른 은행 지점보다 나은 점은(자기소개서와 관련된 질문이었습니다) / 채권단 자율협약 / 농협은행에서의 포부 / 마지막 하고 싶은 말 등입니다.

■ NH 합격사례 : 자소서 꾸미기

1. 성격의 장단점
　저의 장점은 주도적인 자세와 대인관계 능력이고 단점은 솔직하고 정이 많은 성격입니다.

2. 생활신조
　carpe diem. 지금 살고 있는 현재 이 순간에 충실하라는 뜻으로 제가 추구하는 생활신조입니다.

3. 취미 및 특기
　저의 취미는 5년 동안 꾸준히 해온 경제신문 읽기이며, 특기는 축구와 맞춤형 대화입니다.

4. 지금까지 이룬 가장 큰 성취
　가지대학에 입학하여 학부 수석, 창업동아리 창설, 공모전 수상이라는 성과를 거두었습니다.

5. 귀하가 가장 소중하게 생각하는 것 3가지
　저에게는 가족을 포함한 사람, 좋아하는 일 그리고 웃음이 가장 소중합니다.

6. 가장 기억에 남는 경험

주도적인 자세를 바탕으로 조직의 발전에 기여하였습니다.

은행에서 인턴으로 근무를 할 때, 고객 분들께 좀 더 나은 서비스를 제공하고자 타행 지점 6곳을 방문하여 아이디어를 수집하였습니다. 내용을 정리하여 CS 향상 방안에 대한 보고서를 작성하였습니다. 그리고 '불만족하기 어려운 서비스를 제공하라' 라는 주제로 발표하였습니다. 저의 제안대로 고객 대기 공간 레이아웃을 변경하였고, 고객 분들이 만족해하셨습니다. 또한 오정동 산업단지 구석구석을 돌아다니며 업종 파악을 하였고 아파트 단지, 재래시장 등도 방문하였습니다. 오정동 지점의 점주권을 4가지로 세분화하였고, 각각의 특징 및 마케팅 전략을 정리하였습니다. 지점장님께서 칭찬을 해주셨고, 몇몇 제안 사항은 지점 마케팅에 활용하신다고 하셨습니다.

7. NH농협은행에 지원한 동기 및 지원하기 위해 본인은 어떠한 노력과 준비를 했는지 구체적으로 기술하세요.

국내 은행 중 가장 많은 점포 보유, 사회 공헌 1위, 유일한 순수 민족자본은행 등 농협은행만이 가진 강점에 저의 능력을 더하여 많은 사람에게 금융 혜택을 주면서 동시에 사회적 의미도 달성하고 싶어 농협은행에 지원하였습니다.

농협은행에 일원이 되기 위해서는 다른 은행에 근무하는 사람들과는 다른 실력과 사명감이 있어야 된다고 생각합니다. 저에게는 이를 증명할 확실한 능력과 경험이 있습니다.

첫 번째로, 학부시절 경영학과 회계학 수업을 100학점 넘게 수강하였고, 5년 동안 꾸준하게 경제신문을 읽었습니다. 이렇게 형성된 지식은 금융시장을 이해하는 데 도움이 되었습니다.

두 번째로, 성과를 내는 능력입니다. 학부 수석 2회, 매경TEST 상위 1%, 마케팅 대회 입상, 공모전 입상, 동아리 창립 등 참여한 대부분의 일에 성과를 냈습니다. 마지막으로 맡은 일을 끝까지 해내는 책임감입니다. 물류창고에서 아르바이트를 할 때 높은 업무 강도와 열악한 환경 때문에 대부분의 사람들이 그만두었지만, 저는 끝까지 남아 맡은 일을 해냈던 경험이 있습니다.

저의 경험과 역량을 바탕으로 농협은행의 수익성에 반드시 기여하는 인재가 되겠습니다.

8. 타인과 구별되는 자신만의 경쟁력은 무엇이며, 입사 후 자신의 지원 분야에 어떻게 활용할 수 있는지를 구체적으로 기술하시오.

맞춤형 대화를 통해 효과적인 영업을 실시하겠습니다.

한국M&A컨설팅협회에서 인턴을 할 때 회사의 배임, 횡령으로 손해를 보고 계시는 주주 분들을 설득하러 다녔습니다. 주주권을 위임받아, 기업가 정신이 투철한 분이 회사를 인수하게 돕는 것이 목표였습니다. 추운 겨울, 발로 뛰며 주주 분들을 방문하였지만 설득에 번번이 실패하였습니다. 실패 요인을 분석해 보니 방법이 잘못되었습니다. 대화하는 상대방의 상황을 고려하지 않고 저의 이야기만 한 것입니다. 그래서 만나는 분들에 맞게 설명하자는 전략을 세웠고, 이후에는 만난 주주 분들 중 90%를 설득할 수 있었습니다.

어떤 주주 분은 현관문을 열어 주지 않았지만 1시간 동안 문 밖에서 설득한 적도 있습니다. 이때의 경험을 통해 효과적인 소통과 적극적인 영업 마인드를 배울 수 있었습니다. 저의 경험을 바탕으로 고객을 먼저 생각하는 은행원이 되겠습니다. 고객의 관심사로 대화를 시작하고, 고객의 상황에 맞는 상품 추천을 추천하고, 금융 용어를 이해하기 어려운 분에게는 쉬운 설명서를 따로 배부하겠습니다. 고객의 관심사를 한 가지만 더 파악하여 영업에 활용하는 은행원이 되겠습니다.

9. 자신만의 창의적인 대안, 지식, 노하우 등을 활용하여 최고의 성과를 거둔 사례를 구체적으로 기술하시오.

획기적인 아이디어란 새로운 것이 아니라 보다 나은 결과를 만들어내는 것이라고 생각합니다. 저는 다른 사람들이 새로운 방법에만 집중할 때 문제점에 집중하여 남들과 차별화했습니다. 저의 경험을 바탕으로 농협은행과 고객 모두에게 도움이 되는 방법을 끊임없이 고민하는 행원이 되겠습니다. 다양한 사람을 만나면서 생긴 통찰력을 바탕으로 조직의 변화를 이끌어냈습니다.

멘토라는 개념을 기반으로 한, 초창기 SNS서비스 회사를 마케팅하는 업무를 맡은 적이 있습니다. 이 회사에는 두 가지 문제가 있었습니다. 멘토가 될 수 있는 사람이 제한적이라는 점과 멘토는 수평적인 SNS 취지와 부합하지 않다는 점입니다. 이런 문제점을 해결하기 위해 모든 사람이 동등하게 소통할 수 있는 공간을 만들기로 했습니다. 그래서 사람은 누구나 하나의 재능을 가지고 태어난다는 생각에 기초하여 일방적인 관계가 아닌 서로의 재능을 인정하고 그것을 통해 관계를 맺을 수 있는 가치교환 서비스를 제안하였습니다. 새로운 서비스는 회사에 회원 수 3배 증가라는 결과를 가져다주었고, 고객에게는 유익한 플랫폼을 제공해주었습니다.

10. NH농협은행의 강점은 무엇이며 NH농협은행이 지속 성장하기 위하여 필요하다고 생각하는 부분을 구체적으로 기술하시오.

농협은행의 가장 큰 장점은 접근성입니다. 국내 최다 점포수를 보유하고 있고, 은행을 대상으로 한 소비자 인식 조사에서 접근성 부문은 높은 점수를 받아왔습니다. 대부분의 사람들이 농협 하면 친숙함을 떠올리는 이유이기도 합니다.

기업의 지속 성장을 위해 가장 효율적인 방법은 장점을 활용한 약점의 보완일 것입니다. 그래서 농협은행도 접근성을 활용하여 약점인 비이자 수익 부문을 강화하는 전략을 취해야 합니다.

이런 목표를 위해 농협은행 직원 모두가 지역사회 최고의 금융전문가라는 인식을 심어주어야 합니다. 이는 지식 경영과 따뜻한 커뮤니케이션을 통해 달성할 수 있습니다.

첫 번째로, 직원들의 종합금융서비스에 대한 이해를 돕는 강도 높은 교육과 함께 지역본부별로 반기별 영업PT 대회를 열어 교류합니다. 이런 방식으로 지식을 축적하고 매뉴얼을 만들어 공유합니다.

두 번째로, 따뜻한 커뮤니케이션 교육을 강화합니다. 100세 시대에 고객들은 길어진 수명, 고물가, 저금리 등의 위험에 직면하게 됩니다. 그래서 고객과의 스킨십을 강화하는 프로그램을 실시합니다. 고객들과 함께 봉사활동에 참여하고, 정기적인 모임 및 활동을 주최합니다.

11. 위 자기소개서 내용 외에 추가적으로 본인을 소개할 내용을 기술하세요.

소통을 기반으로 조직의 문제점을 해결하였습니다. 창업동아리 회장일 때, 동아리가 창업에 열정이 있는 친구들과 취업에 관심이 많은 친구들로 나뉘어 융화가 되지 않았습니다. 각자의 분야에 대한 확신과 자신감이 넘치는 친구들이었기 때문에 조화가 되지 않았습니다. 심지어 모임을 따로 갖는 상황까지 벌어졌습니다. 그래서 각각의 모임에 찾아가서 한 조직에 한 가지 정체성만이 존재할 필요가 없다는 논지로 설득하였습니다. 자연스러운 대화를 유도하기 위해 술자리를 활용하였고, 양측의 입장을 최대한 들어주었습니다. 또한 정기적인 모임과 MT를 기획하여 다 같이 어울릴 수 있는 시간을 늘렸습니다.

이런 노력의 결과, 창업 팀과 공모전 팀으로 동아리가 운영됨과 동시에 전체 회의를 통해 서로의 지식을 공유하는 조직으로 탈바꿈하였습니다. 그리고 1억 원을 유치할 정도로 탄탄한 창업동아리가 되었습니다. 조직 내에서 발생하는 문제는 구성원들과의 열린 소통으로 극복할 수 있다는 사실을 배웠습니다. 입행 후에도 지점 내부에서 발생하는 문제를 동료 분들과 열린 소통을 바탕으로 하나씩 해결해가겠습니다.

8. 최근 5년간 면접 내용 모음

가. 집단면접

1) 신상 및 인성

(1) 결혼관
- 결혼관은 무엇인가?
- 미래의 배우자가 갖춰야 할 조건(배우자 선택의 기준)이 있는가?
- 본인의 이상형은 어떻게 되는가?
- 결혼 후 가사 부담은 어떻게 하겠는가?

(2) 직업관
- 본인의 직업관에 대해 말해보시오.
- 본인에게 직업은 무엇인가?
- 지금 하는 일은 무엇인가?
- 평생직업과 평생직장에 대해 말해보시오.
- 로또를 해봤는가? 당첨되면 직장을 그만둘 것인가?
- 이직에 대한 생각을 말해보시오.
- 본인이 희망하는 연봉은 어느 정도인가? 그 이유는?
- 본인이 희망하는 월급여는 어느 정도인가? 그 이유는?
- 희망연봉에 대해 말해보고 첫월급을 타면 어떻게 하겠는가?

• 갑자기 큰 돈이 생긴다면 어떻게 하겠는가?
• 삼성과 농협은행 두 곳에 합격한다면 이디로 가겠는가?(협동조합과 기업의 차이점)
• 농촌 봉사활동이나 경험을 통해 본 현재 농촌의 현실은 어떠한가?
• 주 5일제인데 주말에는 무엇을 할 것인가?

(3) 인생관
• 인생관은 무엇인가?
• 본인의 삶에서 가장 힘들었던 혹은 가장 큰 성과를 낸 일에 대해 말해보시오.
• 내 인생에서 가장 큰 영향을 미친 사건과 그 이유를 말해보시오.
• 인생의 멘토는 누구인가? 그 이유는?
• 인생에서 가장 큰 변화는 무엇이었고, 그것을 통해 느낀 점은 무엇인가?
• 세상을 변화시킬 사람은 어떤 사람인가?
• 살아오면서 자신에게 영향을 가장 많이 끼친 사람은 누구이며, 그 이유는?
• 자신이 성취했던 일 중에 가장 기억에 남는 것은?
• 스스로와의 약속을 잘 지키는가?
• 책은 얼마나 자주 읽으며, 최근에 인상 깊게 읽은 책은 무엇인가?
• 신문을 구독하는가? 왜 그 신문을 구독하는가?
• 요즘 신문에서 쟁점이 되고 있는 것은 무엇인지 말해보시오.
• 신문을 읽을 때 어느 면부터 읽는가?
• TV를 볼 때 어떤 프로그램을 먼저 보는가?
• 요즘 사극 드라마를 보는가?
• 자신이 지인에게 영향력을 끼친 경험이 있다면 말해보시오.
• 살면서 가장 기억에 남는 일은 무엇인가?
• 나와 다른 주장을 가지고 있는 사람을 어떻게 설득할 것인가?
• 오랫동안 연락을 이어가고 있는 사람이 있는가?

- 지금까지 인생에서 가장 큰 결단을 내린 경험을 말해보시오.
- 일을 통해 이루고 싶은 인생의 목표는 무엇인가?
- 본인이 생각하는 성공의 기준(3가지)은 무엇인가?
- 본인이 생각하는 행복의 3가지(5가지) 조건을 말해보시오.
- 행복을 위해 하루에 한 가지씩 행하는 일은?(가족예배)
- 많이 알려진 사람 중에서 자신의 성격과 유사한 사람을 소개해보시오.
- 어머니를 자주 안아드리는 편인가?(사랑 - 머리보다 가슴)

(4) 자기계발
- 자기계발로 무엇을 하고 있는가?
- 자기계발을 위해 노력하는 것은 무엇인가?
- 가지고 있는 개인자격증은 무엇인가?
- 본인의 가치를 높이기 위해 노력했던 것과 그 성과는?
- 살면서 가장 올바른 의사결정은 무엇이었는가?
- 내가 맡은 일을 주어진 시간 내 끝내기 위해 어떻게까지 해보았는가?
- 전문가란 무엇이라고 생각하는가?
- 워킹홀리데이를 가서 무슨 일을 하였는가?
- 감명 깊게 읽은 책은?
- 가장 기억에 남는 리더는?
- 존경하는 인물은 누구이고 그 인물에게서 받은 영향은 무엇인가?
- 리더가 되어본 경험이 있는가?
- 리더의 자질은 무엇이라 생각하는가?
- 본인이 경험했던 가장 효과적인 리더의 특징은?
- 존경하는 우리나라 리더는 누구인가? 그를 왜 존경하는가?

(5) 사회봉사

• 봉사활동(동아리)을 한 경험이 있는가? 그로 인해 느낀 자신만의 경쟁력은?

• 학교 다닐 때 대외활동 등 특이한 경험을 한 적이 있고, 그것이 실무에 어떤 영향을 미치는가?

• 학창시절 자랑할 만한 경험은 무엇인가?

• 공백기에 무엇을 했는지 시간대별로 말해보시오.

• 다른 사람을 위해 본인이 희생했던 사례가 있으면 말해보시오.

• 10억 원이 주어진다면 어떻게 하겠는가?

• 휴일에는 무엇을 하는가?

(6) 본인의 강점과 약점

• 성격의 장단점을 말해보시오.

• 본인의 성격의 장점은?

• 주변 친구들이 본인을 평가할 때 어떤 장점이 있다고 말하는가?

• 1분간 자신의 단점을 말해보시오.

• 특기와 취미는 있는가?

• 체력 관리(평소 건강 관리)는 어떻게 하는가?

• 본인이 가지고 있는 경쟁력은 무엇인가?

• 본인의 강점은 무엇이라 생각하는지?

• 자신 있는 3가지 강점을 말해보시오.

• 자신의 가치를 돈으로 평가하면 얼마일 것 같은가?

• 자신의 전공에 대해서 말해보시오.

• 자신만의 매력을 보여주세요.

• 자신에게 등급을 매긴다면 몇 등급이며, 그 이유는?

• 나를 닮은 사람을 꼽고 그 이유를 말해보시오.

• 면접까지 오면서 준비해온 것들은 무엇인가?

- 당신이 면접관이라면 지원자의 어떤 점을 중점적으로 평가할 것인가?
- 이성친구가 있는가? 있다면 이성친구가 본인한테 어떤 매력을 느꼈는가?
- 자신이 살아오면서 아르바이트를 하거나 직무경험이 있을때 자신의 장점을 발견한 경험이 있으면 말해보시오.
- 본인을 상품화하여 판매한다면 고객에게 어떻게 판매할 것인가?
- 본인 자랑(잘하는 것)을 해보시오.
- 본인의 가치관에 대해 말해보시오.
- 공공의 가치와 개인의 가치가 다를 때 어떻게 할 것인가?

(7) 신뢰 및 평판
- 거짓말을 한 경험이 있는가? 했다면 왜 했고 다시 선택한다면 어떻게 하겠는가?
- 진실의 순간은 무엇인가?
- 신뢰에 대해 설명하시오.
- 친구가 많은가? 그럼 친구를 사귀는 데 있어서 가장 중요한 것은 무엇인가?
- 타인에게 신뢰를 준 경험이 있는지 말해보시오.
- 착한 거짓말을 인정할 수 있는가?
- 별명 또는 동료들이 본인을 표현하는 단어는 무엇인가?
- 친구들은 본인을 어떻게 평가하는지 말해보시오.
- 친구나 지인끼리 싸웠을 때 나서서 해결한 적이 있는가?
- 본인의 인간관계의 점수는?
- 자신이 좋아하는 사람과 싫어하는 사람의 유형을 말해보시오.
- 좋은 사람과 싫은 사람을 그 이유와 함께 말해보시오.

(8) 기타 상식
- 명절 때 음식물 보관방법을 말해보시오.
- 면접이 끝나자마자 가고 싶은 여행지는 어디이고 그곳에 왜 가고 싶은가?

- 면접이 끝나면 하고 싶은 것은? 선후배, 동료 중 누구와 함께 하고 싶은지?
- 집에 혹시 농사를 짓는 게 있는가?
- 새벽에 신호 위반하는 것에 대해 어떻게 생각하는지?
- 마지막으로 하고 싶은 말이 있다면?

2-1) 조직에 대한 적응력

- 대인관계에서 중요하게 생각하는 것이 무엇인가?
- 회식 자리가 필요한가? 일어나서 건배 제의를 해보시오.
- 회사에서 갑자기 많은 업무량이 주어진다면 어떻게 할 것인가?
- 팀플레이 했던 경험에 대해 말해보시오.
- 10명의 직원을 데리고 있는데 1명이 무능력하다면 그 직원을 도태시킬 것인가?
- 조직 생활에 대해 어떤 생각을 하고 있는가?
- 직원의 자세와 역할에 대해서 말해보시오.
- 조직생활을 하는 데 가장 중요한 점(것)은 무엇이라고 생각하는가?
- 본인에게 이익이 돌아가지 않아도 조직 내에서 열심히 일한 경험이 있는가?
- 직장생활에서 가장 필요한 것은?
- 직장 내에서의 성공과 사회에서의 성공은 어떠한 차이가 있는가?
- 바람직한 직장 분위기를 위해 필요한 것은 무엇이라고 생각하는가?
- 조직에 대한 충성심이 무엇이라고 생각하는가?
- 조직내 부당한 규칙이 있다면 어떻게 하겠는가?
- 조직의 리더로서 비전 제시, 중재 등의 경험이 있는가?
- 업무상 조직 간 갈등이 있었을 때 본인이 해결해본 경험이 있는가?
- 학교나 군대에서 리더를 한 경험이 있는가?
- 근무중 집에 급한 일이 생기면 어떻게 하겠는가?

- 상사의 업무지시가 부당하게 느껴진다면 어떻게 할 것인가?
- 상사와 충돌(마찰, 갈등)이 생긴다면 어떻게 하겠는가?
- 상사의 잘못을 본인의 잘못으로 한 적이 있는가? 그후의 대처 방법은 무엇인가?
- 상사와 의견 다툼이 있을 때 어떻게 대처할 것인가? (다름 인정)
- 상사가 되었을때 팀을 어떻게 이끌어갈 것인가?
- 상사와 부하직원들의 가치관 차이를 해소하기 위하여 어떻게 하겠는가?
- 함께 근무하는 상사가 어떤 스타일의 상사이면 좋겠는가?
- 야근과 주말근무, 주말출장이 잦다면 어떻게 하겠는가? (균형론)
- 야근하게 된다면 잘할 수 있겠는가?
- 회사에서 일할 때 개인적인 연락이 오면 어떻게 하겠는가?
- 농협에 입사 후 어떤 각오로 업무를 하겠는가?

2-2) 조직에 대한 적응력

- 동료에게 일이 생겨 업무를 떠맡게 된다면 어떻게 대처할 것인지 말해보시오.
- 입사 후 다른 동료와 트러블이 생겼을때 어떻게 현명하게 갈등을 해결하는지 말해보시오
- 일요일에 친한 친구의 결혼식이 있는데 직장에서 출근하라고 한다면 어떻게 하겠는가?
- 동료의 부정행위를 바로 보고하겠는가?
- 친한 동료가 부정행위를 저질렀을 때 어떻게 할 것인가?
- 일하다가 동료 혹은 본인이 실수했을 때 어떻게 할 것인가?
- 남성과 여성 간의 차별을 어떻게 생각하는가? (미투운동과 연관)
- 직장 내 여성의 잡무에 대해 어떻게 생각하는가?
- 여자는 차 심부름, 남자는 담배 심부름이 생기면 어떻게 대처할 것인가? (업무용)

• 여자로서 많은 잔업과 일을 하는 것을 어떻게 생각하는가?

3-1) 농협 업무 및 업무 자세

• 농협에서 일할 때 가장 필요한 것이 무엇이라 생각하는가?
• 농협에는 어르신들이 많이 방문하는데 농협 직원이 되었을때 자기만의 다가가는 법을 설명해보시오.
• 1,000억 원을 예금한 고객이 방문하였다. 그런데 때마침 일반조합원이 술을 먹고 와서 불평불만으로 소란을 피운다면 어떻게 해결하겠는가?
• 지역농협에 지원한 동기가 무엇인가?
• 농협에 와서 하고 싶은 일은 무엇인가?
• 농협에 입사해서 가고 싶은 부서는 어디인가?
• 농협은행을 놔두고 지역농협을 선택한 이유가 무엇인가?
• 농협을 다섯 단어로 표현해보시오.
• 농협으로 2행시를 지어보시오.
• 자신이 생각하는 농협의 정의는 무엇인가?
• 농협의 성격은 무엇인가? (법적 성격)
• 농협 마크가 상징하는 것은 무엇인가?
• 농협, 축협, 농민(농업인)의 정의
• 농협 사업에 대해 아는 대로 말해보시오.
• 농협이 새로운 사업 목표를 제시할 때 본인은 어떤 전략을 펼치겠는가?

- 농협의 약점(단점)을 말해보시오.
- SWOT 분석이란?
- 농협의 장단점을 2개씩 말해보시오.
- 농협에서 개선할 부분이 있다면 무엇이라 생각하는가?
- 농협에 대해 주변에서 비판하는 내용은 없는가?
- 농협에 지원한 동기(이유)는 무엇인가?
- 농협이 어떤 곳이라 생각하는가?
- 농협의 미션과 비전에 대해서 말해보시오.
- 입사했다는 가정하에 5년 후(10년 후) 자기 모습에 대해서 말해보시오.
- 농협 지점에 방문해본 적이 있는가? 직원들의 친절도는 다른 은행에 비해 어떠하였는가? 개선해야 할 점이 있다면 무엇인가?
- 지역농협이 어떤 기관이라고 생각하는가?
- 농협에 대해 아는 것을 말해보시오.(정체성)
- 농협의 주인은 누구라고 생각하는가?(농업인조합원)
- 농업 관련 헌법개정안 반영 추진 내용이 있다면 무엇인가?
- 지역농협의 이미지는 어떤가?
- 본인의 장점을 말해보고 그것을 농협 업무에 어떻게 접목시킬 수 있는지 말해보시오.
- 오전에 시험장에 올 때 농협의 느낌이 어떠하였는가?
- 농협 이미지의 장단점은 무엇인가?
- 농협의 5가지 인재상과 5가지 비전을 말해보시오?
- 바람직한 농협인이 갖추어야 할 덕목은 무엇인가?(인재상)
- 금융인으로서 갖추어야 할 덕목에 대해 말해보시오.
- 농협 직원으로서 가져야 할 자세와 마음가짐은?

- 농협을 입사하기 위해 특별히 준비한 것이 있는가?
- 농협 직원이 되면 어떻게 일할 것인가에 대한 포부를 말해보시오.(목표/계획)
- 지역농협에 입사해서 이루고 싶은 목표는 무엇인가?
- 입사 후 어떤 계획을 하고 있는가?
- 자신의 장점을 농협 업무와 관련지어 말해보시오.
- 본인이 왜 농협에 적합한 사람인지를 어필해보시오.
- 자신이 지역농협에 기여할 수 있는 것은 무엇인가?

3-3) 농협 업무 및 업무 자세

- 지역농협에서 하고싶은 일은 무엇인가?
- 입사 후 희망하는(맡고 싶은) 업무는 무엇인가?
- 자신이 싫어하는 업무에 배정되었다면 어떻게 할 것인가?
- 마트에서 일하게 된다면 잘할 수 있겠는가?
- 자신이 잘할 수 있는 업무와 충분히 성과를 내지 못하는 업무가 있을텐데, 그중에 성과를 내지 못하는 업무를 계속 준다면 어떻게 하겠는가?
- (지역)농협(금융 사업)과 시중은행의 차이점은 무엇인가?
- 과거부터 지금까지 농협이 잘한 것과 잘못한 것은? (신용사업과 경제사업)
- 영업실적 때문에 하루에 카드를 100장 가입해 오라고 위에서 시킨다면 어떻게 하겠는가? (시장 경제하에서 살아남기)
- 본인에게 농협 직원들의 의미는 무엇인가?
- 농협 근무복(유니폼)을 입는 것에 대한 의견을 말해보시오.
- 본인이 지역에서 나는 특산물 중 한 가지를 골라 어떻게 판매를 늘릴 것인지 방안을 말해 보시오
- 고객이 마구 화를 낼 때 대처방안은?

- 고객이 터무니없는 요구를 한다면 어떻게 대응할 것인가?
- 고객의 클레임에 대한 대처방법은 무엇인가?
- 본인이 농협에 다니고 있다고 가정할 때 타 은행 금리는 7%이고, 어머니에게 1천만 원의 여유자금이 있다. 어머니가 이 돈을 타 은행에 예치하려고 하는데 우리 농협으로 예치할 수 있도록 어떻게 설득하겠는가? (설득의 기법)
- 고객이 초등학생일 때 어떠한 태도로 대할 것인가? (맞춤형 눈높이, 금융교실))
- 초등학생들에게 농협 통장 발급 활성화 방안은?
- 고객 관리를 위해 자신만이 할 수 있는 전략에 대해 한 가지만 말해보시오.
- 농협의 외부 효과의 긍정적인 방향은 무엇인가?
- 농협이 더 발전할 수 있는 방안은 무엇인가?
- 환경과 농협의 관계에 대해서 말해보시오.
- 농협에서 일한다면 어떤 각오로 업무를 하겠는가?
- 서비스 불만사항에 대한 대처 방법은?
- 농협의 미래 발전 방향에 대해서 말해보시오.
- 지역농협 금융사업의 발전 방안은?
- 지역농협 금융 부분과 경제 부분에 대한 의견을 말해보시오.

3-4) 농협 업무 및 업무 자세

- 농협 상품에 대해서 대해 말해보시오.
- 농협보험(공제)상품을 어떤 마케팅으로 판매할 것인가?
- 농협보험(공제)상품을 팔아야 하는데 누구한테 가장 먼저 팔 것인가?
- 농협 BIS 비율에 대해 설명해보시오.
- 카드 영업을 할 수 있는가? 어떻게 하겠는가?
- 농협, 농촌, 농업과 관련하여 경험이 있다면 손을 들고, 자신이 농협 직원이었

다면 어떻게 대처했을 것인가?

- 농협의 사회적 공헌에 대해 말해보시오.
- 농협이 현재 수행하고 있는 기업의 사회적 책임(지역사회 공헌 활동)을 말하고 앞으로 농협이 어떠한 방법으로 사회적 책임을 수행할 수 있을지 말해보시오.
- 배추값 폭락으로 농업인이 배추를 농협에 가져와 팔아달라고 하면 어떻게 할 것인가?
- 배추값 폭락으로 농업인이 배추를 갈아엎는다면 어떻게 팔 것인가?
- 시가 52,000원의 쌀을 조합원이 6만 원에 팔아달라고 요구한다. 당신이 조합장이라면 어떻게 하겠는가?
- 농산물 마케팅 방안은 무엇인가? 식품산업에서 농협이 할 수 있는 일은 무엇인가?
- 추곡 수매 시기에 남자 직원은 나가서 일하고, 여자 직원은 사무실에서 책을 보는데 진급은 같이 한다. 이것을 어떻게 생각하는가?
- 주말 농촌 봉사활동을 하고 있는데 농협에 입사하면 두 가지 일을 병행할 수 있는가?
- 농협은 다양한 사업이 있어 주5일제를 전면적으로 실시하지 못하고 주말에 일할 수 있는데 이것에 대해 어떻게 생각하는지?
- 인터넷은행(카카오뱅크, K뱅크)출범에 따라 농협이 나아갈 방향을 말해보시오.
- 협동조합기본법에 대해 설명하고, 농협과의 상관관계에 대해 말해보시오.
- 협동조합기본법에 대해 설명하고, 이것이 농축협에 미치는 영향을 말해보시오.
- 정년 연장에 대한 의견을 말해보시오?
- 대형마트 휴일규제에 하나로마트가 포함 안 되는 것이 형평성에 어긋나는 것인가?
- 최근 농협 CF 광고를 보았다면 누가 출연하였는지 말해보고, 그 출연자에 대해 어떻게 생각하는지 말해보시오.
- 남북이 통일될 경우 농협이 해야 할 일은?

- 두레가 무엇이며, 그것을 현대적으로 해석하여 농협에 도움을 줄 수 있는 부분은 무엇인가?
- 농업인 조합원들을 단결시킬 수 있는 방법을 말하시오.
- 하나로마트에서 수입 바나나를 판매하는 것에 대해서 어떻게 생각하는가?
- 농촌의 고령화 문제에 대해서 말해보시오.
- 고령화와 농협의 관계에 대해 말해보시오.
- 귀농 활성화 방안에 대해서 말해보시오.
- 정부는 농촌고령화 현상이 심각해지면서 매년 막대한 예산을 쏟는 중이나 귀농 인구는 되려 감소하고 있다. 그 이유와 해결책은?
- 한중 FTA(농업을 중심으로)에 대해서 말해보시오.
- 한미 FTA에 대해 어떻게 생각하는가?
- FTA로 인한 문제의 극복 방안은 무엇인가?
- FTA 속에서 농협의 자세는?
- ISD조항에 대해 설명하시오.
- FTA에서 ISD조항을 포함하여 협상이 타결되었을때 발생할 문제점은 무엇인가?
- 글로벌 금융위기에 대해서 말해보시오.?
- 금리인상에 대해서 말해보시오.
- 쇠고기이력추적제에 대해서 설명하시오.
- 축산물이력제에 대해서 설명해보시오.
- 한우와 국내산 쇠고기의 차이는?
- 알뜰주유소란 무엇인가?
- 식량안보 문제에서 쌀을 재배하는 것이 왜 중요하며, 이것이 미치는 영향은 무엇인가?
- 농협 로컬푸드 사업에 대해서 말해보시오.

- 농촌 CEO에 대해 설명하시오.
- 농업의 6차산업에 대한 의견을 말해보시오.
- 무상급식에 대해서 어떻게 생각하는가?
- 산업 수출을 위한 농산물 수입이 바람직한가?
- SSM(기업형슈퍼마켓)과 하나로마트에 대해서 설명하시오.
- 수도권 집중화 현상에 대해서 어떻게 생각하는가?
- 립스틱 효과와 트루먼 효과란 무엇인가?
- 구상권 청구에 대해서 설명하시오.
- 블랙스완과 화이트스완이란 무엇인가?

4-2) 시사 이슈 및 일반상식

- 모태펀드란 무엇인가?
- 헤지펀드에 대해 설명해보시오.
- 지연인출제도란 무엇인가?
- 핫머니란 무엇인가?
- 콜금리란 무엇인가?
- 총부채상환비율이란?
- 퇴직연금제란 무엇인가?
- 팜스테이에 대해서 멀명하시오.
- 풍선효과에 대해서 설명하시오.
- 베블런 효과에 대해서 설명하시오.
- 더블딥에 대해 설명하시오.
- 뱅크론에 대해 설명하시오.
- 그린오션에 대해 설명하시오.

- 은행세에 대해서 설명하시오.
- 버핏세에 대해 설명하시오.
- 애그플레이션에 대해 설명하시오.
- 인플레이션과 디플레이션, 스테그플레이션은?
- 브렉시트에 대해 설명하시오.
- 밴벤드왜건 효과에 대해 설명하시오.
- 시너지 효과에 대해 설명하시오.
- 순이자마진에 대해 설명하시오.
- 자기자본비율에 대해서 설명하시오.
- 당좌계좌에 대해 설명해보시오.
- 미스터리 쇼퍼란 무엇인가 설명해보시오.
- 승자의 저주에 대해 아는 대로 말해보시오.
- 오바마 저주에 대해 아는 대로 말해보시오.
- 미국의 셧다운제에 대해 아는대로 설명하시오.
- 그리스 사태의 원인에 대해 말해보시오.
- 모라토리엄에 대해 아는 대로 말해보시오.
- 사이드카에 대해 말해보시오.

- 세이프가드에 대해 설명하시오.
- 집세어링에 대한 생각을 말해보시오.
- 유리천장이란 무엇인가 설명해보시오.
- 로하스란 무엇인가 설명해보시오.
- 구제역에 대해 설명해보시오.

- 공공비축제에 대해 설명하시오.
- 이중곡가제에 대해 설명하시오.
- 쌀 직불금제에 대해서 설명해보시오.
- 수요탄력성에 대해 설명하시오.
- 농작물재해보험제도에 대해서 말해보시오.
- 우리나라 식량자급률은 몇 퍼센트인지 아는가?
- 햇살론에 대한 견해는?
- 미소금융이란 무엇인가 설명해보시오.
- 스미싱이란 무엇인가?
- 모기지론이란 무엇인가?
- 지니계수란 무엇인가?
- 파생상품이란 무엇인가?
- 옐로우 칩에 대해 설명하시오.
- 무어의 법칙에 대해 설명해 보시오.
- 크라우드 펀딩의 장점은 무엇인가? 그리고 농협이 이를 어떻게 활용할 수 있을 것인지 의견을 말해보시오.
- 농촌 크라우드 펀딩에 대해 말하시오.
- 농협의 핀테크 적용 활용방안에 대해 말해보시오.
- 저관여 제품이란 무엇인가?
- 지급준비율에 대해 설명해보시오.
- 추심에 대해서 설명하시오.
- 순환출자에 대해 설명하시오.
- 리디노미네이션이란 무엇인지 설명해보시오.
- 좀비기업이란 무엇인가에 대해서 설명해보시오.
- 소셜커머스의 폐해는 어떤 것이 있는가?
- 임금피크제란 무엇인가? 당신에게 적용한다면 받아들일 것인가?

- 대북 쌀 지원에 대한 견해는?
- 쌀 한 가마(소 한 마리)의 가격은 얼마인가?
- 쌀값(20kg, 40kg, 80kg)이얼마인지 말해보시오.(경기미 기준)
- 현재 쌀값에 대해 말해보시오.(경기미기준)
- 벼의 5가지 품종은 무엇인가?
- 구황작물에 대해 설명하시오.
- 체리피커에 대해 설명하시오.
- 직파 재배에 대해 설명하시오.
- K-멜론 같이 단일(통합)브랜드로 만들어 해외에 출시할 수 있는 상품은?
- 현재 금리가 얼마인지 말해보시오.(예금, 대출금리)
- 순이자마진에 대해 말해보시오.
- DTI에 대해 설명하시오.
- PF에 대해 설명하시오.
- MOT에 대해 설명하시오.
- GCF에 대해 설명하시오.
- ODM에 대해 설명하시오.
- GMO와 LMO에 대해 설명하시오.
- 유전자 재결합에 대해 설명하시오.
- LTV에 대해 설명하시오.
- OEM(생산자주문방식)에 대해 설명하시오.
- 토빈의 q란 무엇인가 설명하시오.
- 빅배스에 대해 설명하시오.
- 뉴차이나에 대해 설명하시오.
- 출구전략이란 무엇인가?

- 미국의 출구전략이란 무엇인가?
- 서킷브레이크란 무엇인가?
- 워킹푸어란 무엇인가?
- 다운계약서에 대해 설명해보시오.
- 노블리스 오블리주에 대해 설명해보시오.
- 경제5단체에 대해 설명하시오.
- 경제민주화란 무엇인가?

4-5) 시사 이슈 및 일반상식

- 구상권 청구에 대해 설명하시오.
- 다우지수와 나스닥지수에 대해 설명하시오.
- 세계 3대 신용평가기관은 무엇인가?
- 맞벌이 부부의 가사 분담(역할 분담)에 대해 어떻게 생각하는가?
- 맞벌이 부부에 대한 의견이 다르다면 상대방을 어떻게 설득할 것인가?
- 고용 없는 성장이란 무엇인가?
- 우리나라 기부문화에 대해서 어떻게 생각하는가?
- 한국 경제의 문제점에 대해 이야기해보시오.
- 바나나 현상, 람사르협약에 대해 설명해보시오.
- 1사1촌 운동이 미치는 영향에 대해 설명해보시오.
- 농지의 기능에 대해 설명하시오.
- 소셜커머스에 대한 생각을 말해보시오.
- 양적팽창에 대해서 설명하시오.
- 커플링 효과에 대해 설명하시오.
- 백로 효과에 대해 설명하시오.

- 8:2(80:20)법칙에 대해서 설명해보시오.(파레토 법칙)

- 90:9:1 법칙에 대해서 설명해보시오.

- 디마케팅이란 무엇인가?

- 사물인터넷이란 무엇인가 설명하시오.

- 플랜테이션에 대해 설명하시오.

- 인공지능(AI)과 농업의 미래에 대해 설명하시오.

- 자유학기제에 대해 어떻게 생각하는지 말해보시오.

- 최근 뉴스에서 인상 깊었던 것이 있다면 무엇인지?(농업용 로봇)

- 요즘 친환경·유기농산물 상표가 많이 출시되고 있는데 아는 대로 말해보시오.

- 삼강오륜에 대해서 말해보시오.

- 뉴스에서 노인 폭행사건이 있었는데 그 자리에 본인이 있었다면 어떻게 하겠는가?

- 저출산 문제를 해결하기 위해 기업이 해결해야 할 일에 대해 말해보시오.

- 요즘 남북 관계의 개선에 대해서 어떻게 생각하는가?

- NLL에 대해서 어떻게 생각하는가?

4-6) 시사 이슈 및 일반상식

- 세대 간의 갈등이 일어나는 이유와 대안은 무엇이라 생각하는가?

- 6시그마에 대해서 말해보시오.

- 공무원의 공금 횡령을 보고 무슨 생각을 하는가? (윤리경영 준수 교육 강화)

- 잰더폭력에 대해서 설명해보시오.

- 넛지 효과에 대해서 설명해보시오.

- 분수효과에 대해서 설명해보시오.

- 레임덕에 대해 말해보시오.

- 치킨게임에 대해 말해보시오.
- 노동조합과 협동조합의 공통점과 차이점을 말해보시오.
- 노조에 대한 생각을 말해보시오.
- 애국가를 불러보시오.
- 6차산업에 대한 의견을 말해보시오.
- 4차 산업혁명에 따른 농촌의 변화 양상과 고려할 점에 대해 설명하시오.
- 추석 이후로 농가들의 판매실적이 나빠지고 있는데 홈쇼핑에서 어떤 제품을 팔면 좋은지 말해보시오.
- 홈쇼핑으로 팔 수 있는 농산물은 무엇인가? (법적 성격)
- 도농 교류의 하나로 특성화 도시 조성과 여러 가지 사업을 펼치고 있는데 정작 사람들은 관광하러 해외로 나간다. 이에 대한 대처 방안은?
- 농협이 현재 청소년금융교실을 운영중이다. 어떤 전략으로 추진할 것인지 말해보시오.
- 금융 빅데이터에 대한 의견을 말해보시오.

나. 주장면접

1-1) 의견 제시

- 자동차나 반도체를 수출하고 쌀을 수입하는 것에 대해 어떻게 생각하는가?
- 바나나는 군(郡)내 생산량이 없어서 수입해서 판매하는 것이 잘못인가?
- 농업의 중요성을 알리는 방안에 대해 설명해보시오.
- 현재 다양한 채널을 통해 농협을 홍보하고 있다. 자신이라면 어떤 경로를 통해 홍보를 극대화할 것인가?
- 해외 수출품목 지정과 그 이유는 무엇인지 말해보시오.
- 농업의 공익적 기능에 대해 의견을 말해보시오.
- 농업인 실익 증대 방안에 대한 의견을 설명해 보시오.
- 농촌의 문제점과 해결책에 대해 말해보시오.
- 쌀값 목표제에 대한 의견을 말해보시오.
- 국제결혼 이민자(농촌 이주 여성)에 대한 농협이 지원하는 방법은?
- 대체휴일제에 대한 의견을 말해보시오.
- 초 · 중 · 고 9시 등교에 대한 의견을 말해보시오.
- 소규모 학교 통폐합에 대해 말해보시오.
- 공인인증서 폐지에 대한 의견을 말해 보시오.
- 여대 축제에서 학생들이 선정적인 옷을 입고 호객행위를 하는 것에 대한 의견은?
- 군대 내 휴대폰 사용에 대한 의견은?
- 우버 택시에 대한 의견은?
- 범죄 조사를 위한 휴대폰 감청에 대한 의견을 말해보시오.
- 아베노믹스에 대해 말해보시오.
- 현 정부의 토지공개념제도란 무엇인가에 대해 설명하시오.

- 기초노령연금제도에 대한 의견을 말해보시오.
- 현 상황에서 우리나라 성장이 우선인가, 복지가 우선인가? (개발과 환경 보존)
- 여성 군복무에 대한 의견을 말해보시오.
- 군 가산점제에 대한 의견을 말해보시오.
- 양심적 병역거부에 대한 의견을 말해보시오.
- 운동선수 등의 병역 면제에 대한 의견을 말해보시오.
- 일본의 우경화에 대한 의견을 말해보시오.

1-2) 의견 제시

- 취업이나 결혼을 하기 위해 성형을 하는 것에 대한 의견을 말해보시오.
- 갑을 관계와 사회 소외계층에 대한 의견을 말해보시오.
- 전/월세 상한제(인상안)에 대해 의견을 말해보시오.
- 특목고 입시에 대한 의견을 말해보시오.
- 아동성폭력에 대한 의견을 말해보시오.
- 아동성범죄나 묻지마 범죄 같은 강력 범죄 발생에 대한 생각을 말해보시오.
- 사회양극화에 대한 의견을 말해보시오.
- 사형제도에 대한 의견을 말해보시오.
- 전시작전통제권 연기에 대한 의견을 말해보시오.
- 대형마트의 골목상권 규제에 대한 의견을 말해보시오.
- 화훼농가 활성화 방안에 대해 말해보시오.
- 쌀 소비량 부진의 주된 이유와 해결 방안을 말해보시오.
- 농민월급제에 대한 의견을 말해보시오.
- 사내유보금 과세에 대한 의견을 말해보시오.
- 현 쌀 시세에 대한 의견을 말해보시오.

- 선행학습 금지 법안에 대한 의견을 말해보시오.
- 상속법 개정안에 대한 의견을 말해보시오.
- 문/이과 통합에 대한 의견을 말해보시오.
- 전교조 법외노조에 대한 의견을 말해보시오.
- 교직원 노조 결성에 대한 의견을 말해보시오.
- 기업의 SNS 사찰에 대한 의견을 말해보시오.
- 우리나라 최저임금제도에 대한 의견을 말해보시오.
- 부동산권리금 보장제도에 대한 의견을 말해보시오.
- 대학생 스펙 쌓기 열풍에 대한 의견을 말해보시오.
- 동계올림픽 팀 추월경기에서의 왕따 논란에 대한 의견을 말해보시오.

2) 찬반 주장

- 인원 감축과 임금 삭감 중 찬성하는 것에 대해 말해보시오.
- 오디션 프로그램 찬반에 대해 자신의 주장을 말해보시오.
- 고교 졸업생 취업 문제에 대한 자신의 주장을 말해보시오.
- 기부금 입학 찬반에 대한 찬반의 주장을 말해보시오.
- 정리해고 찬반에 대한 자신의 주장을 말해보시오.
- 대형마트 휴일 규제 찬반에 대한 자신의 주장을 말해보시오.
- 농협 수입농산물 판매 찬반에 대한 자신의 주장을 말해보시오.
- 학교 체벌금지 찬반에 대한 자신의 주장을 말해보시오.
- 비만세 도입 찬반에 대한 자신의 주장을 말해보시오.
- 지하철 여성 전용칸 도입 찬반에 대한 자신의 주장을 말해보시오.
- 지자체 파산제 도입 찬반에 대한 자신의 주장을 말해보시오.
- 지상파 광고총량제 찬반에 대한 자신의 주장을 말해보시오.

- SSM 규제 찬반에 대한 자신의 주장을 말해보시오.
- SSM 대형마트 주말 강제휴무에 대한 자신의 주장을 말해보시오.
- 원자력발전소 찬반에 대한 자신의 주장을 말해보시오.
- 기초연금제도 찬반에 대한 자신의 주장을 말해보시오.
- 개인회생제도 찬반에 대한 자신의 주장을 말해보시오.
- 베이비 박스 찬반에 대한 자신의 주장을 말해보시오.
- 한의사가 현대 의료기기를 사용하는 것을 찬반 주장을 해보시오.
- 성형수술 찬반에 대한 자신의 주장을 말해보시오.
- 낙태허용 찬반에 자신의 주장을 말해보시오.
- 무상급식과 무상보육 찬반에 대한 자신의 주장을 말해보시오.
- 사형제 찬반에 대한 자신의 주장을 말해보시오.
- 센카쿠열도 분쟁 찬반에 대한 자신의 주장을 말해보시오.
- 한중 FTA(농업을 중심으로) 찬반에 대한 자신의 주장을 말해보시오.
- GMO 찬반에 대해 의견을 말해보시오.
- 원자력발전소 설립 찬반에 대한 의견을 말해보시오.
- 제주 해군기지 건설 찬반에 대한 자신의 주장을 말해보시오.
- 안락사 찬반 논란에 대한 자신의 의견을 말해보시오.
- 외국어고등학교 폐지 찬반 논란에 대한 의견을 말해보시오.

다. 실무면접(기본 용어)

1) 공통 분야

• 예금자보호제도

금융기관이 파산하게 되는 경우, 예금보호공사가 예금자 1인당 보호금융상품의 원금과 이자를 합하여 최고 5천만 원(금융기관별)까지 보호하는 제도(농축협은 중앙회에 상호금융예금자보호기금을 설치 · 운영)

• BIS(Bank for International Settlement, 국제결제은행) 자기자본비율

BIS는 은행의 건전성과 안전성 확보를 위해 정한 위험자산 대비 자기자본 비율로 최소 8% 이상의 자기자본을 유지하도록 하고 있다.

•산출 방법 : 자기자본/위험가중자산 X 100

• FTP(Fund Transfer Price, 자금의 내부이전가격)

은행이 내부적으로 이전하는 자금에 대하여 일정한 가격(내부금리)을 책정하여 적용함으로써 은행의 영업과 관련된 자금의 수익성을 측정하고 관리하는 제도임. 즉, 자금원가(FTP)는 영업점의 자금조달 · 운용에 따른 손익계산의 기준이며, 대고객 금리 결정시 기준이 되는 금리임. 영업점 손익계산 시에는 FTP와 함께 관련 비용(예금보험료, 출연료 등)을 함께 고려해야 한다.

• 자산부채종합관리(ALM : Asset and Liability Management)

금융기관이 보유하고 있는 자산과 부채의 구성을 종합적으로 관리함으로써 장래에 발생 가능한 금리, 환율 및 유동성 등 제반 리스크를 최소화하거나 자금 조달 · 운용의 최적화 및 순이자마진 제고로 수익 극대화를 도모하는 관리기법을 말한다.

• 하나로가족고객제도

거래기여도가 높은 우수고객에게 차별화된 우대서비스를 제공함으로써 우수고객의 이탈을 방지하고, 농협을 주거래은행화하도록 하는 고객관리제도임. 평가점수에 따라 블루고객, 그린고객, 로얄고객, 골드고객, 탑클래스고객으로 구분한다.

• 국고금

정부가 공공행정업무를 수행하기 위해 재정자금을 조달하고 운용하는 데 수반되는 일체의 현금을 의미하며, 국고재산에는 현금, 유가증권, 부동산 등이 있으나 '국고금' 이란 현금 및 현금과 동일한 가치를 지는 것을 의미한다.

• 국고수납대리점

국고금 수납에 관한 사무만 취급할 수 있도록 한국은행이 지정한 금융기관의 영업점을 말한다.

• CIF(Customer Information File, 고객정보원장)

당행의 모든 거래고객은 고객정보 전산원장이 우선 작성되어야 예금, 여신, 카드 등 다른 과목별 거래를 할 수 있는데, 이를 CIF라고 한다.

• 원천징수제도

국가가 납세의무자로부터 직접 조세를 징수하는 대신에 납세의무자의 과세표준에 속하게 되는 소득 등을 지급하는 자(원천징수의무자)가 소정의 방법에 의해 계산된 조세를 납세의무자로부터 징수하여 국가에 납부하는 제도를 말한다.

• 상호금융

조합원 간의 금융 지원을 목적으로 하는 조합금융(제2금융권으로 분류)이며 자금의 과부족을 내부에서 자체 해결함을 원칙으로 하는 자주금융이다. 조합에는 농·

축산업협동조합을 비롯하여 신용협동조합, 수산업협동조합, 산림조합, 새마을금고
가 있다.

• 기명 날인

행위자의 동일성을 표시하는 수단의 하나로 기명은 자기의 성명을 기입(자필이
아닌 고무인 · 타이프 · 인쇄도 무방하다)하는 것인데, 이 경우 명칭은 성명, 상호,
아호 어느 것이든 거래상에서 널리 인정된 것이면 족하다. 날인은 도장을 찍는 것을
말한다.

2) 출납

• 출납

현금 및 그와 동일시되는 제증권류의 수납 및 지급 업무와 이에 부수적으로 발생
되는 현금의 정리, 통화의 교환 등의 업무를 말한다.
- 모출납 : 사무소 전체의 현금 보관 및 자금 관리 등을 담당한다.
- 자출납 : 각 계 단위별로 담당자를 정하여 현금을 취급한다.
- 파출수납 : 공공기관 등에 직원을 파견하여 공금 및 예금의 수납 시 현금을 취급

• 시재금(時在金)

넓게는 은행이 보유하고 있는 현금을 가리키며, 중앙은행에 있는 예치금과 함께
지급준비금으로 계상된다. 좁게는 각각의 텔러가 보유하고 있는 자금도 시재금이
다. 출납담당 책임자는 매일 출납정산표 현금보유명세표에 의거 통화와 타점권을
구분하여 시재금을 검사한다.

• 현금의 인수도

각 출납계원 간 현금(통화 또는 타점권)을 주고 받는 거래를 말하며, 인수도를 할 경우에는 통합단말기로 그 내용을 전산등록하고, 출납 마감 후 인수도거래명세표를 출력하여 정확 여부를 상호 확인한다.

• 지준이체

한국은행과 금융기관을 온라인으로 연결하여 금융기관 간 자금거래를 전자자금이체 방식에 의해 한국은행에 개설된 당좌예금계정을 통하여 즉시 처리하는 결제제도를 한은금융망제도라고 하며, 한은금융망을 이용하여 금융기관 상호 간 자금을 이체하는 업무를 지준이체 업무라고 한다.

• 지준관리

예금자 보호 및 통화량 조절 수단으로 은행 예금채무의 일정비율을 은행의 시재금으로 보유하거나 한국은행예치금으로 보유해야 하는데 이에 따라 지급준비금을 관리하는 업무를 말한다.

• 현금 정사(精査)

수납한 통화에 대하여 징수 및 금액을 확인·정리하며 상태에 따라 사용화폐(사용권), 손상화폐(손상권) 및 극손상권(테이프권, 보철권 등)으로 구분하고, 위·변조 화폐를 색출하며 또한 훼손화폐에 대하여 전액·반액·무효화폐로 판정하는 일련의 작업과정을 말한다.

• 소속(작은 묶음)과 대속(큰 묶음)

소속은 지폐를 100장 단위로 묶는 것으로, 첫장(앞면)에는 인물초상이 있는 면, 끝장에는 지폐의 뒷면이 보이게 하여 묶는다. 띠지로 중앙을 세로로 묶은 후 아래 측면에 취급자가 날인한다. 대속은 소속을 10개 단위로 정리하여 묶는 것으로 작은 묶음의 위·아래·좌·우를 정돈하여 PP밴드(밴딩끈)로 가로·세로를 견고하게 +자형으로 묶는다.

• 일부인(日附印)
전표 및 장부 등에 그날그날의 날짜를 찍게 만든 도장.
[비슷한 말]일자인(日字印)

• 무자원 금융거래
현금 등의 수납 없이 선입금 처리, 근거 없이 자기앞수표 선발행 후 마감시간에 정리하거나 직원이 사적으로 타 은행 계좌입금 후 마감시간에 정리하는 등 자원 없이 거래를 하는 것으로 내·외부 규정에 따라 엄격히 제한하고 있는 거래임. 따라서 고객이 임금거래와 출금거래를 동시에 요청한 경우에는 출금거래 후 입금거래를 처리해야 한다.

• 기산일(起算日)
일정한 때를 기점으로 잡아서 계산을 시작하는 것으로, 통상 당초 거래를 취소하거나, 대출금이자를 정산할 때 기산일 거래가 발생한다

• 핀패드(Pin-Pad)
고객의 통장개설신청서, 전표 등에 기재된 비밀번호가 금융회사 직원의 업무 처리 또는 전표 폐기 과정에서 유출되는 것을 방지하기 위하여, 고객이 거래용지 등에 비밀번호를 쓰는 대신 손으로 직접 입력할 수 있게 하는 장치이다. 주로 금융회사 영업점에 설치되어 있는 비밀번호 입력장치로 고객이 직접 비밀번호 등을 입력함으로써 고객 외 타인이 입력번호를 볼 수 없는 것이 장점이다.

3) 회계

• 차변(Debits, Dr)과 대변(Credits, Cr)

계정이 설정되어 있는 정부의 지면을 중앙에서 2등분하여 좌측을 차변, 우측을 대변이라 하고, 각 변의 한쪽에는 증가를, 다른 한쪽에는 감소를 기입한다. 이 용어는 계정을 좌우로 구분하는 것 이상의 실질적 의미는 갖고 있지 않으며 관습화된 회계상의 부호이다.

• 재무상태표(Statement of Financial Position, F/P)

기업의 일정 시점에 있어서의 재무상태를 명확히 보고하기 위하여 보고기간 종료일 현재의 모든 자산, 부채 및 자본의 상호관계를 재무상태표 등식에 따라 표시한 계산서를 말한다. 재무상태표는 차변에는 자산에 관한 사항을 표시하고 대변에는 부채·자본에 관한 사항을 표시한다.

• 포괄손익계산서(Statement of Profit or Loss & other comprehensive income, P/L)

일정기간 동안의 회계 실체의 경영성과를 파악할 수 있도록 기간 중에 발생한 모든 수익과 비용을 보고하는 재무제표이다. 포괄손익계산서에는 당기순이익뿐만 아니라 기타포괄손익의 당기변동액도 표시된다.

• 대체(對替)

어떤 금액을 한 계정에서 다른 계정으로 대체하는 일 또는 그 계정. 현금거래 발생을 억제하여 거래의 투명성을 제고하는 데 그 의의가 있다.

• 가수금

예수금으로 볼 수 없는 수입자금으로서 계정과목이 확정되지 않았거나, 계정과목이 확정되었어도 금액미확정, 금액미달 또는 필요한 절차가 완료되지 아니한 사유로 정당한 계정과목으로 처리하는 것을 일시 보류하여야 할 때 우선 처리하는 계정과목이다.

• 가지급금

계정과목이 확정되지 않았거나, 계정과목이 확정되었어도 금액 미확정, 금액미달 또는 절차미필의 사유로 정당 계정과목으로 처리할 수 없는 금액이면서 일시적으로 지급하여야 할 때 우선 처리하는 계정과목이다.

• 적수(積數)

매일의 잔액을 일정기간 단위로 합산한 금액으로 통상 평균잔액(평잔)과 이자를 산출할 때 사용된다.

(예시) 1일~20일 예금잔액 100만 원, 21일~30일 예금잔액 400만 원일 경우

• 적수 : 100만 원 x 20일 + 400만 원 x 10일 = 6,000만 원

• 평잔 : 6,000만 원/30일 = 200만 원

• 이자 : 200만 원 x 4%(이자율) x 30일/365일 = 6,575원

4) 수신

• 친권(親權)

부 또는 모가 미성년자인 자녀를 보호·교양하고 그 법률행위를 대리하며 재산을 관리하는 권리와 의무를 말한다. 친권자란 친권을 행사할 수 있는 권리를 가진 자를 말한다. 원칙적으로는 부모 공동으로 행사한다. 부모가 이혼하거나 혼인 외의 자를 인지한 경우에는 부모의 협의나 가정법원이 친권자를 정한다.

- 통장 재발급과 통장이월

통장 재발급은 통장의 분실, 도난 등 사고신고에 의해 통장을 고객에게 다시 발급하는 것이다. 통장 이월은 통장 거래면이 소진되었거나 M/S(Magnetic Stripe)가 훼손되어 복구가 불가능한 경우 고객에게 통장을 발급하는 것을 말한다. 통장 이월 시 거래인감이 없는 경우에는 무인감이월 사고코드를 입력한 후 이월 발급한다.

- 통장 기장(記帳)

장부에 적는다는 말로 통장 정리, 통장 인자와 함께 통용되고 있다.

- 계좌이체와 계좌송금

계좌이체는 고객의 신청에 따라 은행이 특정계좌에서 자금을 출금하여 같은 은행 또는 다른 은행의 다른 계좌에 입금하는 것을 말하며, 계좌송금이란 고객이 개설점 외에서 자기 계좌에 입금하거나, 제3자가 개설점 또는 다른 영업점이나, 다른 금융기관에서 거래처 계좌에 입금하는 것을 말한다.

- 예금 편의취급

예금의 지급시에는 통장 · 증서 및 인감(또는 서명)을 확인하고 지급함이 원칙이지만, 고객의 부득이한 사유로 인하여 통장, 인감 중 하나가 없거나 둘 다 없이 지급처리하고 사후 보완하는 것을 예금 편의취급이라 한다.

- 저원가성예금

금융기관의 주요 수익 원천은 예금을 통해 조달한 자금의 원가와 대출을 통해 운용한 이자수익과의 차이이다. 다시 말해 예금이자와 대출이자와의 차이에 따른 수익으로 이를 예대마진이라고 한다. 수시입출금이 가능한 요구불예금(보통예금, 저축예금 등)은 적립식, 거치식예금보다 예금이자가 상대적으로 낮기 때문에 조달원가가 저렴하므로 저원가성예금이라고 한다.

• MMDA(Money Market Deposit Account)

제1금융권의 단기금융상품으로 가입 당시 적용되는 금리가 시장금리의 변동에 따라 결정되기 때문에 시장금리부 수시입출금식 예금이라고 한다. MMDA는 고객이 은행에 맡긴 자금을 콜이나 양도성예금증서(CD) 등 단기금융상품에 투자해 얻은 이익을 이자로 지불하는 구조로 되어 있다. 입출금이 자유롭고, 예금자보호법에 의하여 5천만 원 한도 내에서 보호를 받을 수 있으며, 실세금리를 적용하여 보통예금보다 비교적 높은 이자를 지급한다.

• 환매조건부매매(RP, Repurchase Agreement)

매매당사자 사이에 일방이 상대방에게 유가증권을 일정기간 경과 후 일정가액으로 환매수(도)키로 하고 매도(수)하는 거래를 말하며, 일반적인 유가증권 매매와는 달리 유가증권과 자금의 이전이 영구적인 것이 아니라 일시적이라는데 근본적인 특징이 있다. 통상 RP 매도자는 보유 유가증권을 활용한 자금의 조달이 가능하고, RP 매수자는 단기 여유자금의 운용 또는 공매도 후 결제증권의 확보 등이 가능하다.

5) 어음/수표

• 어음정보교환

어음 및 가계(당좌)수표 등 교환회부가능 제증서의 실물교환 없이 스캐닝 이미지 및 텍스트 정보만을 송·수신하여 금융기관간 결제를 완료하는 제도.

• 자점권

자기 지점에서 지급 가능한 어음, 수표, 기타증서를 말한다. 예를 들어 당행 또는 농·축협에서 발행한 자기앞수표, 당행 자기지점분 약속어음(당좌수표, 가계수표)과 같이 통합단말기를 통한 지급 처리를 통해 즉시 현금화할 수 있는 증권을 말한다.

• 타점권

어음정보 교환을 통하여 수납익일에 현금화할 수 있는 증권류를 말한다. 예를 들어 타행발행 자기앞수표(약속어음, 당좌수표, 가계수표), 우편환증서 등을 말한다.

• 타행 자기앞수표 자금화

취급점(수납 영업점)의 책임 하에 타행 자기앞수표를 어음정보 교환 결제 전에 현금화하는 것을 말한다. 이는 수표가 지급제시기간 이내에 제시되고, 사고 발생의 우려가 없으며, 거래처의 신용이 확실하여 채권 보전에 이상이 없다고 판단되는 경우에 한하여 취급하고 수수료는 취급금액에 따라 장당 1,000~5,000원을 징구한다.

• 횡선수표

수표의 분실·도난 시 그 수표의 습득자나 절취자 등 부정한 소지인에게 지급하게 될 위험을 방지하기 위해 수표의 발행인 또는 소지인이 수표 앞면에 두줄의 평행선을 그은 수표를 말한다.

• 배서(背書)

배서란 환어음, 수표, B/L(선하증권) 상의 권리를 제3자에게 이전하기 위하여 그 이면에 배서하는 행위를 말한다. 배서가 연속되는 경우에 법적인 효력과 구속력을 가지며 배서의 진정성 여부는 따지지 아니한다. 비슷한 말 : 이서(裏書)

• 공시최고(公示催告)

증권(어음, 수표 등)을 분실, 도난, 멸실, 소실한 자가 법원에 신청을 하면, '이해관계가 있는 자에게 권리신고 또는 청구를 하라' 는 취지와 '최고기간(공고 종료일로부터 3개월) 내에 신고자가 없을 때에는 그 증권을 무효화시키겠다' 는 취지의 경고내용을 법원이 공고하는 것을 말한다.

• 제권판결(除權判決)

공시최고한 증권에 대해 권리 신고자가 없을 경우, 법원이 그 증권의 무효를 선고하는 판결을 말한다.

• 소구권

만기에 어음금의 지급이 없거나 또는 만기 전에 지급의 가능성이 현저하게 감퇴되었을 때에, 어음의 소지인이 그 어음의 작성이나 유통에 관여한 자에 대하여 어음금액 및 기타의 비용의 변제를 구하는 것을 말한다.

6) 수신 부대업무(환/지로)

• 환

격지 간의 고객 상호 간 채권·채무 및 기타의 대차관계를 조합과 농협은행 점포망을 통해 매개 결제하는 업무와, 농축협 및 농협은행 상호 간 각종 업무수행과 관련하여 일어나는 자금 결제를 현금을 사용하지 않고 환결제자금 계정을 통하여 결제하는 업무를 말한다. 환거래는 추심, 전금, 역환, 자금수수역환, 어음교환역환으로 구분된다.

• 전금

계통사무소 간 업무상의 내부자금이체, 고객이 요청한 자금이체 또는 온라인 타소 입금이 불가능한 계좌로의 송금을 처리함을 말한다.

• 역환

전금거래에 상반되는 개념으로 당·타발점간 자금결제가 역순으로 처리되는 거래를 말한다.

• 환취결과 환퇴결

환취결은 당발점에서 최초로 환거래를 일으키는 것, 즉 당발점에서 환을 기표 처리하는 것을 말한다. 환취결시 단말기에서 부여되는 번호를 환취결번호라고 한다. 환퇴결은 환취결의 반대개념으로 당초의 환거래가 정당과목으로 처리하지 않았거나 가수금 또는 가지급금 과목으로 처리된 경우에 한하며 다음과 같이 처리하는 것을 말한다.

- 전금을 받았을 때 : 당발점으로 해당금액을 전금한다.
- 역환을 받았을 때 : 당발점에 통보하여 해당금액을 전금받는다.

• 환코드와 지로코드

환코드는 농협은행과 농·축협 사무소간 내부자금거래에서 사용되는 코드로 각각의 사무소별로 부여되며, 농협은행은 5자리, 농·축협은 6자리이다.

지로코드(6자리)는 금융기관공동코드라고 하고, 모든 금융기관 사이의 거래가 지로코드에 의해 이루어지며, 사무소별로 부여된다. 농협은행은 앞 2자리가 10~11이며, 지역농협은 12~15, 축협은 17이다.

• 지로장표

승인받은 지로번호를 이용하여 각종 대금을 납부자에게 청구할때 사용하는 양식으로 5종류가 있다.

• 어음(수표)의 MICR인자

고객에게 발행·교부하는 자기앞수표 등의 어음정보 교환 시 전산처리가 가능하도록 인자기를 이용하여 수표 하단 면에 특수한 철분잉크로 인자해 주는 것이다.

• 받을어음 보관업무

거래처 또는 거래유치대상처가 추심을 위하여 보관하고 있는 어음, 수표 등을 사전에 수탁, 보관하여 기일에 추심 또는 자점에서 결제하고 그 대금을 결제계좌에 입금하는 업무를 말한다. 대상어음은 은행이 지급장소로 되어 있고, 추심요건을 갖춘 것으로 지급기일 또는 발행일이 도래하지 않은 약속어음, 당좌수표 및 가계수표이다.

7) e-금융

- 전자서명(Digital Signature)

금융거래시 신원 확인을 하거나 거래를 할 때 주민등록증이나 인감 날인 또는 서명 등이 필요하듯이, 사이버 상에서도 거래를 증명하거나 신원 확인이 필요할 때 이를 확실히 보장해주는 증명수단이 전자서명이다. 즉, 전자서명은 인증서 형태로 발급되는 자신만의 디지털 인감이며 서명인 셈이다.

- OTP(비밀번호생성기, One Time Password)

전자금융 거래시 필요한 보안인증 비밀번호를 생성·부여해 주는기기.

- 스마트뱅킹(Smart Banking)

스마트폰에 전용프로그램(애플리케이션) 설치 및 공인인증서를 기반으로 이용하며, PC 수준의 보안기술 적용 등 스마트폰에서 이용하는 인터넷뱅킹 서비스 개념. 태블릿 PC 및 유사 모바일 기기도 포함하여 이용 가능.

- UMS(통합메시징서비스, Unified Messaging Service)

고객의 금융정보(입출금 거래내역 등), 환율정보, 주요 일정 등을 휴대폰 문자메시지, 팩스, 유선전화로 알려주는 인터넷뱅킹 부가서비스.

- 가상계좌 서비스

모계좌에 종속된 자계좌의 형태로, 농협과 계약을 체결한 기관에 가상계좌를 발급하고 해당기관은 가상계좌를 고객에게 부여하여 실시간으로 입금내역을 조회/관리하는 전자금융 서비스. (예) 고객 개인별로 '지로 및 공과금 고지서' 등에 부여된 입금계좌

8) 여신/감정

- 여신

여신이란 자금을 부담하는 대출(지급보증대지급금 포함)을 포함하여 자금을 부담하지 않는 지급보증 등을 말한다.

- 채무관계인

어떤 대출 또는 신용공여 계약에 직접적으로 관련이 있는 사람으로 채무(차주), 연대보증인, 담보제공인에 해당된다.

- 대출한도

채무자(차주)별로 대출(여신)이 가능한 최고한도로, 원칙적으로 채무자의 상환능력에 기초하여 산정된다. 경우에 따라 법정한도, 소요자금(운전/시설)한도, 담보인정비율과 총부채상환비율 등도 함께 고려하여 대출한도가 산정된다.

- 자금의 용도

대출자금의 구체적인 사용처를 말하며, 실무적으로 가계자금, 주택구입자금, 기업운전자금과 시설자금 등으로 나뉜다. 자금용도를 나누는 이유는 자금용도가 불건전할 경우 부실대출이 될 가능성이 높아지기 때문이다.

• DTI(Debt to Income : 총부채상환비율)

담보대출을 받을 경우 채무자의 소득으로 얼마나 잘 상환할 수 있는지 판단하여 대출한도를 정하는 제도인데, 이때 DTI가 사용된다. DTI는 주택담보대출의 연간 원리금의 상환액과 기타 부채에 대해 연간 상환한 이자의 합을 연소득으로 나눈 비율인데, 이 수치가 낮을수록 빚을 갚을 수 있는 능력이 높다고 인정된다.

• DTI1 = (당해 주택담보대출의 매월 원리금상환액) ÷ 월 소득
• DTI2 = (당해 주택담보대출의 매월 원리금상환액 + 기타부채 이자상환추정액) ÷ 월 소득

• LTV(Loan-to-value ratio : 담보인정비율)

담보인정비율(Loan-to-value ratio : 간단히 LTV)은 금융기관에서 대출을 해줄 때 담보물의 가격에 대비하여 인정해주는 금액의 비율을 말한다. 흔히 주택담보대출 비율이라고도 한다. 대출자 입장에서는 주택 등 담보물 가격에 대비하여 최대한 빌릴 수 있는 금액의 비율이라고 생각할 수 있다. 예를 들어 대출자가 시가 2억원 주택을 담보로 최대 1억원 까지 대출할 수 있다면 LTV는 50%이다.

• 모기지론(Mortgage Loan, 부동산담보부 대출)

법률적 관점에서는 모기지(mortgage)는 금융 거래에서 부동산을 담보로 하는 경우 그 부동산에 설정되는 저당권 또는 그 저당권을 나타내는 증서를 말하며, 모기지론은 그러한 저당증권을 발행하여 장기주택 자금을 대출해주는 제도를 가리키는 말이다. 그러나 일상적으로는 '모기지론' 을 간단히 '모기지' 로 쓰는 경우가 많다. 우리나라에서는 한국주택금융공사가 운용한다.

• MOR(Market Opportunity Rate : 시장조달금리)

자금시장 조달비용으로 기준금리를 의미. 자금시장 조달금리인 CD, 금융채 (AAA) 수익률 등을 MOR로 사용하며, MOR 기준금리의 종류는 3개월, 6개월 1년, 2년, 3년, 5년이 있다.

- 채무인수(債務引受)

채무(대출금 등)의 동일성을 유지하면서 그 채무를 다른 사람이 떠맡는 일, 채무승계와 유사한 말이다.

- 거치기간

총 대출기간 중 이자만 납입하는 기간으로 3년 거치 7년 상환의 경우 총 10년의 대출기간 중 3년은 이자만 납입하고, 7년 동안은 원금과 이자를 분할하여 상환하는 것.

- 부동산 프로젝트 파이낸싱(PF : Project Financing)

부동산 개발 관련 특정 프로젝트의 사업성을 평가하여 그 사업에서 발생할 미래 현금 흐름(Cash Flow)을 제공된 차입원리금의 주된 상환재원으로 하는 대출을 의미한다. 사업자 대출 중 부동산 개발을 전제로 한 일체의 토지 매입자금대출, 형식상 수분양자 중도금 대출이나 사실상 부동산 개발 관련 기성고 대출, 부동산 개발 관련 시공사에 대한 대출(어음할인 포함)중 사업부지 매입 및 해당 사업부지 개발에 소요되는 대출(운전자금 및 대환자금 대출 제외)이 이에 포함된다.

- 법정지상권

지상권은 설정계약과 등기에 의해 취득되는 것이 원칙이나, 토지와 그 토지건물의 어느 하나에만 제한물권을 설정하였는데, 그 후 토지와 건물이 소유권을 달리할 때에는 건물 소유자를 위하여 법률상 당연히 지상권이 설정되는 것으로 보는데 이를 법정지상권이라고 한다.

- 감정평가

평가대상 물건의 경제적 가치를 판정하여 그 결과를 가액으로 표시하는 것을 말하며 목적에 따라 담보 감정, 내부업무 수행 등으로 나누며, 감정 주체에 따라 자체 감정평가와 외부 감정평가로 나뉜다.

• 공부(公簿)

대상 부동산의 등기부등본, 토지대장, 임야대장, 건축물대장, 지적도 및 임야도, 토지이용계획확인원 등을 말한다.

• 원가법

가격시점에서 대상 물건의 재조달원가에 감가 수정을 하여 대상 물건이 가지는 현재의 가격을 산정하는 방법을 말하며, 이 방법에 의하여 산정된 평가가격을 '적산 가격' 이라 한다.

• 거래사례비교법

대상 물건과 동일성 또는 유사성 있는 다른 물건의 거래 사례와 비교하여 대상 물건의 현황에 맞게 시점 수정 및 시사 보정 등을 가하여 가격을 결정하는 방법을 말하며, 이 방법에 의하여 산정된 가격을 '비준가격' 이라 한다.

9) 채권 관리

• 공탁(deposit, 供託)

공탁이란 법령의 규정에 의하여 금전·유가증권·기타의 물품을 법원공탁소에 맡기는 것을 말한다. 공탁을 하는 이유에는 채무를 갚으려고 하나 채권자가 이를 거부하거나 혹은 채권자를 알 수 없는 경우, 상대방에 대한 손해배상을 담보하기 위하여 하는 경우, 타인의 물건을 보관하기 위하여 하는 경우 등이 있다. 실무적으로는 예금에 대한 압류 채권자가 다수여서 경합을 하는 경우 동 압류예금에 대한 분쟁에서 벗어나기 위해 공탁비용을 제외한 잔액을 법원에 공탁한다.

- 가압류

민사소송법 상 인정되는 약식절차의 하나로서, 가압류는 금전채권이나 금전으로 환산할 수 있는 채권에 대하여 동산 또는 부동산에 대한 강제집행을 가능케 하기 위한 제도.

- 가처분

금전채권 외의 청구권에 대한 집행을 보전하기 위하여 또는 다투어지고 있는 권리관계에 대해 임시의 지위를 정하기 위해 법원이 행하는 일시적인 명령.

- 공증

행정 주체가 특정한 사실이나 법률 관계의 존부를 공적으로 증명하는 법률행위적 행정 행위를 말한다.

- 촉탁등기

등기는 당사자의 신청에 의한 것이 원칙이나, 법률의 규정이 있는 경우 법원 그 밖의 관공서가 등기소에 촉탁하는 등기를 말한다. 예고등기, 매신청의 등기 등이 있다.

- 근저당

계속적인 거래관계(예: 당좌대출 계약)로부터 발생하는 불특정 다수의 채권을 장래의 결산기에 일정한 한도액까지 담보하기 위하여 설정하는 저당권을 말하며 '근저당권' 이라고도 한다.

- 물상보증인

타인의 채무를 변제하기 위하여 자기의 재산에 질권 또는 저당권을 설정해준 자를 말한다.

• 대위변제

채권을 제3자가 변제한 후 집주인을 대위, 즉 대신 권리행사를 할 수 있으며 구상권을 가진다(비용상환청구권).

• 상계

채권자와 채무자가 동종의 채권 채무를 가지는 경우 일방적 의사표시로 그 대등액에서 채권과 채무를 소멸시키는 제도.

• 집행력 있는 정본

판결 기타 채무명의 정본의 말미에 집행문을 부기한 것으로서 채무명의에 집행력의 존재를 공증한 것을 말함.

10) 보험

• 방카슈랑스(Bancassurance)

방카슈랑스는 프랑스의 은행(Banque)과 보험(Assurance)의 합성어로서 일반적으로 은행 등 금융기관이 보험회사의 대리점 또는 중개사로 등록하여 보험상품을 판매하는 것을 말한다. 우리나라는 국제금융시장의 겸업화 추세하에 금융소비자의 편익, 금융회사의 경쟁력 제고를 위해 2003년 8월부터 방카슈랑스 제도가 도입되었다.

• 역선택

생명보험에서 가입예정자가 가지고 있는 각종 위험요소(신체적 위험, 환경적 위험, 도덕적 위험)가 신체에 위험을 줄 수 있는 나쁜 조건에 놓여있거나 건강상태가 좋지 않는 자가 생명보험금 수령을 목적으로 고의적으로 보험에 가입하려 하거나, 손해보험에서 불량위험의 소유자가 자진해서 보험에 가입하려고 하는 현상을 말한다 .

• 보험기간(보험책임기간)과 보험계약기간

보험기간은 보험사가 보험사고에 대하여 보험계약상의 책임을 부담하는 기간이다. 보험계약기간은 보험계약이 성립해서 소멸할 때까지의 기간으로 보험계약 존속기간을 의미한다.

• 보험가액과 보험금액

보험가액이란 보험사고가 발생하였을 경우에 보험 목적에 발생할 수 있는 손해액의 최고한도액을 말하며 손해보험에만 존재하는 개념이다. 보험금액이란 보험자와 보험계약자 간의 합의에 의하여 약정한 금액이며 보험사고가 발생하였을 경우에 보험사가 지급할 금액의 최고한도를 말한다.

• 청약철회청구제도(cooling off system)

주변 사람의 가입이나 지인의 권유로 인해 충동적으로 보험에 가입했거나 설계사 등의 불완전 판매로 인해 보험가입자의 의사와는 다르게 계약이 체결되는 등의 여러 가지 사유로 인하여 보험계약자가 보험계약을 철회하고자 하는 경우에 계약자로 하여금 청약을 철회할 수 있도록 하는 제도이다. 계약자는 청약을 한 날 또는 제1회 보험료를 납입한 날로부터 15일 이내에 청약의 철회가 가능하며 해당 보험사의 지점에 직접 방문하거나 우편 등의 방법으로 신청할 수 있다.(청약철회 가능일인 청약일로부터 15일 이내는 공휴일을 포함한 일수이며 기산일 산정 시 청약일 포함 여부는 보험사별로 상이하다.)

• 책임준비금(Policy Reserve)

책임준비금은 보험회사가 보험계약자에게 보험금이나 환급금 등 약정한 사항을 이행하기 위해 적립하는 부채로서 보험료 중 예정기초율에 따라 비용(예정사업비, 위험보험료)을 지출하고 계약자에 대한 채무(사망보험금, 중도급부금, 만기보험금 등)를 이행하기 위해 적립하는 금액을 말한다. 책임준비금은 보험계약자를 보호하기 위하여 감독당국이 법규에 의해 적립을 강제한 법정준비금이며 보험료적립금, 미경과보험료 적립금, 지급준비금, 계약자배당준비금, 계약자이익배당준비금으로 구성된다.

11) 신용카드/외국환

• Revolving Service(회전결제서비스)

회원이 본인의 이용한도 범위 내에서 반복적으로 용역 또는 물품을 구입한 대금에 대하여 매월 결제일에 최소상환액(일정비율 또는 일정액)을 결제하고 그 잔액에 대하여는 대출(Loan)개념으로 전환하여 일정률의 이자를 징수하고 익월로 자동 이월하는 결제제도.

• 신용공여기간

고객이 신용카드로 물건을 사거나, 현금서비스를 받은 날로부터 대금을 결제하는 날까지의 기간을 말한다. 고객 입장에서 수수료 부담이 전혀 없는 신용판매(일시불 또는 무이자할부)의 경우 신용공여기간이 길수록 카드사에게는 부담이 커진다.

• 환가료(exchange commission)

외국환거래에서 외국환은행이 동 은행 측의 자금 부담에 따른 이자조로 징수하는 수수료를 말한다. 예컨대, 외국환은행이 일람출급환어음을 매입하는 경우 고객에게는 어음금액을 즉시 지급하지만 이 매입은행의 매입한 어음을 외국의 은행에 보내어 상환받으려면 상당한 시일이 경과해야 하는데 이때 고객에 대한 지급일로부터 상환받는 날까지 매입은행이 부담하는 어음금액에 대한 이자조로 징수하는 것이다.

• 네고(nego, negotiation)

외국환은행이 환어음 및 선적서류를 매입하는 경우나 수출업자가 수출환어음을 외국환은행에 매각하는 경우를 말한다. 이러한 네고는 수출상에 대한 금융을 원활하게 해주는 일종의 여신행위이다.

12) 투자상품/신탁

• 파생상품(Derivatives)

파생상품이란 그 가치가 기초상품(underlying instrument, 파생상품의 가치의 근간이 되는 상품)의 가치로부터 파생되는 계약 또는 증권을 말한다. 파생상품은 그 자체가 효용가치를 가진 것이 아니나, 계약의 기초상품의 가치가 변동함에 따라 그 가치가 연동되어 변동한다. 파생상품의 가치가 연동되는 기초상품을 현물이라고 부르기도하며, 선도(toward), 선물(futures), 스왑(swap), 옵션(option) 등이 대표적임.

• 주가연계증권(ELS: Equity Linked Securities)

기초자산인 특정 주권의 가격이나 주가지수의 변동에 연동되어 투자수익이 결정되는 증권으로 투자자는 발행회사의 운용 성과와는 무관하게 주가 또는 주가·지수의 움직임에 따라 사전에 약정된 수익률을 얻는 구조로 되어 있다. ELS와 유사한 형태의 상품으로는 은행의 주가연계예금(ELD: Equity Linked Deposit), 자산운용회사가 설정하는 주가연계펀드(ELF: Equity Linked Fund) 등이 있으며 ELD는 예금자 보호 대상이라는 점에서, ELF는 펀드의 운용 성과에 따라 수익률이 결정된다는 점에서 ELS와 차이가 있다.

• MMF(money market fund)

고객들의 자금을 모아 펀드를 구성한 다음 금리가 높은 만기 1년 미만의 기업어음(CP), 양도성예금증서(CD), 콜 등 주로 단기금융상품에 집중 투자하여 얻은 수익을 고객에게 되돌려주는 초단기 실적배당 상품이다.

• 펀드콜(Fund Call) 제도

자본시장법 시행에 따른 불완전판매에 대한 투자자 보고 강화, 펀드상품의 완전판매 프로세스 정착, 적극적인 사후 관리를 위하여 펀드 신규 가입고객에 대하여 적법 절차 준수 여부를 유선으로 확인하는 제도이다.

• 기준가격

주식의 주가와 같은 개념으로 펀드를 매입하고 환매할 때 적용되는 가격. 즉, 기준가격이란 개별 집합투자재산의 실질자산가치를 나타내며, 펀드를 최초로 판매하는 경우 기준가격은 특별한 경우를 제외하고는 1좌당 1원 기준으로 1,000좌당 1,000원이다.

• 퇴직연금제도(Retirement Pension)

퇴직연금제도는 회사로 하여금 퇴직금 지급을 위한 재원을 외부금융회사에 적립토록 하고 근로자가 퇴직시 금융회사가 연금 또는 일시금을 지급토록 하는 제도로서 근로자퇴직급여보장법에 의해 2005년 12월에 도입되었다. 퇴직연금제도에는 회사가 적립금 운용을 책임지고 근로자가 받을 퇴직금이 사전에 확정되는 확정급여형제도(DB: Defined Benefit), 근로자 개인이 적립금 운용을 책임지고 운용성과에 따라 퇴직금이 변동되는 확정기여형제도(DC: Defined Contribution), 10인 미만 소규모 회사를 위한 개인형퇴직연금(기업형 IRA: Individual Retirement Pension)과 타 회사로 전직 또는 은퇴 등으로 퇴직금을 지급받은 개인을 위한 개인형퇴직연금(개인형 IRP)이 있다.

5장

농업대학교 전형

1. 전문대졸자 이상 특별전형 : 농업 · 농촌 · 농협 분야

[자료 탐색]

■ 농업 · 농촌 관련 칼럼을 읽고 중요한 부분/주장/근거 파악해 요약하기/내 의견 쓰기/농협의 입장에서 생각하기
  • 농민신문사 기사 및 오피니언 https://www.nongmin.com/
  • 한국농업방송 NBS(Nongmin Broadcasting System) http://www.inbs.co.kr
  • NH농협 https://www.nonghyup.com/

② 도서 읽기(농업 · 농촌 · 농협과 관련된 주요 키워드를 정리한 뒤 정확하게 이해하기)
  • 송춘호 · 전성군,《농업 농협 논리 및 논술론》, 한국학술정보, 2012년 3월 출간
  • 전성군 · 송춘호,《세계대표기업들이 협동조합이라고?》, 모아북스, 2015년 9월 출간
  • 전성군 외,《미리 가본 NH농협, 예비농협인을 위한 합격로드맵》, 한국학술정보, 2017년 10월 출간

■ 논술 노트/파일 만들기 → 시험 전까지 반복 복습

[논술문 작성하기]

■ 논제와 핵심 맥락 찾기

• '농협대학은 수험생들에게 어떤 지식역량을 원하는가?' 에 대하여 스스로 질문해볼 것.

• 글을 쓰기 전에, 논제에 대해 정확하게 분석하고 이해해야 한다. 논제에는 논술 작성 방향, 반드시 서술해야 하는 내용, 논술문 작성의 순서까지 규정되어야 한다.

■ 개요 형식

• 문장 개요의 형식은 논제의 형식에 따라 달라지지만, 어떠한 형식이든 반드시 문장식으로 개요를 짜야 한다. 개요의 형식은 논제의 요구사항에 따라 정하면 된다.

■ 두괄식 단락 쓰기

• 주제문이 단락의 맨 앞에 위치하는 두괄식 단락이 제일 좋다. 두괄식 단락의 경우, 단락의 구성은 중심 문장(주제문) ⇒ 중요 보충문 ⇒ 부차 보충문의 순으로 한다.

■ 작성하기

• 문장은 간결하게, 의미와 개념이 분명하게, 가급적 쉬운 단어로 쓰고, 핵심 단어는 줄긋기를 하면 효과적이다. 물론 글자는 크고 또박또박하게 쓰는 게 금상첨화다.

문 : 국내 농산물 유통의 문제점에 대해 간단히 설명하고, 이를 개선하기 위한 디지털혁신 방안을 서술하시오.

〈핵심 테마〉

(가격) 문제점	개선 방향
1, 비연동성(산지 - 소비지)	⇒ 산지 유통, 스마트팜, 스마트APC
2. 불안정성(도매)	⇒ 도매유통개선(온라인거래소, 전자경매, 이미지경제, 온라인도매물류센터 DFC등)
3. 고마진(소매의 유통마진, 비효율성)	⇒ 온라인지역센터, 라이브커머스, 모바일 물류, 채널 다양화, 옴니채널 등 온라인 플랫폼 구축

2. 역대 기출문제 테마 모음 : 농업 · 농촌 · 농협에 관한 문제

2008년

최근 국제적으로 에너지와 곡물가격이 폭등하고 있다. 이런 현상의 원인과 국내 일반경제와 농업 부문에 미치게 될 파급 효과를 서술하고 대응 방안을 모색하시오.

2009년

최근 들어 서로 첨예화되고 있는 세계화와 지역화 추세가 한국 농협에 주는 시사점과 대응방안을 논술하시오.

2010년

최근 개방화에 따라 농산물의 수출입이 증가하고 있다. 이런 상황에서 신토불이를 계속 주장하는 것이 바람직한 전략인지를 논하시오.

2011년

1. 최근 다문화가정 증가에 따른 사회 경제적 문제점 및 그 해결 방안을 제시하시오.
2. 양성평등 측면에서 군복무가산점제도의 공무원가점제도에 대한 찬성과 반대 입장을 선택하고, 그에 대한 설득 논리를 제시하시오.

2012년

도시와 농촌 간 소득격차가 심화되고 있다. 그 원인과 해결 방안(농가 소득 양극화 문제도 포함)을 서술하시오.

2013년

1. 고령화에 따른 농촌 문제 유형화 및 그에 대한 정책적 대안에 대해 의견을 제시하시오

2. 대학 반값 등록금 확대에 대한 본인의 생각과 그 실현 여부 및 국가장학금제도와의 차이점에 대해서 서술하시오.

2014년

1. 가계부채 문제 해결을 위한 행복기금 등 다양한 정책 및 부채를 정부가 갚아주는 정책에 대한 찬반 의견을 제시하시오.

2. 농업 생산, 가공 속에서 GMO, 방부제, 식품첨가물의 사용으로 경제적, 사회적으로 논란이 되고 있다. 이에 대한 찬성/반대 입장을 밝히고, 그 이유를 논하시오.

2015년

1. 다문화가정이 우리 사회에서 겪는 문제와 다문화가정 포용을 위한 해결책에 대해서 의견을 제시하시오.

2. 한 · 미 자유무역협정(FTA) 개정 협상이 공식적으로 시작됐다. 가장 우려스러운 점은 미국이 한 · 미 FTA 체결 이후 막대한 통상이익을 확보해온 농업 분야까지 큰 폭의 시장개방 확대를 요구할 수 있다는 것이다. FTA 발효 이후 미국산 농축산물의 수입 확대 추세를 감안할 때, 농업 부문과 타 산업과의 관계를 고려하여 찬반 입장을 표명하고, 그 주장 근거를 제시하시오.

2016년

본인이 농협대학교에 합격해야 하는 당위성 및 본인의 강점에 대해서 의견을 제시하시오.

2017년

2016년 9월 28일 김영란법(부정청탁 및 금품 등 수수의 금지에 관한 법률) 이 시행되었다. 이에 따라 농축산업 분야의 경제적 타격이 가시화되면서 일각에서는 법 개정에 대한 요구가

나오고 있는 실정이다. 이러한 상황에서 김영란법에 대한 본인의 찬반 의견을 제시하고, 법 시행에 따라 특히 농축산업 분야에서 발생하고 있는 소비심리 위축으로 인한 피해 문제에 대한 해결 방안을 제시하시오.

2018년

한 · 미 자유무역협정(FTA) 발효 이후 미국산 농축산물의 수입 확대 추세를 감안할 때, 농업 부문과 타 산업과의 관계를 고려하여 찬반 입장을 표명하고, 그 주장 근거를 제시하시오.

2019년

최근 로컬푸드직 매장수가 급속도로 증가하고 있다. 로컬푸드 개념, 정의, 필요성 및 로컬푸드 성과와 발전방향에 대해서 논술하시오.

2020년

1. AI가 작물과 잡초를 이미지로 감별하는 모델을 학습하도록 하는 기술은 무엇인가? (단답형)
2. 농업기본소득제도란? (서술형)
3. 공익형 직불제도에 대해서 논하시오. (논술형)

2021년

미래에 AI를 농업 생산에 접목할 수 있는 다양한 방법과 그 내용을 서술하시오.

2022년

국내 농산물 유통의 문제점에 대해 간단히 설명하고, 이를 개선하기 위한 디지털혁신 방안을 서술하시오.

3. 논술문제 핵심 테마 찾기

■ 4차 산업혁명

(1) 4차 산업혁명의 현황 및 특징
① 저출산 고령화 개방화 + 4차 산업혁명 기술 접목
② 정의 및 1, 2, 3차 산업혁명과 다른점

(2) 대응 방안
① 과거의 경험 기반 → 데이터 기반 지능형 농업 전환
   ex) 스마트팜 활성화
② 청년농 육성(4차 산업혁명 기술 갖춘)
③ 농산물 유통 판매과정 데이터 활용
④ 농업인의 삶의 질을 향상 ex) 원격진단, 원격응급조치, 마을공동체 앱

(3) 개인 의견
① 농업 사양산업 → 미래산업
② 활력

■ 6차산업 활성화

(1) 6차산업 현황

① 저출산 고령화 개방화 (위기) → 대처방안 : 6차산업

② 6차산업의 정의

(2) 6차산업 활성화 방안

① 6차산업 사업자는 공급자 중심의 마인드 → 수요자 중심의 마인드(소비자에게 차별화된 가치 제공)

② 6차산업 사업자의 마케팅 능력 개선 교육

　　ex) 스토리텔링 SNS 활용

③ 팜스테이 마을 육성 → ex) 안성팜랜드, 꽃축제 → 장터를 열어 6차산업 상품 판매

(3) 개인 의견

① 6차산업화 → 정부 주도 지원이 아닌 농업인의 자발적인 노력을 전제로 간접적 지원

② 활력, 사양산업 → 미래산업

■ **WTO 개도국 지위 포기**

(1) 현황 및 문제점

① 개도국(1995) 지위 인정 및 혜택

② 개도국 지위 포기(2019. 10. 26)

③ 당시 공익형 직불제 도입 발표, 예산 올리고 상생기금 활성화

④ 농민 → 부정적 → 일시적 단편적 대책 말고 종합적 방안과 확실한 소득 안정 대책 요구

(2) 입장 및 이유

① 관세, 농업보조 총액 반토막 → 농업 경쟁력 약화 → 반대

② 공익적 기능 수행하는 농민 사기 약화

(3) 해결 방안

① 예산 확대 (고향세)

② 상생기금 → 무역 이득 공유제

③ 식량 자급률 높이기 → 수입 의존도 낮추기

(4) 개인 의견

① WTO 개도국지위 포기 거스를 수 없으면 선진국 반열 오르게 정부는 예산 투입하고 지자체 + 농협 → 농가소득 높일 수 있는 방안 마련

② 활력

■ **공익적 가치 헌법 반영**

(1) 현황 및 농업의 공익적 가치를 반영해야 하는 이유

① 농업 · 농촌 문제 심각 → 저출산 고령화 개방화 양극화 등

② 농업 · 농촌 문제 해결하기 위한 첫걸음

③ 반영되면 지속 가능 농업 원동력, 농업 보호육성정책 펼칠 근거가 됨

④ 농업인의 자긍심 높여줌

(2) 기대 효과

① 농촌의 고령화로 인한 농가소득 감소 해결(직불금 예산 높여서 농가소득 안정, 농업비용 줄여 농가소득 안정)

② 국민의 인식 전환 → 국내 농업 강화

(3) 대응 방안

① 헌법 반영 서명운동 1,000만 명 돌파 했음 → 농업의 중요성 되살림 → SNS 홍보를 통해 지속적으로 캠페인

(4) 개인 의견

① 서명운동에 만족 X → 지속적 홍보 확대 → 인식 전환

② 농업계도 공익적 기능을 수행 노력

■ 남북 농업 협력

(1) 현황

① 분단 70년이 넘음, 정상회담을 통해 평화 새바람 붐

② 긍정적인 점 → 남북 상호이해 증진, 북한 경제 회복 이바지

③ 비판 → 북한의 핵개발과 군사력 강화에 기여

(2) 남북 농업 협력이 필요한 이유

① 인도주의적 차원을 넘어서 효율적 국토 사용, 통일 비용 절감

② 북한의 농업 분야 잠재력이 큼

③ 남북 상생 번영, 통일의 마중물

(3) 대응 방안

① 남북 사이에 추진될 사업이나 합의한 사업을 조속히 추진

② 금융 재정 지원

③ 농업 협력 사업 → 자율적

(4) 향후 과제 및 개인 의견

① 일방적인 대북지원 형태 → 남북 교류형 협력 지향

② 무상지원 X, 자생력 증진 위한 지원 교육 필요

③ 통일 딸기 교류사업 → 남북경협 사업으로 확대

④ 북한에게 우리나라 기술을 인식, 북한의 농업기술 향상 계기 제공

▪ 농가소득 양극화

(1) 농가소득 양극화 현상의 원인과 문제점

① 정부의 경쟁력 위주의 정책 → 소수 농업인을 위한 정책으로 변질

② 고령화

③ 직불금(경지 규모에 따른 지원)

④ 유통과정상의 문제(유통 상인이 독점적 이윤 취함)

(2) 농가소득 양극화 현상 해결 방안

① 고령농, 영세농 위한 사업 필요

   ①-1 다품종 소량 생산 등 소비 트렌드 맞춰 생산 교육

   ①-2 농업인 월급제

   ①-3 정주 여건 개선

   ①-4 농업인 행복버스, 농업인 행복콜센터 등 맞춤형 복지 진행

② 직불제 개편(쌀 중심 → 다른 작물 대농 → 소농 영세농)

③ 유통 구조 개선 → 로컬푸드 직매장 확대

(3) 개인 의견

농촌의 저출산, 고령화, 개방화, 양극화 → 위기 → 4차산업혁명기술 교육, 청년

농 육성, 6차산업 활성화 → 활기

■식량 자급률과 식량 안보

(1) 현황 및 식량자급률 높이기 위한 방안
① 국민의 생존과 직결되어 있고 기본권인 식량을 안정적으로 공급 중요
② 소비자의 소비패턴 이해 필요
③ 공익적 가치 → 헌법에 반영 → 식량 자급률을 위한 예산 확보
④ 로컬푸드 활성화 → 고품질 농산물 제공
⑤ 생산성을 높이기 위해 4차 산업혁명 기술을 농업에 접목
⑥ 우리 농산물 애용하기 캠페인
⑦ 도농 교류의 장 지속적으로 열어 국내 농산물 소비 촉진 유도

(2) 식량안보를 지켜야 하는 이유
① 세계 이상기후로 국내 시장 타격 가능성 농후
② 농업만의 문제가 아니라 전 국민에게 피해

(3) 개인 의견
① 공익적 가치(기능) 농업이 지님
② 정부 지자체 농협이 함께 노력

■청년농 육성 방안

(1) 현황
① 저출산 고령화 개방화 위기 → 이촌 향도, 이로 인해 생산성이 낮아지고 농가

소득 감소함에 따라서 청년농 유입이 시급

(2) 청년농 육성 방안
 ① 농업에 대한 교육 및 홍보(SNS 활용) → 인식 전환
 ② 청년농 육성센터 설립 → 1:1 멘토링 종합적 지원
 ③ 경제적 지원 강화 → 저금리 대출, 청년농 정착 지원금 확대
 ④ 농촌의 정주 여건 개선

(3) 개인 의견
위기인 농촌에 활력을 제공

■ 푸드플랜

(1) 푸드플랜 현황 및 필요성
① 로컬푸드 직매장, 공공급식센터, 학교급식 등 지자체 국가 농협 활발히 움직임
② 푸드플랜 정의, 범부처 정책 → 유기적 협조 필수적

(2) 대응 방안
① 교육 및 홍보 → 전국민 공감대
② 푸드플랜 추진하는 지자체 지원 강화
③ 로컬푸드 활성화

(3) 개인 의견
푸드플랜에 농업인 소비자 국가 농협 모두 참여해야 한다

4. 2023년 예상문제 10선

1. 한국형 고향사랑기부금제도 정착 방안에 대해서 논술하시오.

2. 4차 산업혁명의 시대가 본격화되고 있습니다. 기존 1차, 2차, 3차 산업혁명과 비교해 금번 4차 산업혁명은 어떠한 차이점을 갖고 있는지 그 내용을 기술하시고, 또한 이 4차 산업혁명이 우리 농업과 농촌에 미칠 영향과 그에 대한 대응 방안에 대해서도 기술하시오.

3. NH농협의 미션 및 비전과 농협의 사업 부문별 역할(하는 일)에 대해서 논술하시오.

4. 저소득 및 고소득 농가 간 농가소득의 양극화가 심화되고 있다. 농가소득 양극화 현상의 문제점과 이를 해소하기 위한 해결 방안을 서술하시오.

5. 현재 농업인의 50% 이상이 65세 이상 노인이고, 연간 농산물 판매수입이 1천만 원 미만인 현실 속에서, 현 정부의 국가푸드플랜을 통해 식량안보 문제, 안전한 먹거리 문제, 농가의 경쟁력 강화와 농업 일자리 창출 등을 해결하려고 시도하고 있다. 이런 정책이 현실적으로 가능할지 정부 국가푸드플랜 정책과 로컬(지역)푸드의 실태를 밝히고, 지역 푸드플랜의 필요성 및 과제에 대해 기술하시오.

6. 농촌의 여성화 심화, 농촌 인구 감소의 원인은 무엇이며, 귀농귀촌 대책이 이에 대한 해

결 방안이 될 수 있는지 자신의 견해를 논하시오.

7. 1인 가구 증가, 가정간편식, 모바일 중심의 소비 등 농식품 소비 트렌드 변화에 따른 대응 방안을 논하시오.

8. 농촌마다 지역 개발로 인해 자연이 많이 훼손되고 있다. 그러나 지역 발전을 하려면 자연이 훼손될 수밖에 없다고 주장하는 이들도 있다. 이에 대한 자신의 견해를 서술하시오.

9. 농협대학 지원자로서 소비자 농업 시대에 적응하며 살아남기 위해서 우리 농업의 나아갈 방향에 대해서 서술하시오.(소비자 농업)

10. 우리나라 사람들은 예부터 상부상조라는 공동체 전통을 발전시켜왔습니다. 이에 비해 미국 등 서양은 개인주의가 강하다고 합니다. 그러나 자원봉사 활동이나 기부활동에서 보면 미국인이 한국인보다 훨씬 더 활동을 한다고 합니다. 개인주의를 강조하는 미국인이 한국인보다 자원봉사에 더 많이 참여하는 이유가 무엇이라고 생각합니까?(상부상조)

5. 논술문제 작성 연습하기

> **문** : 농업 생산, 가공 속에서 GMO, 방부제, 식품첨가물의 사용으로 경제적, 사회적으로 논란이 되고 있다. 이에 대한 찬성/반대 입장을 밝히고, 그 이유를 논하시오.

답 : 위 주제에 대하여 1) GMO 등 유해성 논란 현황 소개 및 입장 밝히기, 2) 반대 이유, 3) 외국 사례, 4) 향후 과제 및 대책과 나의 의견 순으로 서술하고자 한다.

1) GMO 등 유해성 논란 현황 소개 및 입장 밝히기

올해는 유전자변형(GM) 기술로 만든 콩과 옥수수가 시장에 등장한 지 20년이 되는 해다. 이미 우리 식탁은 유전자변형농산물(GMO) 없이는 차리기 어려울 정도가 됐고, 국내에서 GMO 재배가 허용될 날도 머지않은 분위기다. 그렇지만 GMO가 건강과 환경에 미치는 유해성 논란은 여전하다. '꿈의 식량' 과 '재앙의 먹거리' 중 어느 쪽이 GMO의 진짜 얼굴일까. GMO의 안전성 문제는 끊임없이 논란이 되고 있다. 전 세계에서 미국 다음으로 연간 GMO 소비량이 많은 우리 국민은 큰 불안감을 느끼고 있으나, 정부는 안전성을 입증하거나 안전한 농식품을 제공하기 위한 정책 대신 해당 기업의 이익을 보호하기 위해 애쓰고 있다. 필자는 GMO 사용에 반대하는 입장이다.

2) 반대 이유

그 이유는 100% 확실한 안전 보장이 불가능하기 때문이다. GMO 찬성론자는 다양한 검증과 실험을 통해 GMO가 위험하지 않다고 주장하지만, 반대로 GMO가 유해하다는 실험 결과도 많다. 즉 100% 확실한 안전 보장이 불가능한 분야이므로 안전성을 확정하기 전에는 국민이 식품을 알고 선택할 권리를 보장받아야 하며, 이는 원료 기반의 완전표시제가 필요한 주된 이유 중 하나다.

GMO의 안전성 문제는 그 식품을 접하는 인체에만 문제가 될 수 있는 것이 아니다. 우리를 둘러싼 환경적 재앙도 고려해야 한다. 제초제를 치고 제초제 저항성 GMO를 재배하는 과정에서 내성이 생겨 슈퍼 잡초가 생긴다. 그 후로 슈퍼잡초가 왕성하게 번지게 되어 더 독한 제초제를 만들어 뿌리는 악순환을 반복하게 된다. 또한 GMO 농산물이 자연계에 번식했을 때 생길 수 있는 변종 문제 등 우리 농업 환경과 자연생태계에 끼칠 수 있는 위험성은 크다. 방부제, 식품 첨가물 또한 국민의 건강을 위협한다. 기본 영양소는 결핍된 채 인공색소와 방부제 등 각종 식품첨가물로 영양 불균형 초래하고, 안전성 문제도 있다.

3) 외국 사례

GMO 재배를 가장 많이 하는 미국에서조차 GMO 밀은 금지하고 있고 GMO를 둘러싼 논쟁은 끊임없이 지속돼왔다. 국제환경단체인 그린피스를 비롯한 많은 세계적 시민단체가 GMO 반대 운동을 벌였고, 미국에서도 농민을 주축으로 GMO 반대 운동이 전개되기도 했다. 하지만 전 세계의 여러 과학자들은 GMO의 인체 위해성에 대해선 사실이 아니라는 입장을 내놓은 바 있다.

4) 향후 과제 및 대책과 나의 의견

식량의 자급과 안정적 농업생산 구조를 먼저 얘기해야 할 농업당국과 정부가 GMO 수입은 물론 나아가 미래 식량 및 국가경쟁력 확보를 빌미로 시험재배에 나서고 있다. 상용화를 위한 시험재배에 소비자는 물론 농업계의 위기감은 더욱 고조되고 있다.

우리 생산 현장이 GMO로 오염되면 생태계 파괴라는 돌이킬 수 없는 환경재앙과 함께 우리 농산물이 소비자로부터 외면당할 게 불을 보듯 뻔하다. 곡물자급률이 간신히 20%대에 턱걸이하고 있고, 식용 GMO 수입 없이 밥상을 차릴 수 없는 지경이다. 이러한 상황에서 국민이 GMO를 모른 채 먹게 해서는 안 된다.

알고 선택할 권리가 무엇보다 우선이며, 지금부터라도 수입 GMO를 대체할 안전한 우리 농산물이 생산, 소비될 수 있도록 정책 기조를 전환해야 한다. 이는 단순한 농업정책이 아니라 국가 식량전략 차원에서 접근해야 할 문제다. 한 사회의 농업은 그 사회의 구성원에게 안전한 농산물을 안정적으로 공급할 책임과 의무를 가진다. 친환경농업은 자연과 농업 환경을 보호하고 생물다양성을 보존하는 농업 방식이다.

이제 우리의 농업과 먹거리 생산, 소비체계도 생산성주의ㆍ성장지상주의를 탈피해 국민의 안전과 행복을 최우선시하는 방향으로 대전환이 필요하다. 친환경 농업 육성을 통해 무분별한 GMO 작물 수입을 막아야 하고 남북경협을 통해 낮은 식량 자급률 문제를 해결하며 로컬푸드와 공공급식을 활성화하여 우리 농산물을 생산하고 공급하는 선순환 시스템을 구축해야 한다. 또한 농업,농촌의 다원적 가치를 헌법에 반영하여 지속가능한 미래 농업을 대비해야 한다. 4차 산업혁명 기술을 활용하여 유통의 혁신 인터넷을 활용한 농산물 직거래를 통해 품목별, 작목별 통합 마케팅을 통한 해외 수출 방안, 도농 교류의 장을 지속적으로 펼쳐야 한다.

문 : 남북 농업협력이 필요한 이유와 이와 관련한 대응 방안을 논하시오

답 : 위 주제에 대하여 1) 현황, 2) 남북 농업협력이 필요한 이유, 3) 대응 방안, 4) 향후 과제 및 대책과 나의 의견 순으로 서술하고자 한다.

1) 현황

남북이 분단된 지 벌써 70년이 흘렀다. 하지만 최근 세 차례의 남북정상회담과 최초의 북·미 정상회담이 개최됨에 따라 그동안 분단과 반목의 아픔을 겪던 한반도에 평화와 번영을 향한 새 바람이 불고 있다. 분단을 극복하고 평화통일을 이루기 위해서는 많은 어려움이 남아 있지만, 현재 남북 모두 긍정적인 마음으로 서로 협력하고자 노력하고 있다. 이러한 상황 속에서 남북 경제협력(이하 남북경협)은 어떻게 이뤄야 할지 그 방안을 치밀하게 논의할 필요가 있다.

지금까지 남북경협은 남북 간 상호이해를 증진하고, 북한 경제의 개혁·개방을 유도하고, 적대 관계를 해소하고, 북한 경제 회복에 이바지했다는 긍정적인 평가를 받아왔다. 하지만 다른 한편으론 대북지원이 북한의 군사력을 강화하고 핵개발에 소요되는 외화 공급에 이바지했다는 등 남북 평화에 득이 되지 않았다는 비판적인 평가도 함께 있었다. 남북경협에 대한 평가가 이처럼 크게 엇갈린 이유는 북한에 대한 다른 정치적 입장 때문만은 아니다. 남북경협에서 분야별로 구분해 각각의 분야를 체계적으로 분석하지 않은 데 기인한 것으로 보인다. 남북경협의 새로운 접근 방법이 요구되는 지금, 체계적인 진단과 분석을 기반으로 단계적인 정책 과제를 제시해야 한다.

2) 남북 농업협력이 필요한 이유

남북한 상호협력을 통해 북한의 농축산업 수준을 일정 수준 이상으로 향상시키는 것은 인도주의적 차원 외에 효율적인 국토 사용과 통일비용 절감 측면에서도 필요하다. 농업 분야에서 대북 협력에 대한 잠재력은 매우 크다. 이를 잘 조직해 효과적으로 협력하면 농업이 남북 간 상생과 번영, 더 나아가 통일의 마중물 역할을 할 수 있다.

3) 대응 방안

한반도의 정세 변화 국면을 세단계로 나눠서 대응해야 한다.

첫 단계는 대북제재가 완화되거나 해제되는 국면이다. 이 시기에는 남북 사이에서 추진된 바 있거나 당국 간에 이미 합의한 사업 중 파급 효과가 크고 상호이익에 부합하는 공동영농단지 개발협력사업과 농업과학기술 교류협력사업을 먼저 추진해야 한다.

두 번째 단계는 북한이 본격적인 개혁 · 개방에 돌입하는 국면으로, 이 시기에는 북한의 종합적인 농업개발을 위한 금융 · 재정 지원이 필요하므로 유럽연합(EU)이 사회주의 국가였던 중 · 동부 유럽 국가를 경제공동체의 일원으로 통합하고자 추진했던 '농업부문 통합전략 프로그램(SAPARD)' 의 지원 방식을 참고해야 한다.

이어 세 번째 단계는 북한 경제체제가 시장경제로 전환된 이후로, 정부의 역할은 제도 정비와 환경 조성에 집중돼야 하고, 농업협력사업은 민간 부문에서 자율적으로 추진하도록 지원해야 한다.

4) 향후 과제 및 대책과 나의 의견

농림업 분야 중 남북 협력사업이 우선적으로 필요한 분야를 3순위까지 조사한 결과 1순위는 산림 부문 협력, 2순위는 비료·농약 등 농자재 협력, 3순위는 전문가·생산인력 등 인적교류 확대가 꼽혔다. 이밖에 '일방적인 대북지원 형태가 아닌 상호 신뢰할 수 있는 남북 교류형 협력을 지향해야 한다', '무상 지원이 아닌 자생력 증진을 위한 생산기술 지원·교육 등을 실시해야 한다' 는 의견도 많았다. 북한 농업의 자생력을 높이는 협력을 추구해야 한다는 것이다. 남한 농업에 필요한 인력을 외국인 근로자가 아닌 북한 노동자로 대체하거나, 국내 과잉생산 농산물을 정부에서 매입해 북측에 지원해야 하고, 우리 농업이 당면한 문제를 북한과 연계해 해결할 수 있도록 중앙정부, 지자체, 농협이 힘을 합쳐 사전에 준비를 철저하게 해야 한다.

특히 '통일딸기' 교류사업과 같은 남북농업교류 협력사업을 발굴하여 선제적으로 물꼬를 터서 남북경협사업으로 까지 확대시켜야한다. 이제는 일반적인 현물지원을 넘어서서 북한 농업이 자립할 수 있는 영농기반 조성과 기술 보급, 그리고 농업전문가 교류를 통한 컨설팅 사업 등이 이루어져야 한다.

예컨대 시범농업단지 조성을 통한 작물생산기술 공동연구와 맞춤형 농업수익사업 모델을 발굴함으로써 선진화된 남한의 농업기술을 북한 주민에게 인식시키고, 나아가 북한의 농업기술을 한 단계 더 향상시킬 수 있는 계기를 만들어야 한다.

이를 위해서 기술력 있는 분야별 농업전문가 그룹의 발굴과 농기자재 보급지원 정보시스템을 구축해서 기후에 맞는 종자와 모종에서부터 농기계, 사료, 친환경농자재, 비료, 농약 등 남북농업교류를 위한 사전 준비를 빈틈없이 추진하여 남북교류협력 사업을 진행해야 한다. 농협도 남북농업협력을 통해 농가소득을 올리기 위해 다양한 사업을 사전에 준비하여 추진해야 한다.

답 : 위 주제에 대하여 1) 고향사랑기부금제도 도입 찬성 이유, 2) 일본 사례, 3) 나의 의견 순으로 서술하고자 한다.

1) 고향사랑기부금제도 도입 찬성 이유

현재 우리 농업, 농촌은 큰 위기에 처해 있다. 1970~1980년도부터 시작된 이촌향도 현상으로 인해 우리 농촌은 초고령 사회에 접어들었다. 농촌의 고령화로 인해 인구절벽 현상이 발생하여 이에 따라 농업 생산성이 감소하고 있다. 또한 무분별한 시장개방화로 인해 값싼 농산물이 국내에 유입되면서 국내 농산물의 경쟁력은 점점 낮아져 이는 농가소득 감소로 이어지고 있다.

현재 위기에 처한 농업, 농촌에 활력을 주기 위해 때마침 작년 가을 지방소멸의 위기를 막고 지역경제를 활성화시키기 위한 '고향사랑기부금에 관한 법률' 이 제정되어 국회 본회의를 통과(2021. 9. 28)했다. 관련법규에 의거 2023년 1월 1일부터 본격 시행될 예정이다. 나는 고향사랑기부금제도 도입을 찬성하는 입장이다. 이를 도입하면 지역경제 활성화, 도농 간 소득 불균형 해소, 열악한 지자체 재정 확보, 농촌 정주 여건 개선, 농산물 판로 확보 등 다양한 기대 효과가 있기 때문이다.

2) 일본 사례

일본은 이미 2008년부터 고향납세제도를 도입했다. 고향납세는 '지방인 고향에서 태어나고 자란 많은 사람들이 자신을 길러준 고향에 자신의 의사로 얼마라도 납세를 하면 좋지 않을까' 라는 문제인식에서 출발했다.

일본의 고향납세는 기부 형식의 납세제도로서 주민세의 일부를 본인이 지정하는 지자체에 납부하며, 그 기부금액의 일부를 세액공제 받을 수 있다. 이는 고향을 생각하는 사람들이 고향 지자체에 기부할 수 있는 기회를 열어줌으로써, 열악한 지방 재정을 돕고 지역에 활력을 불어넣고자 하는 취지다.

법률에서 정의하는 '고향사랑기부금' 이란 지자체가 주민복리 증진 등의 용도로 사용하기 위한 재원 마련을 위해 해당 지자체 주민이 아닌 사람으로부터 자발적으로 제공받거나 모금을 통해 취득하는 금전을 의미한다. 따라서 기부자가 거주 지역 외의 지자체에 주민복리 증진 등을 위해 일정 금액을 기부하면 정치기부금 제도와 유사하게 세제 혜택을 부여받는다. 아울러 해당지자체는 기부자에게 그 지역의 농·특산품 또는 지역상품권 등으로 일정 한도 내에서 답례를 제공할 수 있다. 또한 개인별 기부액의 연간 상한은 최대 500만 원으로 규정했다. 고향사랑기부금의 모금은 대통령령으로 정하는 광고매체를 통해서만 가능하고, 전화·서신·이메일, 호별방문, 사적모임 등을 통한 모금은 금지된다. 기부금의 접수는 지자체장이 지정한 금융기관 이체, 정보시스템 전자결제, 신용카드 수납 등이 모두 가능하다

일본의 경우, 고향납세는 첫째, 세금에 대한 의식이 높아지고 납세의 중요성을 소중히 인식하는 기회가 될 수 있다. 즉 기부 대상 지자체를 직접 선택하기 때문에 그 사용방법을 생각할 수 있는 계기가 될 수 있다.

둘째 지자체는 납세자의 뜻에 응할 수 있는 정책을 개선시키고, 납세자는 지방행정에의 관심과 참여의식 또한 높일 수 있다. 현재 일본의 대다수 지자체가 기부자가 고향납세 시 기부금의 용도를 선택할 수 있도록 제도화하고 있으며, 개개인의 공헌으로 지역에 활력이 생기는 사례 또한 다수 경험하고 있다.

2008년 시행 초기 고향납세제도는 큰 효과를 거두지 못했으나, 2011년 동일본 대지진 등 재난과 어려움을 당한 지역을 살리는 역할을 수행하면서 고향납세가 증가하기 시작하였고, 2015년 세제 혜택 확대 이후에는 실적이 크게 증가하였다.

지금은 2008년 기부액 81억 엔(한화 약 859억 원) 대비 약 60배나 늘어났다. 고향납세 실적이 크게 증가한 요인은 기부금에 대한 세제 혜택 확대와 지역특산품 등의 답례품 제공을 활성화한 데 있다. 먼저 세액 공제는 다른 기부제도에 비해 세금 감면 효과가 높다. 고향납세는 기부액 중 본인부담액 2천 엔(한화 약 2만1천 원)을 초과하는 부분에 대해 일정 부분 세액 공제가 가능한데, 일본 정부는 2015년 1월 고향납세 제도 활성화를 위해 지방세법을 개정하면서 세액 공제를 기존보다 2배 확대하였다.

또한 급여소득자가 5개 이내 지역에 기부할 경우 자동으로 공제되는 '고향납세 원스톱 특례제도' 를 도입하여 기부활성화에 크게 기여했다.

답례품 제공 또한 일본인의 고향납세 실적을 크게 증가시킨 요인이다. 고향납세에는 전액 세액공제를 받더라도 기본 본인부담금 2천 엔이 존재하지만, 기부자가 답례품을 받게 되면 2천 엔을 내고 지역특산품 등의 답례품을 구입한 것과 동일한 효과를 냈다.

3) 나의 의견

고향사랑기부금제도가 도입된다면 재정이 열악한 지방에서는 가뭄의 단비가 될 수 있다. 그러나 기부금 강요나 부정 사용 등에 대한 안정장치도 마련해야 한다. 아울러 지방재정을 확충하기 위해 지방소비세율을 올리는 근본적이 방안도 함께 고려해야 한다. 한편 저출산과 고령화로 농촌지역의 상당수가 소멸할 것이라는 비관적인 전망까지 이미 나온 상태다. 이 제도가 도입되면 지방 간 재정격차 해소, 지역특산물 소비 촉진, 농어촌 일자리 창출과 출산율 증가 등 여러 가지 긍정적 효과를 기대해볼 수 있을 것이다. 따라서 농촌지역의 구심체 역할을 수행하고 있는 농협과 지자체가 협력하여 고향사랑기부금 정착 및 제도 활성화를 위한 적극적인 역할을 해야 한다.

문 : PLS(농약허용물질목록관리제도) 도입에 대한 찬성 또는 반대 입장을 밝히고, 그 이유와 향후 과제 및 대책을 논하시오.

답 : 위 주제에 대하여 1) 현황 및 PLS 도입 찬성 이유, 2) 대응방안(고려사항), 3)나의 의견 순으로 서술하고자 한다.

1) 현황 및 PLS 도입 찬성 이유

최근 식품 소비 트렌드는 가격 품질을 넘어 안전, 건강에 대한 관심과 소비가 급증하고 있다. 이러한 추세에 발맞춰 안전한 농산물을 생산하고 공급하기 위해 PLS를 반드시 도입해야 한다. PLS를 시행하여 농업인과 소비자에게 실질적인 도움을 주기 위해 최선을 다해야 한다.

PLS란 작목별로 등록된 농약만 사용하고 등록 농약 외에는 원칙적으로 사용이 금지되는 제도를 말한다. 이 제도의 시행은 안전성이 검증되지 않은 수입 농산물을 차단하는 데 목적이 있다. 현재 수입되는 농산물 중에는 수출국의 잔류허용기준보다 높은 기준을 적용하여 수입하는 사례가 빈번히 발생하고 있다. 그이유는 우리나라에서 기준이 별도로 마련되지 않은 농약의 경우 국제 기준을 적용 받고 있기 때문이다.

필자는 PLS제도를 시행하는 것에 대해 찬성하는 입장이다. 해당 제도를 시행한다면 안전성이 입증되지 않은 농약의 유입을 사전에 차단하고 안전한 농산물을 수입할 수 있다. 또한 수입 농산물과 국내 농산물의 안전성을 확보함으로써 국민건강을 지키고 생태환경을 보전할 수 있다. 이 제도는 농업인은 물론 소비자까지 지켜주는 보호장치가 될 것이다.

2) 대응 방안(고려사항)

그러나 당장 내년부터 PLS를 시행하게 되면 홍보 부족으로 농업인들의 PLS에 대한 이해도가 부족해 여러 가지 문제가 발생할 수 있다. 농식품부가 PLS 인지도에 대해 실시한 조사에서 10명 중에 3명은 PLS를 제대로 알지 못하는 것으로 확인되었다. 이로 인해 농업인들은 제도에 대한 인지도 부족뿐만 아니라 등록 농약 부족, 비의도적인 오염 등의 문제를 우려하고 있다.

이런 상황에서 정부가 PLS 시행을 대책 없이 강행한다면 큰 혼란이 야기될 수 있다. 또한 준비 기간이 부족해 잔류 허용기준 강화로 인해 부적합 농산물이 급증할 수 있고 이로 인한 피해는 고스란히 농가가 짊어지게 된다.

농식품부가 일부 농가를 대상으로 PLS를 미리 적용한 결과 PLS를 적용하지 않았을 때 보다 2.5배 수준으로 부적합 판정을 받은 것으로 확인되었다. 이로 인해 현장에서는 아직 등록되지 않은 농약이 사용된 농산물에 대해서 대규모 폐기사태가 벌어질 수 있다. 이는 농가소득의 감소를 일으키고 우리 농산물의 생산성을 떨어뜨릴 수 있다.

따라서 농업인에게 PLS 제도 시행을 위한 준비기간을 주고 PLS 교육을 확대해야 한다. 2019년 1월 1일부터 PLS가 시행됨에 따라 농업인들에게 큰 혼란이 야기 될 것이다. 그러므로 효율적인 제도 시행을 위하여 등록농약 사용법 프로그램, PLS 교육 등을 확대해야 한다. 또한 SNS를 통해 PLS의 중요성에 대해 홍보해야 한다. 국민 먹거리 안전성 제고라는 도입 취지에 맞게 더욱 철저히 준비하고 시행해야 생산농가와 소비자 모두가 공감하는 제도로 자리잡을 수 있을 것이다.

다음으로 농약의 생산, 유통, 소비단계를 관리하는 이력관리제를 도입하여 농약 관리 정책의 실효성을 높여야 한다. 준비되지 않은 상태에서 PLS를 시행한다면 농산물의 부적합률이 높아질 것이고 등록 농약이 없는 작물은 국내 생산이 불가능할 것이다. 그러므로 농약의 사용 단계뿐만 아니라 판매 단계에서부터 농약이 안전사용기준에 적합하게 유통될 수 있도록 농약의 이력을 관리할 수 있는 제도를 마련하여 PLS 시행으로 인한 농업인의 혼란을 줄여야 한다. 또한 새롭게 등록되는 농약은 농업이 안전하게 사용할 수 있도록 사용기준을 신속히 설정하여 현장에 보급해야 한다.

3)나의 의견

PLS 전면 시행에 따른 혼란을 최소화하기 위해 농업 현장의 다양한 의견을 지속적으로 듣고 농업인 교육과 홍보를 적극적으로 펼쳐나가야 한다. PLS 시행으로 국민의 먹거리 안전성이 강화되고 더불어 우리 농산물의 경쟁력이 높아질 것이다. 농약 PLS 제도가 현장에 정착할 수 있도록 교육과 홍보에 최선을 다하고 농업인은 등록된 농약만을 사용하고 수입업체는 기준에 맞는 농산물만 수입하도록 노력해야 한다. 또한 부적합 농산물 생산 및 유통을 최소화하기 위해 농가 방문 컨설팅, 사전 안전성 조사 등 농업인을 대상으로 한 계도를 강화해야한다.

중앙정부는 PLS 시행을 단계적이고, 체계적으로 진행해야 하며 PLS 제도 시행 후에 문제점이 발생하면 선제적으로 대응해야 한다. 농협에서는 조합원을 대상으로 주기적으로 PLS 교육을 실시하고, SNS를 통한 PLS를 홍보할 뿐만 아니라 오프라인을 통해 PLS 홍보 캠페인을 진행하여 전 국민적으로 공감대를 확산시켜야 한다.

지속 가능한 농업, 미래농업이 되기 위해서는 안전한 먹거리 생산과 생태환경 보존이 필수적이다. 이를 위해 PLS를 성공적으로 실시할 수 있도록 농업계가 힘을 합쳐야 한다.

> **문** : 4차 산업혁명의 시대가 본격화되고 있습니다. 기존 1차, 2차, 3차 산업혁명과 비교해 금번 4차 산업혁명은 어떠한 차이점을 갖고 있는지 그 내용을 기술하시고, 또한 이 4차 산업혁명이 우리 농업과 농촌에 미칠 영향과 그에 대한 대응 방안에 대해서도 기술하시오.

답 : 위 주제에 대하여 1) 현황 및 4차 산업혁명 특징 2) 대응방안(고려사항) 3) 나의 의견 순으로 서술하고자 한다.

1) 현황 및 4차 산업혁명 특징

농촌과 농촌은 저출산, 고령화, 개방화 등으로 인해 큰 위기에 처해 있다. 1970~1980년대부터 시작된 이촌향도 현상으로 인해 농촌은 초고령사회로 접어들었다. 농촌의 고령화로 인구절벽이 발생하여 이는 농업의 생산성 감소로 이어진다. 또한 무분별한 시장 개방으로 값싼 농산물이 국내에 유입되면서 국내 농가는 위협을 받고 있다. 이러한 악순환을 반복하지 않고 농촌에 활력을 불어넣기 위해서는 4차 산업혁명 기술과 농업을 접목시켜야한다.

4차 산업혁명이란 인공지능, 사물인터넷, 빅데이터 등 정보통신기술이 경제 사회 전반에 융합되어 새로운 부가가치를 창출하는 것이다. 1, 2, 3차 산업혁명은 농업발전에 크게 기여하지 못했다. 하지만 그동안의 산업혁명과 달리 4차 산업혁명은 농업 발전의 핵심이 될 수 있다. 현재 농업은 4차 산업혁명에 대응하여 인공지능, 사물인터넷, 빅데이터, 블록체인 기술을 접목시키고 있고 농업, 농촌경제 뿐만 아니라 사회 전반적으로 큰 영향을 미칠 것이다. 앞으로 4차 산업혁명 기술을 농업에 접목시켰을 때 예상되는 효과와 대응 방안에 대해 서술하고자 한다.

2) 대응 방안(고려사항)

첫째, 4차 산업혁명 기술을 농업에 대입한다면 과거의 경험 기반 농업은 데이터 기반의 지능형 농업으로 전환될 것이다. 특히 스마트팜은 농산물의 생육 상태를 실시간으로 파악할 수 있고 시설의 자동화를 통해서 최적의 영농 환경을 조성한다. 스마트팜의 표준화를 통해 농산물 생산량을 증대시킬 수 있고 이는 농가소득 증대로 이어질 수 있다. 이에 발맞추어 우리나라도 한국형 스마트팜을 육성하고 4차 산업혁명 기술에 능한 농업 인재를 육성해야 한다. 또한 관련 기술을 보유한 농업 관련 벤처기업에 자금 지원을 활발하게 지원해야 한다.

농협 미래 농업지원센터에서는 유능하고 젊은 인력을 농촌에 유입하기 위해 4차 산업혁명 시대에 대응한 청년농 지원 프로그램을 활발하게 진행하고 있다. 앞으로도 중앙 정부, 지자체, 범농협은 4차 산업혁명 기술과 농업을 접목시켜 미래의 농업을 이끌어갈 청년농 육성 프로그램을 활발하게 진행해야 한다.

둘째, 농산물 유통 및 판매과정에서 데이터를 활용해 농산물 수급 관리를 원활하게 할 수 있다. 언제 어디서나 농산물 생육과정과 출하량 저장량 등을 스마트폰을 통해 실시간으로 확인할 수 있다. 또한 인공지능과 빅데이터를 활용하여 소비자의 소비 패턴을 분석해 소비자 기호를 충족시킬 수 있다. 이에 따라 농협에서는 효과적인 농산물 유통 및 판매를 위해 4차 산업혁명 기술을 적극 활용해야 한다.

빅데이터를 활용하여 소비자에게 맞춤형 서비스를 제공할 뿐만 아니라 농협몰, 어플리케이션을 활용하여 농산물 직거래 채널을 확보해야 한다. 또한 효율적으로 농산물 유통 판매를 진행할 수 있도록 자체 기술을 개발하고 관련 전문가를 육성해야 한다. 예로는 사물인터넷 기술을 활용한 한우 자판기다. 1인 가구 추세에 맞춰 소포장된 한우를 자판기를 활용하여 간편하게 구입할 수 있도록 CU편의점에 설치되어 있다. 이러한 혁신을 지속적으로 하여 농산물 판로를 개척해야 한다.

셋째, 열악한 환경에 처해 있는 농촌의 삶의 질을 향상시킬 것이다. 상대적으로 의료시설이 부족한 농촌에 사는 농업인에게 원격진단, 원격응급조치와 같은 의료 서비스를 상시 제공한다. 이 밖에도 마을 주민들과의 유대감을 높이고 외부 지역 관광객을 유치시킬 수 있다. 대표적으로 활용되는 것이 마을 공동체 앱과 마을 방송 시스템이다. 마을 공동체 앱으로 커뮤니티를 제공하고, 마을 방송시스템으로 방송 시설 없이 스마트폰으로 마을의 정보를 전달할 수 있다.

농협에서는 농업인 행복 콜센터를 통해 농촌지역 취약계층 농업인들이 불편함 없이 생활할 수 있도록 지속적으로 돌봄시스템을 제공하고 있다. 앞으로도 농촌의 삶의 질을 향상시키기 위해 다양한 서비스를 제공해야 한다.

3) 나의 의견

인공지능과 빅데이터 등 4차 산업혁명이 미래 성장동력으로 거론되면서 농업의 잠재력도 재평가되고 있다. 농업이 사양산업에서 미래산업으로 탈바꿈하고 있는 것이다. 이러한 때에 발맞춰 농업인이 미래산업의 주인공이 돼야 한다. 4차 산업혁명기술을 능동적으로 수용하면서 소비자가 원하는 안전하고 신선한 농산물 생산, 공급의 주역이 돼야 할 때다.

이를 위해 농업인들도 철저한 주인의식으로 무장해야한다. 농산물 생산에는 스마트팜 기술을 활용하고, 농산물 유통에는 농업용 드론, 농업용 로봇 등을 활용하고, 판매에는 빅데이터, 사물인터넷을 활용해야 한다. 여기에 필요한 교육과 지원에 중앙 정부, 지자체 농협도 적극 힘을 보태야 한다.

4차 산업혁명 기술과 농업을 접목하여 다양한 부가가치를 창출하는 해외 사례와 선진농가 사례를 참고하여 우리나라도 영농 혁신이 필수적이다. 저출산, 고령화, 개방화, 낮은 식량자급률로 인해 어려움을 겪는 농업, 농촌에 활력을 불어넣어 줘야 한다.

답 : 위 주제에 대하여 1) 최저임금 차등적용 반대 이유, 2) 향후 과제 및 대책, 3) 나의 의견 순으로 서술하고자 한다

1) 최저임금 차등적용 반대 이유

2019년부터 적용할 최저임금은 시간당 8,350원으로 2년 연속 두 자릿수 인상이다. 최저임금이 올라가면 인건비가 올라간다. 결과적으로 영농비용이 증가하여 농가소득이 하락한다. 농업은 타 산업에 비해 노동력이 많이 필요한 노동집약적 산업이고, 현재 농촌은 고령화, 개방화, 저출산 등으로 인해 큰 위기에 처해 있는데 농촌의 현실을 반영하지 않은 최저임금 인상으로 농업계에 더 큰 타격을 주고 있다.

이 상황에서 농업 분야 최저임금 차등적용은 형평성에 어긋나고 현실적으로 시행하기 어려우므로 반대한다. 그러나 농업계의 어려운 현실을 반영한 보조금 지급 등의 경제적 지원책을 강화할 필요가 있다. 이에 대한 대응 방안에 대해 서술하고자 한다.

2) 향후 과제 및 대책

먼저, 최저임금 인상의 충격을 줄이려면 정부에서 일자리 안정자금을 지원해야 한다. 최저임금으로 인해 인상된 인건비로 농가 경영에 어려움을 겪는 농업인을 위해 일자리 안정자금을 지원해야 한다. 영세농들이 안정적으로 경영하고 농가소득을 유지하기 위해서는 정부가 이를 적극 지원해야 한다.

둘째, 농업 노동자에 대한 주거, 식비 제공에 대해 정부 보조가 필요하다. 현재 최

저임금의 범위에 현물성 숙박, 식사가 불포함되어 있다. 이는 농업의 현실이 전혀 반영되지 않았다는 뜻이다. 그렇다고 숙박, 식사를 임금에 전부 포함시킬 수는 없는 노릇이다. 농업 노동자의 경우 주거, 식비를 제공하는 경우가 많으므로 이에 대한 정부 보조가 필요하다.

셋째, 농가 현실을 감안해 외국인 노동자에게는 최저임금법 적용을 제외해야한다. 농업 분야는 외국인 노동자의 비중이 높다. 현실적으로 농번기에 외국인 근로자의 일손이 없으면 농사일이 불가능할 정도다. 농업 분야의 특수성과 어려운 현실을 고려해 최저임금제를 즉각 조정해야 한다. 이뿐만 아니라 외국인 근로자 수습제 등도 구체적 실행 계획을 세워야 한다.

마지막으로 농촌 인력을 꾸준히 보강할 수 있는 대책이 마련돼야 한다. 농촌에 큰 도움이 되는 국내 청년층의 농촌 유입을 촉진해야 한다. 또한 최근 늘고 있는 귀농·귀촌 인구와 농촌 현장에서 시너지 효과를 낼 수 있는 방안도 마련해야한다.

3) 나의 의견

지역농협은 농업인의 부족한 인력을 보전하기 위해 트랙터, 드론과 같은 농기계를 구입하도록 지원하고 있다. 또한 도내 지역농협에 농기계센터를 통해 소형 농기계를 위주로 농기계 임대사업도 실시한다. 최저임금 인상으로 인해 더욱더 어려워진 농촌의 현실을 극복하기 위해 중앙 정부, 지자체, 농협이 힘을 합쳐 도와야 한다.

답 : 위 주제에 대하여 1) 현황 및 식량자급률을 높이기 위한 방안, 2) 식량 안보를 지켜야 하는 이유, 3) 나의의견 순으로 서술하고자 한다.

1) 현황 및 식량자급률을 높이기 위한 방안

국민의 생존과 기본권을 위해 식량을 안정적으로 공급하는 일은 매우 중요하다. 그래서 정부는 식량자급률을 높이기 위한 대책과 안정적 식량 수급을 위한 정책을 추진 중이다. 하지만 식량자급률 목표치 달성에 연달아 실패하면서 식량안보가 위협받고 있다.

식량자급률을 높이려면 먼저, 식량자급률 목표치를 법제화하고, 직불제를 개편해야 한다. 대농, 쌀 중심의 직불제를 공익적 직불제로 개편하여 영세농에게 안정 소득을 제공하고, 작물 간 형평성을 회복해야 한다. 또한 밭 직불제의 상향 조정과 쌀에만 적용중인 공공비축제도 밀, 콩, 보리 등 핵심 잡곡류로 확대 적용해야 한다.

두 번째로는, 콩, 밀 등 수입 의존도가 높은 작물의 자급률을 높여야 한다. 콩 밀 작물의 생산을 위한 영농기계 지원, 자금 지원, 농경지 지원 등 다양한 지원이 필요하다. 특히 농경지는 유휴 농경지를 활용하여 확보하는 방안도 생각해야 한다. 영농기계, 자금 지원은 농협에서 지속적으로 진행하여 작물의 자급률을 높여야 한다.

세 번째로는, 트렌드에 맞는 제품을 개발해 안정적인 수요를 확보해야 한다. 최근 농식품 트렌드는 안전 식품, 건강 식품, 환경 식품을 선호하는 추세다. 이러한 흐름에 발맞춰 친환경농산물의 생산과 공급을 확대해야 한다. 소비자에게 안전하고 건강한 농산물을 제공하고 환경을 보전하여 지속 가능한 농업이 될 수 있도록 친환경 농산물을 육성해야 한다. 특히 공공급식 사업을 통해 지역에서 재배한 안전한 친환경 농산물을 공급해야 한다. 또한 1인 가구, 핵가족 등 인구 구조 변화에 따른 소포장, 소용량 농식품, 가정간편식 등을 개발하여 소비자에게 제공해야 한다.

네 번째로는, 유통의 혁신을 통해 소비자의 수요를 충족시켜야 한다. 특히 로컬푸드를 활성화하여 농업인과 소비자 모두에게 편의를 제공해야 한다. 로컬푸드는 농업인에게는 안정적인 농산물 판로를 제공하고, 소비자에게는 유통비용을 절감해 저렴한 가격으로 고품질의 농산물을 제공한다. 농협은 로컬푸드 직매장을 확대하여 지역경제 활성화와 농가소득 증대에 기여해야 한다. 또한 공공급식 사업을 통해 지역에서 재배한 안전한 친환경 농산물을 공급해야 한다.

다섯 번째로는, 무분별한 수출을 막기 위해 PLS 제도를 시행해야 한다. PLS 제도를 시행하는 목적은 안전성이 확보되지 않은 농산물의 국내 유입을 막기 위해서다, PLS 제도를 시행하여 무분별한 수출을 막아 국내 식량자급률을 높여야한다.

여섯 번째로는, 생산성을 높이기 위해 4차 산업혁명 기술을 농업에 접목시켜야 한다. 특히 스마트팜을 통해 식물공장을 활성화하여 기후변화에 영향 받지 않는 영농기술을 개발하여 생산성을 높여야 한다. 또한 농업용 드론, 로봇 등을 활용하여 효율적인 영농 환경을 조성해야 한다.

일곱 번째로는, 국내 농산물의 소비 촉진을 위해 우리 농산물 애용하기 캠페인을 지속적으로 펼쳐야 한다. 1인미디어 시대에 발맞춰 우리 농산물의 우수성을 알리는 UCC콘텐츠를 제작하여 지속적으로 국내 농산물 소비촉진 캠페인을 진행하고, 오프라인을 통해 주기적으로 국내 농산물 애용하기 캠페인을 진행해야 한다.

여덟 번째로는, 도농 교류의 장을 지속적으로 펼쳐 국내산 농산물 소비 촉진을 유도한다. 농협중앙회 도농협동연수원에서는 도시소비자와 농업인이 소통할 수 있는 기회를 마련하는 다양한 연수를 진행하고 있다. 6차산업 선도 농가, 팜스테이 마을에 방문하여 농촌체험, 농촌 일손 돕기, 농촌의 소중한 가치 이해 강연 등을 통해 도시민에게 우리 농산물의 중요성과 농업과 농촌의 소중한 가치를 알리고 있다. 또한 도농협동교류단을 통해 도농 협동의 장을 지속적으로 마련하고 있다. 이러한 도농 교류의 장을 지속적으로 전개하여 도시민과 소비자에게 우리 농산물의 우수성을 알려 우리 농산물의 경쟁력을 높여야 한다.

아홉 번째로는, 농작물 재해보험을 확대해야 한다. 자연재해로 인해 피해를 입은 농가에게 농작물 재해보험을 통해 보전해줘야 한다. 농작물 재해보험은 농가 경영 안정을 위해 확대해야 한다.

마지막으로, 품목별 전국연합을 확대해야 한다. 품목별 전국연합을 통해 통합마케팅을 추진해야 한다. 현재 'K멜론'에 이어 '본마늘'과 'K토마토'를 전국연합 사업으로 확대·발전시켜 왔다. 앞으로도 통합 마케팅을 확대하여 우리 농산물의 경쟁력을 키우고, 수출 판로를 확대해야 한다.

2) 식량 안보를 지켜야 하는 이유

무분별한 시장 개방화로 인해 수입 농산물이 국내에 유입되면서 국내 농산물의 경쟁력이 낮아지고 있고, 식량안보에 대한 중요성은 점점 잊혀져 가는 상황이다. 우리나라는 먹고사는 데 필수적인 곡물의 대부분을 해외에서 수입하고 있고, 낮은 식량 자급률로 인해 식량안보가 위험에 처한 상황이다. 이런 상황에 대응하지 않으면 결과적으로 이상기후로 세계 곡물가격 변동으로 인해 국내 시장이 타격을 받을 수도 있다. 이에 대응하기 위해서는 식량 자급률을 높여 안정적으로 식량을 확보는 정책 방안이 시급하다. 식량주권의 문제는 단지 농업과 농업인만의 문제가 아니라, 궁극적으로 국민 모두가 그 피해를 입게 된다는 점에서 심각성을 다시금 되짚어봐야 한다. 전 세계 기후변화나 식량 수급 사정을 고려하면 미래엔 돈이 있어도 곡물을 조달할 수 없을 것이다. 따라서 통일 한반도 시대까지 염두에 둔 식량안보 대책을 마련해야 한다.

3) 나의 의견

농업의 공익적 가치에는 식량안보, 자연환경 보존, 전통문화 계승 등 다양한 가치가 있는데 그 중에서도 식량안보가 가장 핵심적인 공익적 가치다. 농업의 공익적 가치를 국가의 최상위법인 헌법에 반영하여 국가 농정을 개혁해야 한다. 생산성, 경쟁력 위주의 농업이 아닌 지속 가능한 미래 농업이 돼야 한다. 국가 식량안보를 위협하는 수준에 머무는 우리나라 곡물 자급률을 한층 끌어올리기 위해 국내 농산물 경쟁력을 올리고, 무분별한 수출을 막기 위해 중앙 정부, 지자체, 농협이 힘을 합쳐야할 때이다. 또한 남북 농업협력을 통해 식량 자급률을 높일 수 있는 방안에 대해서도 체계적으로 계획한 후 실천해야 한다.

문 : 헌법에 농업의 공익적 가치를 반영해야 하는 이유와 이에 대한 대응 방안

답 : 위 주제에 대하여 1) 현황 및 농업의 공익적 가치를 반영해야 하는 이유, 2) 사례 및 기대효과, 3) 대응 방안(고려사항), 4) 나의 의견 순으로 서술하고자 한다.

1) 현황 및 농업의 공익적 가치를 반영해야 하는 이유

농업은 농업인만을 위한 산업이 아니라 국가 및 전체 국민의 공익을 위한 생명산업이다. 하지만 국내 농업 및 농촌 문제가 심각하다. 농촌 고령화로 인해 농촌이 소멸 위기에 처했고, 농지 면적이 감소됨에 따라 농가소득 감소, 식량 자급률 감소 등으로 이어졌다. 따라서 농업의 공익적 가치를 지키고, 국내 농업·농촌 문제를 해결하기 위해서는 농업의 공익적 가치를 헌법에 반영해야 한다.

농업의 공익적 가치는 농산물 생산, 식량안보, 경관 및 환경 보전, 지역사회 유지, 전통문화 계승 등이다. 농업의 공익적 가치를 헌법에 반영하면 지속 가능한 농업과 국토 균형발전을 위한 원동력이 될 수 있을 뿐만 아니라 정부가 근본적이고 종합적인 농업 보호, 육성 정책을 펼칠 근거가 되고, 농업인의 자긍심도 높일 수 있다. 그러므로 국민이 누리고 있는 공익적 가치를 헌법에 반영해 농업을 보호하고 육성하는 근거로 삼아야 한다.

2) 사례 및 기대 효과

헌법은 국가의 최상위법으로 어떤 것을 규정하느냐에 따라 국가의 정책 방향도 달라지게 마련이다. 그래서 헌법에 농업의 공익적 가치를 반영하는 것은 국가 농업 정책의 틀을 구성하는 것이다. 예로는 스위스를 들 수 있는데, 스위스는 농업의 공

익적 가치를 헌법에 규정해 이를 근거로 예산을 수립해 농업인에게 직접 지원함으로써 농업인은 안정적인 소득을 보장받고 있다. 우리도 이처럼 공익적 가치를 헌법에 반영해 농업을 보호하고 육성해야 한다.

농업의 공익적 가치를 헌법에 반영했을 때 기대되는 효과는 첫 번째로, 농촌의 고령화, 농가소득 감소 등의 문제를 해결할 수 있다. 두 번째로, 농업 예산 확보로 각종 직불금 예산을 확대해 농업인의 소득 안정과 농가소득 증대에 기여할 수 있다. 이뿐만 아니라 영농기술 혁신, 농산물 유통 혁신 등 농업 분야 지원을 정당화하는 근거가 마련된다. 세 번째로, 농업에 대한 국민적 인식을 변화시켜 농정 방향을 개혁할 수 있고 농업인의 자긍심을 높일 수 있어 국내 농업을 강화하는 계기로 삼을 수 있다.

3) 대응 방안

농업을 헌법에 반영하려면 농업, 농촌에 대한 국민적 인식을 변화시켜야 한다. 2017년도 말 농협을 중심으로 농업 가치 헌법반영 서명운동이 한 달 만에 1,000만 명을 돌파하면서 국민의 농업과 농촌에 대한 관심이 고조되었다. 서명운동을 통해 시장 개방과 산업화에 밀려 국민의 기억 속에서 잊혀져가던 농업과 농촌의 중요성을 되살리는 계기가 됐다. 농업, 농촌의 존재 이유를 알림으로써 농업을 지속, 유지, 발전시키는 것이 국민에게도 많은 도움이 된다는 사실을 재인식 시켰기 때문이다.

필자도 2017년도 말, 농업 관련 기관에서 농업가치 헌법반영 서명운동 캠페인을 대국민에게 홍보하는 업무를 수행한 경험이 있다. 유동인구가 많은 역에서 출근 시간에 일반 도시민과 소비자를 대상으로 농업의 공익적 가치를 알리고 홍보하며 서명운동을 진행했다. 평소에 농업, 농촌에 관심을 갖지 않았던 도시민 대부분이 농업의 공익적 역할에 관심을 가졌고, 헌법에 반드시 반영해야 한다고 말씀하셨다. 또한 캠페인을 직접 진행하면서 이러한 캠페인을 지속적으로 전개하여 도시민이 잊혀져

가던 농업 농촌에 관심을 가질 수 있도록 최선을 다해야 한다는 것을 몸소 체험했다. 오프라인 캠페인뿐만 아니라 온라인을 통해 지속적으로 농업의 다원적 기능, 공익적 가치를 홍보해야한다. 1인미디어 시대에 발맞춰 농업, 농촌과 관련된 흥미로운 콘텐츠를 제작하여 많은 분들에게 공유해야 한다. 이뿐만 아니라 온라인을 통해 농업의 공익적 가치 헌법반영 릴레이 캠페인을 지속적으로 펼쳐야 한다.

4) 나의 의견

헌법이 바뀌지 않은 20년간 농업의 공익적 가치는 커졌고 무궁무진해졌다. 우리는 농업의 공익적 가치를 헌법에 담아 농업인의 삶을 보장해주고 농촌의 미래를 밝혀주어야 한다. 헌법에 명문화된 농업 가치는 필시 20, 30년 뒤 우리의 농업과 우리나라 전체의 모습을 바꿀 것이다. 농업계는 서명운동 1,000만명 돌파에 만족하지 말고 더 힘을 내 국민과 소비자에게 농업, 농촌이 어떤 역할을 하고 있는지에 대해 지속적으로 홍보를 확대해 나가야 한다. 국민과 소비자 중심의 농업, 농촌으로 전환이 필요하다. 농업계는 앞으로 우수하고 안전한 농축산물 생산과 쾌적한 휴식 공간 제공 등으로 보답하는 데 힘을 기울여 우리 농축산물 소비 확대로 이어지도록 최선을 다 해야 한다.

필자는 2년 동안 농업 관련 기관에서 근무하면서 도시와 농촌의 아름다운 협동, 행복한 동행을 위해 도농 교류 활동에 참여하고, 도시민을 대상으로 농업의 공익적 가치와 다원적 기능을 홍보하는 업무를 수행했다. 도농교류 현장인 6차산업 선진농가인 팜스테이 마을에 방문한 도시민과 인터뷰를 진행했는데 대부분이 "농업은 다양한 공익적 가치가 있고 새로운 부가가치를 창출하는 미래 산업이므로 앞으로 농업, 농촌에 관심을 갖고 우리 농산물을 애용하겠다"고 답변해 주셨다.

필자 또한 이에 공감하여 인터뷰 내용과 체험한 경험을 살려 블로그, 유튜브, 페이스북 등을 통해 농업, 농촌의 소중한 가치를 홍보하는 콘텐츠를 제작하여 도시민을 대상으로 홍보했다.

주기적으로 도농 협동 소식지를 발행하고, 농업·농촌의 소중한 가치를 주제로 한 스토리텔링 대회, UCC공모전을 주최하고, 블로그 기자 및 서포터즈 운영, 페이스북 이벤트를 통해 도시민을 대상으로 흥미로운 이벤트를 기획하고 운영했다. 또한 대학생 시절, 금융기관론을 수강하면서 농협 입사를 희망하게 되어 여러 활동을 수행했다. 대학생 홍보대사 '농협 영 서포터즈' 대표를 맡아 20대를 대상으로 농협의 사회공헌활동을 알렸고, 노력을 인정받아 최우수상을 수상했다. 또한, NH농협은행 대학생 봉사단 N돌핀 3기로서 1년간 활동했다. 서울본부 유스마케팅부의 단원으로 지역사회 관계마케팅 활성화를 위해 고민하며 매월 젊은 농협 이미지를 구축하기 위해 온라인 미션을 기획하고 진행하였으며 N돌핀 공식블로그를 운영하면서 다양한 콘텐츠를 제작하였다.

마지막으로 농협 공명선거 서포터즈 활동 중 팀장을 맡아 조합장 선거를 깨끗하고 공정하게 실시하기 위해 노력했다. 농협의 확고한 의지를 알리고 올바른 선거 문화 정착을 위해 사람들의 왕래가 빈번한 터미널, 시장, 하나로마트 등 공공장소에서 캠페인을 기획하고 진행했다. 장기간 동안 농협 입사를 위해 농업, 농촌의 도농교류 현장 체험, 농촌 일손 돕기, 농업과 농촌의 홍보업무 수행 등 최선을 다해왔다. 이러한 경험을 바탕으로 농협대학교에 입학하여 농업·농촌·농협의 전문가가 되어 도시민을 대상으로 농업과 농촌의 공익적 가치를 홍보하는 활동을 수행하는 것이 최종 목표다.

답 : 위 주제에 대하여 1) 현황, 2) 청년농 육성 방안, 3) 나의 의견 순으로 서술하고자 한다.

1) 현황

우리나라 농업·농촌은 고령화, 개방화 등으로 큰 위기에 처해 있다. 1970~1980 년대부터 시작된 이촌향도 현상으로 인해 농촌은 현재 초고령 사회로 접어들었다. 농촌의 고령화와 인구수 감소는 농업의 생산성, 농가소득 감소로 이어진다. 그리고 시장개방화의 압력으로 인해 농가소득이 더욱더 악화될 것으로 보인다. 이러한 상황을 타개하고 농촌의 활력을 되찾기 위해서는 유능하고 젊은 인구층의 유입이 절실하다.

2) 청년농 육성 방안

농업 인력 육성을 위해서는 먼저, 농업에 대한 부정적인 인식 탈피를 위한 홍보 및 교육을 확대해야 한다. 그동안 우리 농업은 급격한 산업화, 개방화 과정에서 소외되어왔다. 또한 기후나 환경 요인으로 영향을 많이 받아 위험요소가 많고, 주로 육체 노동이 많은 직종이므로 농업에 대한 사람들의 인식은 부정적이다. 그러므로 농업에 대한 홍보 및 교육을 늘리고 농업이 높은 부가가치를 창출할 수 있는 산업이라는 사실을 알려서 부정적인 인식을 탈피해야 한다.

농협중앙회 도농협동연수원에서는 도시민을 대상으로 다양한 연수를 통해 농업·농촌의 소중한 가치를 홍보하는 활동을 전개하고 있다. 다문화 가족을 대상으로 '다문화가족 농촌정착지원과정' , 청년을 대상으로 '대학생 농심캠프' , 도시민을 대상으로 '도농어울림과정' , '찾아가는 도농공감 과정' 등 다양한 연수를 진행하고 있다. 그뿐만 아니라 블로그, 페이스북, 유튜브, 네이버밴드, 카카오스토리 SNS 채널을 통해 모든 연령대를 대상으로 농업, 농촌을 소재로 한 유익하고 재미있는 콘텐츠를 제작해 홍보하고 있다. 이처럼 범농협은 앞으로도 농업, 농촌의 소중한 가치를 알려 농업, 농촌에 대한 부정적인 인식을 변화시키는 데 총력을 다해야 한다.

　두 번째 방안으로는, 일본 호카이도의 '지역 후계농 육성센터' 와 같은 지역단위의 농업후계자 육성센터 설립이 필요하다. 이 센터에서는 호카이도 취농 희망자를 대상으로 상담, 자금지원, 농촌연수 등 종합적인 지원을 실시한다. 어디에서 어떻게 취농해야 할지 막막해하는 예비 귀농인에게 훌륭한 안내자 역할을 하는 것이다. 우리나라도 지역 실정에 맞는 도움을 줄 수 있도록 지자체가 더욱 적극적으로 나서야 한다. 농촌 지역마다 각 지역에 적절한 영농후계자 교육기관을 신설해야 한다. 해당 지역으로 귀농, 귀촌을 원하는 사람들이 실질적인 도움을 받을 수 있는 시스템을 갖춰야 한다. 농업을 희망하는 누구나 저렴한 가격 또는 무료로 참여 가능하도록 하고, 농업전문인, 농업인과 1:1 멘토링, 농가-후계자, 멘토-멘티 체결 등을 해야 한다.

　세 번째 방안으로는, 아동·청소년 대상으로 농업교육을 실시해야한다. 농업, 농촌의 소중한 가치를 알리는 교육 프로그램을 마련하여 주기적으로 실시하고, 농촌체험, 연수, 봉사활동을 통해 농업에 대한 긍정적인 인식을 심어줘야 한다.

　네 번째 방안으로는, 경제적 지원을 강화하는 것이다. 농업인을 위한 저금리 대출, 농업 기반을 확보할 수 있는 제도를 활성화해야 한다. 유럽연합에서는 만 40세이하의 젊은 농업인에게 직불금을 제공하고 있다. 우리나라도 유럽연합 사례를 참고하여 청년농 직불금 등 다양한 경제적 지원을 강화해야 한다. 또한 취농, 창업농에게 대학금을 돌려주거나 인센티브를 제공하는 제도도 고려해야 한다.

다섯 번째 방안으로는, 공모전을 통해 미래의 청년농업인에게 기회를 주는 것이다. 농협중앙회 미래농업지원센터에서는 개원 후 공모전을 16회나 진행했다. 공모전을 통해 발굴한 아이디어는 수백 건에 달한다. 또한 좋은 아이디어를 가진 수상자에게 창업룸은 물론 특허 취득, 시제품 개발, 디자인, 판로 등을 적극 지원하고 있다. 앞으로 이러한 공모전을 통해 미래의 농업, 농촌을 이끌어갈 청년들을 발굴해야한다.

여섯 번째 방안으로는, 농촌의 정주 여건 개선이다. 청년들이 오고싶은 농촌을 만들어야 청년농업인을 육성할 수 있다. 정부는 교통인프라 구축, 편의시설 구축, 환경보전 활동 등을 통해 정주 여건을 개선하여 청년농이 안정적으로 정착할 수 있도록 지원해야 한다. 농협도 역시 깨끗하고 아름다운 농촌마을 가꾸기 운동을 지속적으로 전개하여 청년들과 도시민이 오고싶은 농촌이 될 수 있도록 최선을 다해야 한다.

3) 나의 의견

우리 농촌은 점점 고령화되고 있고, 활력을 잃고 있다. 이러한 농업·농촌을 방치한다면 '사람없는 농촌'이 될 것이다. 이러한 농업·농촌에 활력을 불어넣을 수 있는 방법은 '청년농 육성'이다. 정부, 지자체, 농협이 힘을 합쳐 농업·농촌이 미래의 신성장 동력이 될 수 있도록 최선을 다해야 한다.

답 : 위 주제에 대하여 1) 현황, 2) 농업의 6차 산업화 활성화 방안, 3)나의 의견 순으로 서술하고자 한다.

1) 현황

현재 우리 농업은 시장개방화와 농촌인구 감소, 침체된 농가소득 등의 사회·경제적인 문제로 향후 농촌소멸이라는 극단적인 상황에 놓여 있다. 이러한 상황 속에서 대처 방안으로 떠오르고 있는 농업의 6차산업화는 1차산업 중심의 농업에 2, 3차 산업을 융복합해 농업에 가공, 유통, 외식, 관광 등을 연계하여 부가가치, 농가소득 증대라는 목표를 가지고 추진되는 정책이다. 농업의 6차산업화를 활성화할 수 있는 방안에 대해 서술하고자 한다.

2) 농업의 6차산업화 활성화 방안

첫째, 6차산업 사업자들은 공급자 중심이 아니라 수요자 중심적인 마인드로 무장해야 한다. 현재의 6차산업 제품들은 높은 가격에 비해 소비자에게 차별화된 가치를 제공하지 못하고 있으며 이 제품들이 시장에서 성공하려면 소비자가 원하는 새로운 가치를 창출해야만 한다. 외국산에 비해 높은 가격을 지불하고도 구매할 수 있도록 소비자에게 최상의 품질을 제공하고, 문화와 감성 등이 융합된 다양한 가치를 제공해야 할 것이다.

둘째, 6차산업 사업자들의 경영 및 마케팅 능력이 개선돼야 한다. 특히 스토리텔링 농산물 마케팅 교육을 통해 농산물 판매 촉진을 높여야 한다. 또한 1인미디어를 활용한 농산물 마케팅, 차별화된 네이버 블로그 운영하기, SNS를 활용한 농산물 마케팅 등의 교육을 통해 농업인 스스로 다양한 마케팅을 위한 방법을 개척하고 고부가가치를 창출해야 한다. 농가에서도 SNS를 활용하여 자신의 농산물을 생산부터 판매까지 할 수 있는 시스템을 구축하고 정보화 시대에서 경쟁력을 갖출 수 있도록 최선을 다해야 한다.

셋째, 팜스테이 마을을 육성하여 농촌관광 활성화, 안성팜랜드 꽃 축제, 도농협동 교류의 장 마련, 지역축제를 통한 직거래 장터를 주기적으로 열어 6차산업 가공상품을 판매해야 한다. 로컬푸드 직매장을 통해 6차산업 상품 판매, 치유농업, 사회적 농업의 다양한 가치를 창출해야 한다.

3) 나의 의견

지방소멸의 위기 속에 현재 우리나라는 농촌의 급속한 고령화와 인구 감소 문제에 대응하고 농촌경제의 활성화를 위해 농업의 6차산업화를 추진하고 있다. 정부는 다양한 형태로 6차산업화를 지원하고는 있으나, 정부 주도라는 한계 때문에 성과가 미흡한 편이다. 앞으로의 정부지원은 6차산업화에 참여하는 농업인의 자발적인 노력을 전제로 연구개발과 같은 간접적 지원을 중심으로 추진하는 것이 바람직 할 것이다. 결국 6차산업화는 농업인이 자발적으로 소비자 지향적인 시스템을 구축해 농업의 부가가치를 극대화하는 방향에서 추진해야 한다. 농업의 6차산업화를 활성화시켜 우리 농업과 농촌에 활력을 불어넣어줘야 한다.

문 : 농가소득 양극화

답 : 위 주제에 대하여 1) 농가소득 양극화 현상의 원인과 문제점, 2) 농가소득 양극화 현상 해결방안, 3) 나의 의견 순으로 서술하고자 한다.

1) 농가소득 양극화 현상의 원인과 문제점

농가소득 양극화가 갈수록 심화되고 있다. 정부의 농업정책이 경쟁력 위주로 초점이 맞춰지면서 경쟁력을 갖춘 몇몇 소수 농업인을 위한 농업정책으로 변질되어 우리 농촌 사회는 심각한 부작용과 양극화를 만들어내고 있다. 농가소득 양극화 현상의 주된 원인은 농촌의 고령화다. 1970~1980년대부터 진행된 이촌향도 현상으로 인해 농촌은 초고령화 사회로 접어들었다. 50대 이하 젊은 농업인은 신기술 도입과 대규모화로 소득을 높이지만 고령 농업인은 경제적 빈곤에 허덕이고 있는 상황이다.

다음으로 각종 직불금도 농가소득 양극화의 원인으로 꼽힌다. 직불금은 농가 소득을 보전하기 위한 것이지만 경지 규모에 비례해 지원하는 만큼 땅이 많을수록 더 많은 지원금을 받는다. 결과적으로 대농 중심으로 직불금이 지급돼 대농과 영세농의 소득 격차는 커진다.

농산물 유통 과정상의 문제도 원인이 될 수 있다. 유통 구조가 지나치게 복잡하고 정작 농산물을 생산하는 농업인에게 혜택이 돌아가지 못하고 있다. 중간에서 유통을 담당하는 일부 상인이 독점적 이윤을 취하고 있기 때문이다.

2) 농가소득 양극화 현상 해결 방안

이러한 원인으로부터 농가소득 양극화를 해결하기 위해서는 고령농, 영세농을 위한 사업을 펼쳐야 한다. 고령농, 영세농이 더 잘 할 수 있는 다품목 소량생산 운영사례에 대한 교육을 통해 농업인에게 실질적인 도움을 주고, 농업인 월급제 사업을 통해 정기적인 수입 보장으로 계획적인 영농을 가능하게 하여 농가 경영 안정에 도움을 줘야 한다. 또한 농촌의 문화, 교육, 복지 등 농촌의 정주 여건을 개선해야 한다. 농협에서는 고령농, 영세농을 대상으로 영농기술 교육, 자금지원, 농산물 마케팅 유통교육, 영농자재 지원 등을 지속적으로 실시해야 하고, 고령농을 위한 '농업인 행복버스', '농업인 행복콜센터' 등 맞춤형 복지서비스를 활발하게 진행해야 한다.

다음으로 직불제를 개편해야 한다. 정부에서 논의되고 있는 직불제 개편의 핵심 내용은 소규모 농가에는 기본 직불금을 지급하고 중소농의 기본소득을 보장하며 공익형 직불로 바꾸자는 것이다. 쌀 직불제의 개편으로 농가소득과 경영 안정이라는 제도의 목적 달성을 하여 대농과 영세농의 소득격차를 줄여야 한다. '면적' 중심의 직불제를 '사람' 중심으로 전환하여 영세농가의 소득 안정을 통해 소득 재분배 효과도 거둬야 한다.

마지막으로 유통 구조 개선을 위한 농협의 로컬푸드 직매장 확대가 필요하다. 장거리 운송을 없애 유통 과정을 줄여 가격을 낮춘 로컬푸드의 확대는 농가들의 수취값 제고에 이바지한다. 농업인은 유통 비용이 발생하지 않아 이익이 확대되며 소비자들은 좋은 품질의 농산물을 저렴한 가격에 구입할 수 있어 로컬푸드의 수요는 날이 갈수록 증가하고 있다. 로컬푸드 직매장 확대를 통해 고령농, 영세농의 안정적 소득을 확보해 농가소득 양극화를 축소시켜야 한다. 또한 로컬푸드를 온라인 채널을 통해 직거래하여 유통 비용을 절감하고, 농협 택배를 활용해 농가소득 증대에 기여해야 한다.

3) 나의 의견

지금 농촌은 개방화, 고령화, 생산인구 감소, 양극화 등으로 인해 큰 위기에 처해 있다. 이러한 위기를 지혜롭게 극복하여 '모두가 잘먹고 잘사는 농촌' 이 될 수 있도록 노력해야 한다. 정부는 고령농과 영세농에게 안정적인 수익을 보장하기 위해 4차 산업혁명 기술과 농업을 접목한 '스마트농업' 교육, 농업의 6차산업화 교육, 영농 자금 지원 등 다양한 정책을 펼쳐야 한다. 농협도 '농업인이 행복한 국민의 농협'이 되기 위해 교육 부문, 금융 부문, 경제 부문 사업을 펼쳐야 한다. 이러한 노력이 수반된다면 농가소득 양극화 문제는 해결될 것이고 농업은 사양산업이 아닌 미래 산업이 될 것이다.

문 : 도 · 농 소득 양극화

답 : 위 주제에 대하여 1) 도 · 농 소득 양극화 현상의 원인과 문제점, 2) 도 · 농 소득 양극화 현상 해결 방안, 3) 나의 의견 순으로 서술하고자 한다.

1) 도 · 농 소득 양극화 현상의 원인과 문제점

도시와 농촌의 소득 격차는 1980년대부터 발생하기 시작해 점차 심화되고 있다. 이후 농산물 수입 개방이 본격적으로 진행되면서 농가소득은 도시근로자 소득의 약 60%에 그쳤다. 또한 농산품의 가격은 여전히 같은 가격을 유지하고 있지만 인건비, 생산비는 계속 오르고 있어 농업인에게 돌아가는 소득은 계속 떨어지고 있는 상황이다.

도 · 농 소득 격차가 벌어진 근본적인 원인은 정부의 수출 위주, 개방 위주, 도시

위주의 도농 불균형 정책에 있다. 산업화가 진행되면서부터 정부는 대기업의 수출을 늘리고 도시물가의 안정을 위해 값싼 농산물을 들여오는 자유무역협정(FTA) 등의 정책을 이어갔다. 그 결과 국내에서 생산되는 농산물이 수입 농산물과의 가격경쟁에서 밀려 국내 농산물의 가격이 폭락하여 농가소득 감소로 이어졌다.

다음으로는 농촌지역의 고령화로 인한 생산인구 감소다. 1970~1980년부터 시작된 이촌향도 현상으로 인해 농촌은 초고령화 사회로 접어들었다. 이로 인해 농업생산을 담당하는 인구 수가 감소하면서 이는 농업의 생산성, 농가소득의 감소로 이어졌다. 농산물 유통 과정상의 문제도 원인이 될 수 있다. 유통 구조가 지나치게 복잡하고 정작 농산물을 생산하는 농업인에게 혜택이 돌아가지 못하고 있다. 중간에서 유통을 담당하는 일부 상인들이 독점적 이윤을 취하고 있기 때문이다.

2) 도 · 농 소득 양극화 현상 해결 방안

이러한 원인으로부터 도 · 농 소득 격차를 줄이기 위해서는 고향세를 도입해야 한다. 고향세는 도시민이 고향이나 재정이 열악한 지자체에 일부 금액을 기부하면 기부자에게 소득공제 혜택과 지역특산물 등의 답례품을 제공하는 제도다. 이처럼 고향세는 열악한 농촌 지자체에 재정 확보를 도와주고 농축산물 소비 확대를 통한 도농간 교류 확대에 큰 기여를 할 것이다.

다음 농촌 고령화 해소를 위해서는 청년농을 유입하기 위한 정책이 필요하다. 40세 미만의 청년농에게 직불금을 지급해 귀농을 촉진하고 이들이 안정적으로 농촌에 정착할 수 있도록 지원해야 한다. 또한 노동력 확보를 위한 농촌 정주 여건 개선도 중요하다. 정부는 농촌의 문화, 교육, 복지 등 농촌의 정주여건을 개선할 수 있는 정책을 펼쳐 청년농을 농촌에 유입하여 노동력을 확보해야 한다. 농협에서는 청년농을 위한 영농기술 교육, 자금 지원, 컨설팅 등을 진행하고 고령농을 위한 농업인 행복버스, 행복콜센터 등 맞춤형 복지 서비스를 활발하게 진행해야 한다. 이뿐만 아니라 깨끗하고 아름다운 농촌마을 가꾸기, 또하나의 마을 만들기 운동을 통해 도농 교류의 장을 지속적으로 마련해야 한다.

마지막으로 유통 구조 개선을 위한 농협의 로컬푸드 직매장 확대가 필요하다. 장거리 운송을 없애 유통 과정을 줄여 가격을 낮춘 로컬푸드의 확대는 농가들의 수취값 제고에 이바지 한다. 농업인은 유통 비용이 발생하지 않아 이익이 확대되며 소비자들은 좋은 품질의 농산물을 저렴한 가격에 구입할 수 있어 로컬푸드의 수요는 날이 갈수록 증가하고 있다. 로컬푸드 직매장 확대를 통해 농업인의 안정적 소득을 확보해 도농 간 소득 격차를 축소시켜야 한다. 또한 로컬푸드를 온라인을 통해 직거래하여 유통 비용을 절감하고, 농협 택배를 활용해 농가소득 증대에 기여해야 한다.

문 : 농산물의 상품화

답 : 위 주제에 대하여 1) 현황, 2) 농산물의 상품화 방안, 3) 나의 의견 순으로 서술하고자 한다.

1) 현황

무분별한 시장 개방화로 인해 값싼 수입 농산물이 국내에 유입되면서 농촌은 어려운 상황에 처해 있다. 수입 농산물과 가격 경쟁력에 밀려 한국 농업의 성장 동력이 크게 흔들리고 있다. 그러나 소비자의 선호 기준이 가격 조건에서 안전성, 신선도, 품질 등의 비가격적 조건으로 변하고 있기 때문에 상품성을 강화한다면 충분히 경쟁력을 확보할 수 있다. 우리 농산물의 상품성을 제고하기 위한 방안에 대해 서술하고자 한다.

2) 농산물의 상품성 방안

첫 번째로, GAP 인증을 강화해서 고품질의 농산물을 유도하는 방안이다. 최근 농산물 소비 트렌드는 안전성, 신선도 등 농산물의 품질을 우선하는 경향이 있다. GAP인증은 농산물의 생산부터 유통까지 모든 단계를 관리하는 제도이기 때문에 품질을 보장할 수 있다. 또한 푸드 마일리지가 높은 외국 농산물에 비해 첨가물이 들어있지 않아 안전하기도 하다. 따라서 GAP 농산물 인증을 소비자에게 잘 알리고 안전성과 품질을 소비자들에게 부각한다면 가격 경쟁에서 밀린 우리 농산물 시장의 경쟁력을 올릴 수 있을 것이다.

두 번째로, 별도의 처리 과정을 거쳐 농산물의 상품성을 높이는 방안이다. 최근 들어 반건조 과일들이 다이어트와 영·유아용 영양간식으로 인기를 얻으면서 수요가 급증하고 있다. 또한 화학첨가물이 들어간 외국산 말린 과일의 안전성 문제가 제기되면서 국내산 과일 말랭이 소비가 느는 추세다. 맛과 건강, 편의성을 고루 갖춘 말린 과일과 고구마 말랭이 등 원물 간식 시장을 성장시키고 더 많은 종류의 농식품을 판매해야 한다.

세 번째로, 농업인이 생산에만 전념하도록 각 지역별로 공선회(공선출하회) 운영을 확대해야 한다. 농촌의 고령화 현실을 반영하여 농협은 공선회를 더욱 활성화 시킬 필요가 있다. 수확반을 함께 운영하여 판매뿐 아니라 수확 및 선별 작업까지 운영해야 한다. 이를 통해 농업인은 본업인 생산에만 집중할 수 있게 되고 고품질의 상품을 수확할 수 있게 된다. 더 나아가 고품질 상품으로 세계적으로 인정받고 해외 수출량도 늘게 될 것이다. 전국품목연합을 통한 통합브랜드인 K-멜론 K-토마토 등을 구축하여 해외에 수출해야 한다.

네 번째로, 농산물 스토리 펀딩을 활성화하는 것이다. 스토리 펀딩은 농업인이 자신만의 스토리를 올리면 소비자들이 마음에 드는 스토리와 농산물에 후원하고 농업인은 농산물을 제공하는 방식으로 운영된다. 온라인 쇼핑몰과 달리 농업인의 이야기를 읽고 공감해야 후원이 들어오기 때문에 자본은 적지만 아이디어가 풍부한 청년농이 많이 참여하고 있다. 농산물 스토리 펀딩을 활성화 한다면 소비자에게 우리 농산물을 다양하게 홍보하고 판매하는 효과가 있다.

다섯 번째로, 농협 로컬푸드 직매장 확대이다. 농협 로컬푸드 직매장을 통해 농업인이 생산한 농산물을 판매할 수 있는 안정적인 판로를 마련해주고 소비자에게 신선한 농산물을 제공해야 한다. 로컬푸드 직매장을 활성화하여 유통 비용을 절감해 농업인에게 영농 비용 부담을 줄여줄 수 있고, 지역경제 활성화에 이바지할 수 있다.

마지막으로, 소비 트렌드 변화에 맞는 온라인, 모바일 배송을 확대하는 것이다. 온라인 모바일 배송을 통해 유통 비용을 절감하고, 소비자에게 편의를 제공해야한다. 농협에서는 농협 택배를 활성화하여 농가소득 증대에 기여하고 있다. 이러한 유통의 혁신을 지속적으로 펼쳐 우리 농산물의 경쟁력을 올려야 한다.

문 : 농촌의 상품화

답 : 위 주제에 대하여 1) 현황, 2) 농촌의 상품화 방안, 3) 나의 의견 순으로 서술하고자 한다.

1) 현황

농촌의 저출산,고령화와 FTA 등으로 인해 우리 농산물이 타격을 받아 도시와 농촌의 소득 격차가 심해지고 농촌의 활기마저 잃어가고 있다. 하지만 보령 머드 축제, 김제 지평선 축제 등 지역 자원을 활용한 축제들이 다시 새롭게 주목받고 있다.

생산 위주의 농업 정책에서 벗어나 새롭게 농촌에 대한 가치와 의미를 제고시켜 재도약을 이뤄내야 한다. 이를 위해 무엇보다도 다양한 자원을 활용한 농촌의 상품화가 중요하다고 말할 수 있다. 우리 농산물의 상품화를 제고하기 위한 방안에 대해 서술하고자 한다.

2) 농촌의 상품화 방안

먼저, 농촌의 자연환경을 활용한 치유농업을 활성화해야 한다. 농촌은 지역 문화 체험 기회와 지연기반 환경이 조성되어 있기 때문에 농촌의 자연환경을 기반으로 건강과 힐링을 추구하는 농촌웰빙관광을 추진할 수 있다. 치유농업은 농업·농촌 자원을 활용해 건강 증진을 돕는 활동이다. 제주시 애월읍에 위치한 물뫼 힐링팜은 우프(WWOOF) 농장으로 숙식을 제공받는 대가로 농장 일을 거들어 주는 사람들이 찾는다. 이들은 농장 일을 하며 땀을 흘리고 마을 사람들과 교류를 통해 자존감을 높이고 정서적 치유를 받는다. 건강한 먹거리 재료로 만든 음식도 섭취하고 명상을 통해 자기 자신을 되돌아본다. 치유농업이 활성화되려면 먼저 우수한 체험 및 교육 프로그램 개발이 뒷받침돼야 한다. 다양한 농촌자원을 기반으로 도내 농촌교육 농장들이 치유농장으로 발전할 수 있도록 지원을 강화해야 한다.

두 번째로, 주민들이 능동적으로 농촌체험마을 사업을 추진해야 한다. 많은 노하우와 경험이 쌓인 마을 주민들은 아이들에게 좋은 농촌체험의 기회를 주고 지역 특산물을 이용한 먹거리를 제공한다면 성공적인 농촌체험마을이 될 수 있다. 모든 체험 행사를 주민들이 운영하고 먹거리도 직접 농사지은 것을 사용하면서 인건비와 특산물 판매 수익금 등은 주민의 몫이 될 것이다. 결과적으로 주민들의 소득도 늘어날 것이고 농촌지역에 활력이 생길 수 있다. 김장하기, 썰매타기, 모내기 등 사계절에 맞는 프로그램을 개발하여 농촌체험이 지속되도록 노력해야 한다.

세 번째로, 농협 팜스테이 마을을 활성화해야 한다. 농협은 팜스테이 마을을 통해 다양한 부가가치를 창출하고 있다. 필자는 농협 영 서포터즈로 활동하면서 경기도 연천 푸르내마을, 새둥지마을, 강원도 양양 해담마을, 강화도 도래미마을 등을 방문해본 경험이 있다. 팜스테이 마을에서 오이지 만들기 체험, 김장하기, 고구마 수확 체험, 사과고추장 만들기 체험 등 다양한 농촌체험을 하고 지역 관광지를 탐방하면서 농촌에 대한 인식이 긍정적으로 변했다. 농촌은 식량안보, 전통문화 계승, 자연경관 유지 등 다양한 공익적 가치가 있다는 것을 알게 되었고, 우리 농산물의 소중함을 깨닫는 시간이었다. 또한 팜스테이 마을을 활성화하면 농가소득이 증가해 지역 경제에 활력소가 되므로 이를 활성화하기 위해 중앙 정부, 지자체, 농협의 적극적인 지원이 필요하다.

네 번째로, 지역의 특산물을 이용한 특색 있는 음식을 개발하여 음식 페스티벌을 개최하는 것이다. 지역의 특색 있는 농산물을 브랜드화하여 그 지역에서만 먹을 수 있는 음식 페스티벌을 개최해야 한다. 음식뿐만 아니라 볼거리, 먹거리, 지역문화 체험, 지역 농산물 판매 등의 행사를 통한 지역 홍보 효과와 농산물 판매로 인한 농가소득 증가 등의 효과를 얻을 수 있다. 그리고 도시민들이 농촌에 방문하여 함께 교류함으로써 도시와 농촌을 이어주도록 한다. 파주 장단콩 축제와 같은 지역의 특색있는 음식을 통해 축제를 진행해야 한다.

다섯 번째로, 마을 주민들이 자발적으로 노력해 빈집과 폐교 등을 지역 활성화의 장으로 재탄생시켜야 한다. 시간이 지날수록 농촌의 전체 인구는 빠르게 감소하는 추세이며 여행객의 발걸음도 줄어들고 있다. 이를 위해 증평 죽리마을과 같이 지역 활성화를 이끄는 기반을 마련해야 한다. 10년 넘게 사용하지 않았던 과거 마을 회관 건물을 철거하고 방치된 옛 우물터도 주변을 정리해 공원으로 가꾸고, 마을 안에 있는 남은 공간을 광장으로 만들어 농촌 빈집 및 유휴시설을 우수하게 활용하였다. 이를 통해 농촌 마을에 변화를 이끌고 새로운 부가가치를 창출해야 한다.

여섯 번째로, 지역문화재, 마을의 환경적인 특성을 활용하여 타 지역과 차별화된 지역축제를 만들어야 한다. 전국에는 수많은 축제가 있지만 지역 특색을 살린 축제는 많지 않다. 특색을 살린 지역축제는 지역경제를 활성화하고 농가소득을 올리는 데 도움을 준다. 대표적으로 전라북도 김제 지평선 축제가 있다. 김제 지평선 축제는 전국 최대 곡창지대라는 김제시의 특색을 살려 축제를 개최하고 있다. 그 결과 5년 연속 대한민국 대표 축제에 선정되는 등 지속적인 발전을 하고 있다. 지역 축제가 지속되려면 축제 안에 지역만의 특색이 담겨 있어야 한다는 것을 지역주민과 지자체가 알아야 한다.

3) 나의 의견

농촌과 도시의 교류가 일시적인 유행이 아닌 장기적으로 유지될 수 있도록 도시와 농촌 간의 지속적인 협력이 필요하다. 농협은 농촌마을과 기업을 자매결연 맺어주는 또하나의 마을 만들기 운동을 펼쳐 농촌지역에 일손 돕기, 농산물 직거래, 농촌 체험 및 관광 등 다양한 교류활동에 기여하고 있다. 이러한 지속적인 교류를 통해 기업은 농촌에서의 사회공헌 활동을 통해 기업 이미지를 제고하고 마을은 기업에게 안전한 농산물과 깨끗한 환경을 제공하여 지역 농산물의 브랜드 가치 제고를 얻어 서로에게 도움을 줄 수 있다.

6. 협동조합 이슈 학습하기

협동조합은?

■ 각종 비리와 갑질행태, 비윤리적 영업 관행 등 왜곡된 자본주의로 인한 사회병 폐가 기업의 성장동력을 약화시키고 있는 지금, '자본이 아닌 사람 중심의 공동가 치'를 실현해가는 협동조합적 경영 원리를 해법.

함께하는 것만큼 강한 힘은 없다

■ 뛰어난 한 명의 리드(lead)보다 공동의 가치를 추구하는 모두의 위드(with)가 더욱 강력하다.

4차 산업혁명과 초연결 시대에는 협동조합이 가진 상생과 협동이 핵심 가치로 부 상할 것.

공정함과 민주적 가치에서 탄생한 협동조합이 위기에 봉착한 기업과 개인에게 새 로운 성장 모델이 될 수 있음.

농협이념중앙교육원을 통해 협동조합의 정체성과 가치를 확산하는 데 힘쓰고, 또 하나의 마을 만들기 운동으로 도시와 농촌 간의 교류를 확대하는 데 앞장서고 있다. 농업인과 농촌뿐 아니라 국민의 농협으로서 위드의 가치를 실현.

혼자가지말고 함께가라

■ 협동조합은 시장의 독점을 막기 위해 경제적 약자들이 시장 지배자들에 맞서 약자의 편익을 지켜내기 위해 만든 협력체.

협동조합은 철저하게 공정함과 투명함이라는 민주적 원리에 의해 운영된다.

절차의 공정함과 투명함이 그 어느 때보다 강조되고 있는 오늘날이기 때문에 협동조합의 가치가 더욱 값지게 조명된다.

한 사람이 노력하거나 얻을 수 있는 것은 한계가 있지만 공동행동과 상호책임을 통해 결집된 영향력을 발휘 한다면 더욱 많은 것을 얻을 수 있다.

■ 한국 농협은 이제 국민 속으로 들어가 국민의 농협으로 다시 태어나야 한다. 농업인의 삶의 질 향상에 우선 순위를 두는 동시에 국민 모두의 삶의 질까지도 개선할 수 있어야 한다. 이제 농협은 한국 협동조합의 리더로서 우리 사회가 더욱 따뜻해질 수 있도록 협동조합의 가치를 적극적으로 전파해야 한다. 그리고 농업의 가치를 확산함으로써 농업인과 소비자가 상생하는 생태계를 만들어야 한다.

혼자가 아닌 함께 성공하는 방법은 무엇인지 지속적이고 반복적으로 고민해야 한다.

1. 협동조합 정체성 가치 확산
2. 도시와 농촌 간 교류 확산
3. 농업인은 농촌뿐 아니라 국민의 농협

기업: 자본 중심, 시장 독점, 이익 중심
협동조합: 사람 중심, 공동의 가치 실현
함께하는 것만큼 강한 힘은 없다.
한 명의 리드보다 공동의 가치를 추구하는 모두의 위드가 더 강력하다.

■ 최초의 성공적인 협동조합 로치데일. 저렴한 가격의 생필품을 공동구매하는 단계에서 시작해 노동자를 위한 따뜻한 생산과 소비 시스템을 만들자는 비전을 공유하면서 협동조합이 탄생.
공정, 원가경영, 투명경영, 민주적인 경영, 이용배당의 원칙을 강조한다. 사업 잉여금을 배당할 때 출자금에 비례하는 것이 아니라 이용한 만큼 수익을 나눠주는 것이 이용배당의 원칙이다. 원칙을 잘 지켜야 협동조합이 발전할 수 있고 지속 가능할 수 있다.

■ 조합원들은 각자의 필요성에 따라 조합에 출자하여 사업을 이용하고 운영에 참여한다. 조합원들이 조합 운영과 이용에 참여할 필요성을 느끼지 못하면 협동조합 존재 이유도 사라진다. 이 필요성을 부여해주는 역할이 교육이다. 조합원 교육은 일회성으로 끝나지 않고 일상적인 활동 속에서 계속 이뤄져야 한다.

■ 협동조합 운영시에 필요한 협동의 종류와 방법 등을 서로 가르치고 배우는 것. 농자재를 공동구매 하거나 농산물을 공동판매하는 것과 같은 일상적인 사업 활동에 대해 조합 임직원과 조합원들이 함께 문제점을 토론하고 연구하며 풀어나갈 때 조합원들은 협동조합의 소중함을 더욱 절실히 느낄 것이다. 이러한 과정 자체가 교육이다.

■ 임직원은 사업체로서의 전문분야를 수행하도록 조합원으로부터 위임받은 사람들이다. 따라서 임직원이 협동조합의 이념과 사업을 얼마나 깊이 있게 이해하고 있는가는 협동조합의 성공을 좌우하는 큰 요인이 된다. 임직원은 새로운 지식이나 기술 등 역량을 충분히 길러 다른 기업이나 조직에 뒤처지지 않도록 해야 한다.

■ 협동조합을 잘 모르는 일반인에게도 그 이념을 확산시키고 협동의 테두리를 넓혀 나가야 한다. 거대한 대기업이 시장을 지배하고 있는 가운데 개별적으로 활동하는 소수의 힘이 얼마나 미약한지 깨닫게 하고 협동과 상부상조를 통해 서로 돕고 의지하며 혹시 모를 불이익을 미리 대비할 수 있도록 말이다.

■ 협동조합의 가장 중요한 역할 중 하나는 원가경영 원칙에 입각해 가격을 설정

함으로써 영리기업의 독점행위를 견제하는 것. 협동조합이 원가주의 방식으로 가격을 결정하면 협동조합과 경쟁하는 영리업체는 독과점 가격을 통한 초과이윤 확보가 어렵게 되기 때문에 조합원은 물론 소비자를 포함한 사회 전체의 후생을 증진시키는 공익적 역할을 수행하게 된다.

■ 스마트팜과 결합하여 시설의 자동화가 이뤄지고 농약을 살포하는 드론, 무인트랙터 등 지능형 농기계의 보급은 고령화로 인한 노동력 부족 문제를 해결.

유통 측면에서도 빅데이터를 활용하여 소비자들의 식생활 스타일 맞추고 출하량 조절, 농산물 이력 추적 관리 등 이루어져 더욱 안전하게 농산물 이용이 가능.

협동조합의 분배제도는 협동조합의 지속성과 관련이 있다

■ 원가경영은 당시 경쟁관계에 있는 자본가들에게 대단히 위협적인 수단이 되었을 뿐만 아니라 가격을 내릴 수 없도록 만들었다. 독과점 가격 횡포를 견제하고 시장경쟁을 촉진할 수 있다. 이용비례배당은 협동조합의 가치인 공정을 실현하기 위한 핵심수단이다.

조합원이 분배의 공정성에 의문을 갖는다면 협동조합을 탈퇴하거나 사업에 참여하지 않기 때문이다. 그러므로 협동조합은 조합 및 사업특성에 따른 공정한 분배제도를 갖춰야 한다.

경제적 사회적 약자들이 힘을 모은 것이 협동조합이다

■ 개인이 시장지배력과 가격교섭력이 막강한 기업들을 상대로 이익을 얻기란 어려운 일이다. 협동조합은 바로 일반 기업의 무차별적인 시장 지배력에 대항하기 위한 가장 강력한 공동행동이다. 조합원들의 공동행동은 팔 때에는 정당한 값을 받고 살 때에는 합리적인 값을 치름으로써 시장 안정을 위한 교섭력을 얻도록 하는 것이다.

'조합원 전체의 편익'이라는 공동의 목표를 실현하기 위해서는 조합원의 자발적 참여는 물론 이기적인 개인에 대한 통제권이 적절하게 확립되어야 한다.

조합은 조합원과 지역 공동체의 이익을 우선한 시스템을 구축하는 역할에 충실.

조합원은 공동체 전체의 이익을 함께 고민할 때만이 조합원의 실익증진에 한걸음 다가갈 수 있다.

협동조합은 민주주의 학교다

■ 민주주의를 체험하고 향상시키는 모든 과정이 협동조합 안에 모두 담겨 있다. 1인1표의 원칙을 민주주의에 앞서 자리매김하였고 초기 민주주의의 절차가 자리잡는 데 무엇보다도 협동조합이 큰 역할을 했음을 부인하기 어렵다.

협동조합은 조합원에 의해서 관리되는 민주적인 조직으로서 조합원은 정책수립과 의사결정에 적극적으로 참여한다.

■ 선출된 임원은 조합원에게 책임을 지고 봉사한다. 1차조합에서 조합원은 동등한 투표권을 가지며(1인 1표)연합 단계의 협동조합도 민주적인 방식으로 조직된다.

'민주'라는 말은 글자 그대로 모든 사람이 주인이 됨을 의미한다. 인간이 가장 존엄하며 그 사람이 어떠한 조건에 있든 그 자체로 존중받아야 하고 나아가 모든 사람이 인격적인 평등을 누릴 수 있어야 한다. 1인1표는 이러한 민주를 실현하기 위한 최소한의 수단이다.

■ 자본이 아닌 사람을 두어야 한다는 것이 협동조합 운동가들의 생각이다. 조합원들의 조합의 사업계획을 수립하고 운영에 적극적으로 참여할 수 있는 다양한 제도적 장치를 마련해야 한다. 조합원에게 주기적으로 조합의 정보를 제공해야 한다. 이 과정을 통해 조합원들은 민주주의의 가치를 이해하고 민주주의를 실천하는 민주주의자로 성장할 수 있다.

조합원이 민주적 절차를 통해 자신의 의사를 적극적으로 표현할 수 있도록 교육

해야 한다.조합원은 자신들의 의견이 수렴되고 의사결정에 반영되고 있다는 확신이 있어야 주인으로서 참여의식을 가질 수 있다.

■ 조합원의 권익증진이라는 목표를 위해 협동조합적 가치는 유지하되 동시에 경영체로 보다 능동적인 도전을 해야 한다.

협동조합은 조합원의 이익을 추구하는 조직체이자 지역사회의 생산자와 소비자에 의해 존재하는 조직체. 협동조합은 지역사회의 발전과 향상을 외면할 수 없다. 지역사회의 경제가 악화되거나 타격을 받게 되면 지역주민 삶 역시 악화될 것이고 협동조합 또한 존속할 수 없다.

■ 협동조합원들이 자신들의 이익만 추구하는 좁은 협동을 뛰어넘을 때, 당장 눈앞의 이익보다 생산자 소비자와의 우호적인 지속 가능한 관계를 맺을 때 지역사회와 구성원 모두 건강하게 존재하며 발전할 수 있다.

협동조합은 지역사회의 경제 문화적 발전에 특별한 책임감을 가져야 한다. 그책임은 일반 영리기업과 구별되는 특권이다.

협동조합은 조합원이 참여하는 사업체임과 동시에 더 나은 삶과 지역사회를 실현해나가는 운동체로서 근본을 잊지 말아야 한다.

■ 농가소득 5,000만원 달성을 위해 농업경영비 절감 농업 생산성 향상 방안 농가 수취 가격 올릴 수 없는 지 농산품 부가가치 획기적으로 높일 수 있는 방안

기업들의 독과점 형태로 심화되고 있다. 특히 구매자의 힘을 내세운 대형마트들이 산지 직거래를 통한 줄 세우기를 확대하고 있는 추세이다. 상품의 생산부터 판매까지의 전체 과정에 관련된 기업을 하청 계열사로 두는 것이다.

■ 농협은 전통적으로 도매시장 중심의 시장체제에서 흩어진 조합원의 힘을 모아내는 규모화 전략을 추구해왔다. 규모화는 평균 비용의 절감을 통해 원가경영을 실

현하는 데 효과적인 전략이다. 원가경영은 평균 비용을 기준으로 서비스 가격을 낮게 설정하여 초과이윤이 발생하지 않도록 하는 사업전략이다. 공급자와 소비자 모두가 만족하는 경제 생태계를 만들려는 노력을 해야 한다. 개별 조합원들을 모아 사업물량을 키움으로써 대형 기업에 대응할 수 있도록 하는 것이 바로 협동조합의 생존 원리이기 때문이다. 규모화 전략과 더불어 품질 차별화 전략도 함께 이루어진다.

7. 농협대 전형 면접 이슈

1. 인품/성격/직업관

1) 자기소개 1분

2) 인생을 살면서 힘들었던 일과 그것을 극복하기 위해 노력한 경험은 무엇입니까?

3) 본인 성격의 장단점은 무엇입니까?

4) 끊임없이 도전해서 성취했던 기억이 있나요?

5) 본인의 강점과 창의력을 발휘한 사례가 있나요?

6) 자신의 의견에 반대하는 사람에게 어떻게 대처할 것인가?

7) 자신을 뽑아야 하는 이유는 무엇입니까?

8) 상사가 부당한 지시를 내린다면 어떻게 대응하시겠습니까?

9) 갑작스런 출근 요청 시 어떻게 대처하시겠습니까?

10) 본인이 생각하는 성공의 기준은?

11) 생활신조는 무엇인가요?

12) 바람직한 직장 분위기 조성을 위해 필요한 것은 무엇이라고 생각합니까?

13) 최근에 인상 깊게 읽은 책은 무엇입니까?

14) 대인관계에서 가장 중요한 능력은 무엇이며 그것을 어떻게 길렀나요?

15) 자신이 농협에 적합한 사람이라고 생각하는 이유는 무엇입니까?

16) 가장 존경하는 사람은 누구이고 그 이유는 무엇입니까?

17) 팀원들 사이에 불화가 생겼을 경우 어떻게 대처할 것입니까?

18) 배우자를 고를 때 가장 중요시 여기는 것은?

2. 시사 / 경제용어

1) 기준금리

2) 베블렌 효과

3) 총부채원리금상환비율(DSR)

4) DTI 비율

5) 파노플리 효과

6) 니트(NEAT)족

7) 스태그플레이션

8) 인터넷전문은행

9) 농업 6차산업

10) 임금피크제

11) 클라우드 컴퓨팅

12) SSM

13) 1코노미

14) 티핑포인트

15) 4차 산업혁명

16) 바나나 효과

17) 핫머니

18) 애그플레이션

19) BIS

20) 팜스테이

21) 소셜커머스

22) 옐로우칩

23) 분수효과

24) 생산이력제

3. 농협 관련

1) 우리 농협에 지원하게 된 동기가 무엇입니까?

2) 우리 농협의 올해 경영 방침을 말해보세요.

3) 당신은 어떠한 농협인이 되고 싶으십니까?

4) 농협과 시중은행의 차이점은 무엇입니까?

5) 농협이 하는 사업에 대해 말해보세요.

6) 농협의 금융 업무에는 어떤 종류가 있는가?

7) 우리 농협에서 일하기 위해 무엇을 준비했나요?

8) 농협의 최근 이슈는 무엇인가?

9) 최근 쌀 한 가마니 가격은 얼마인가?

10) 쌀 직불금 제도에 대해 설명해보세요.

11) 농협의 인재상은 무엇입니까?

4. 토론/주장

1) 현 정부는 최저임금을 지속적으로 인상한다고 밝혔는데 이에 대한 본인의 생각은?

2) 통일이 될 경우 농협에 미치는 영향과 나아가야 할 길은?

3) 양심적 병역거부자의 대체복무안에 대한 본인의 생각은?

4) 삼성증권 우리사주 배당 오류 사태에 대한 본인의 생각은?

5) 삼성바이오로직스 분식회계 의혹에 대한 본인의 생각은?

6) 개인회생제도에 대해 찬성/반대 의견?

7) 대형마트 주말의무 휴업에 대해 찬성/반대 의견?

8. 농협대 전형 면접 사례

■ 자기소개/지원 동기

안녕하십니까. 농협에 대해 열심히 공부하고 싶어서 농협대학교에 지원했습니다. 농촌봉사활동에 참여하면서 농협대학교를 알게 되었고, 농협대학교에 입학하겠다는 뚜렷한 목표가 생겨서 열심히 준비해왔습니다. 첫 번째로 농협에서 주최하는 다양한 대외활동에 참여했습니다. 특히 농협 영 서포터즈 활동을 했을때 대표 역할을 맡아서 농협이 진행하는 다양한 사업을 적극적으로 홍보한 결과 최우수상을 수상했습니다. 두 번째로 농민신문을 꾸준히 읽고 공부한 내용과 농협 소식을 블로그에 올렸습니다. 개인 블로그를 꾸준히 운영한 결과 총 1,400개의 컨텐츠가 쌓였습니다. 이러한 노력을 바탕으로 농협대학교에 꼭 입학해서 열심히 공부하고 싶습니다. 감사합니다.

■ 본인의 강점

저의 강점은 블로그를 꾸준히 운영한 것입니다. 6년 동안 블로그를 운영하고 3년 동안 블로그 기자로 활동하면서 저만의 운영 노하우가 생겼습니다. 저의 경험을 통해서 농업인들이 생산하신 농산물을 블로그를 통해 판매할 수 있도록 도움을 드리고 싶고, 농업과 농촌의 공익적 가치를 많은 분께 알리고 싶습니다.

▪ 직업관? 도시 농협과 농촌 농협, 어디로 가고 싶은지? 왜 농협에 대해 공부하고 싶은지?

농촌 발전에 기여하는 일을 하고 싶습니다. 저는 다양한 팜스테이 마을에 방문한 경험이 있습니다. 가장 기억에 남는 곳은 연천 푸르내마을입니다. 그곳에서 김장 체험을 하고 농가밥상을 먹으면서 농촌이 다양한 부가가치를 창출한다는 것을 알게 되었고 농촌의 매력을 알게 되었습니다. 그리고 농촌봉사활동에 꾸준히 참여하면서 농촌 발전에 기여하고 싶은 일을 하고 싶다는 뚜렷한 목표가 생겼습니다. 앞으로 농협대학교에 입학해서 농협과 농촌에 대해 열심히 공부해서 농촌 발전에 기여하고 싶습니다.

▪ 가치관? 포부?

저의 가치관은 도전하는 삶을 사는 것입니다. 저는 파티플래너에 대해 관심이 생겨서 파티플래너 교육을 수료한 경험이 있습니다. (그 교육에 참여하면서 좋은 멘토 선생님을 만나게 되었는데 항상 능동적으로 도전하면서 자신의 분야를 개척해 나가는 선생님의 모습이 인상적이었습니다.) 선생님께서 저에게 도전하는 삶을 살라고 조언해주셨습니다. 조언을 듣고 생각해보니 새로운 도전을 하기보다는 주어진 일만 수행했던 저의 모습이 떠올라서 도전하는 삶을 목표로 작은 것부터 하나하나 도전하기로 결심했습니다. 그 후 저는 40개의 대외활동에 도전해서 다양한 경험을 했습니다.

■ 농협대학교에 나와서 지역농협에 입사하게 된다면 농업인분들에게 어떤 도움을 줄 수 있는지?

저는 농업인분이 생산하신 농산물을 판매할 수 있도록 도와드리고 싶습니다. 6년간 블로그를 운영하고 2년간 홍보 업무를 수행한 경험을 통해서 농업인분이 생산하신 농산물을 SNS를 통해 판매할 수 있도록 도와드리고 싶고 농산물품질관리사 자격증을 취득해서 농업인분에게 실질적인 도움을 드리고 싶습니다.

■ 홍보할 수 있는 방안은?

저는 블로그마켓을 통해 농산물을 홍보하고 판매하는 방안을 생각했습니다.
실제로 블로그마켓을 통해 홍보하고 판매하는 사례가 많다는 것을 알게 되었습니다. 제가 블로그를 6년 동안 운영한 경험을 바탕으로 농업인이 생산하신 농산물을 블로그마켓을 통해 판매할 수 있도록 도움을 드리고 싶습니다.

■ 지역 농협에서 무슨 일을 하고 싶나요?

저는 온라인을 통한 농산물 판매 업무와 농촌복지 업무를 수행하고 싶습니다.
저는 6년간 블로그를 운영하고 2년간 홍보업무를 수행하면서 온라인을 통한 농산물 판매 업무를 수행하고 싶은 목표가 생겼습니다. 또한 농촌봉사활동에 참여하고 농업인행복버스와 다문화 농촌정착지원 과정에 참여하면서 농촌복지 분야에서 근무하고 싶은 목표가 생겼습니다.

■ 학교 생활이나 기타 활동 경험은 무엇이며 그것이 농협에 어떤 도움이 되나요?

저는 농협 영 서포터즈 활동을 수행했을 때 농협이 진행하는 다양한 사업을 홍보하기 위해 노력했습니다. 월마다 팀원들과 함께 '우리농산물 소비 촉진 캠페인'을 기획해서 홍보하고, 모든 행사에 참여했습니다. 또한 팜스테이 마을과 농업박물관을 홍보하는 영상을 제작하고, 농협 행사를 홍보하는 100건의 콘텐츠를 제작해서 최우수상을 수상했습니다. 이런 경험을 바탕으로 농협이 진행하는 다양한 사업을 홍보하고 농업인분이 생산하신 농산물을 온라인을 통해 판매할 수 있도록 도움을 드리고 싶습니다.

■ 감명 깊게 읽은 책에 대해 간략하게 2줄로 설명하세요.

저는 최세화 저자가 쓴 《아프리카 한번쯤 내볼 만한 용기》라는 책을 가장 감명 깊게 읽었습니다. 평범한 대학생이 95일간 혼자 아프리카 여행을 다녀와서 쓴 책인데 자신의 한계를 넘은 도전정신이 너무 멋있어서 기억에 남았습니다.

■ 나의 장점과 단점

저의 장점은 도전하는 것을 좋아하는 성격입니다. 호기심이 많고 배우는 것을 좋아하는 성격이라서 관심 분야에 대해 배우고 총 30개의 대외활동에 적극적으로 참여했습니다.

저의 단점은 어떤 일을 처리할 때 완벽하게 해야 한다는 생각 때문에 작은일에 많은 시간을 쏟는 경우가 있습니다. 그래서 어떤 일을 할 때 지체되지 않도록 미리 시간 계획을 세우고 시간을 효율적으로 사용하려고 노력하고 있습니다.

▪ 약점과 극복 경험은?

저의 약점은 발표 울렁증입니다. 이것을 극복하기 위해 저는 전공에 대해 발표하는 교내 스피치 대회에 도전했습니다. 15분동안 스피치할 내용과 제스처를 전부 외울 정도로 열심히 연습한 결과 최우수상을 받았습니다. 또한 팀 과제를 수행할 때 발표를 주로 맡아서 발표 울렁증을 극복하기 위해 노력했습니다.

▪ 영 서포터즈 활동은 왜 했나요?

저는 대학생봉사단 활동을 하면서 농협에서 다양한 사업을 전개한다는 것을 알게 되었습니다. 농협이 농업인을 위한 복지사업과 교육사업, 경제사업을 펼치고 있다는 것을 알게 되어 이 사업들을 직접 경험해 보고 싶어서 활동하게 되었습니다.

▪ 실패 경험

일을 성급하게 결정했다가 실패한 경험이 있습니다. 컴퓨터공학을 복수전공하면 전망이 밝다는 사실을 알게 되어 성급하게 컴퓨터공학과 복수전공을 신청했습니다. 하지만 수업을 들어보니 저와 적성에도 맞지 않고 너무 어려워서 고민 끝에 복수전공을 철회했습니다. 이 경험을 통해서 무슨 일을 결정할 때는 성급하게 결정하지 않고 다양한 경우의 수를 생각하며 신중하게 결정해야 된다는 것을 느끼게 되었고 저의 적성과 진로에 대해 깊이 고민하는 시간을 가졌습니다.

▪ 갈등 사례

UCC공모전을 준비하면서 팀원과 불화가 생긴 적이 있습니다. 팀원이 왕복 5시간 거리에 살아서 부담이 되고 경제적으로 어려워서 중간에 활동이 어려울 것 같다고 했습니다. 이 문제를 해결하기 위해 한 번은 서울에서 만나고 한 번은 팀원의 집 근처에서 만나고 시험기간은 가급적 피해서 팀원 모두가 부담이 되지 않도록 노력했습니다. 또한 팀원들의 경제적 부담을 덜어주기 위해 제가 블로그 맛집 체험단을 신청해서 팀원들과 맛집 탐방을 다녀서 팀 분위기를 좋게 만들기 위해 노력했습니다. 이 경험을 통해 갈등이 있어도 상대방의 진심을 알아주고 서로 역지사지의 입장으로 생각하고 배려하면 갈등을 해결할 수 있다는 것을 느꼈습니다. 따라서 좋은 리더는 솔선수범하는 모습을 보여줘야 한다고 생각합니다.

▪ 팀 활동을 하면서 뭘 배웠나요?

팀 활동을 하면서 협동을 하면 시너지를 창출할 수 있다는 것을 배웠습니다. 저는 UCC공모전에 도전한 경험이 있습니다. UCC제작을 하려면 각각 주어진 업무를 수행하고 협력해야 합니다. 다같이 힘을 합쳐서 UCC를 제작하기 위해 노력했습니다. 첫 번째 공모전에서는 예선에서 탈락했지만 포기하지 않고 계속 도전한 결과 5번째 도전한 공모전에서 최우수상을 수상할 수 있었습니다. 저는 UCC공모전에 도전하면서 협동을 하면 시너지를 창출할 수 있다는 것을 알게 되었습니다.

▪ 농협에서 하는 일이 적성에 맞지 않는다면?

먼저 적성에 맞지 않은 이유를 찾아보고 농협에 근무하시는 선배님과 소통하여 조언을 들을 것입니다. 또한 책임감을 갖고 이겨내고, 좋은 취미를 살리면서 이겨내겠습니다.

▪ 활동을 하면서 어려웠던 점? 극복 방법?

공모전과 마케팅 동아리 활동을 할때 UCC를 제작하는 데 어려움을 겪었습니다. 팀원 모두 UCC를 제작하는 방법에 대해 잘 몰라서 영상편집 학원에 다니면서 기술을 익혔습니다. 또한 UCC제작을 하려면 각각 주어진 업무를 수행하고 협력해야 하기 때문에 이 부분에 집중하여 노력했습니다. 첫 번째 공모전에서는 예선에서 탈락했지만 포기하지 않고 5번의 공모전에 도전한 결과 5번째 도전한 공모전에서 최우수상을 수상할 수 있었습니다.

▪ 협동조합이란? 협동조합이 발전하려면?

협동조합은 로치데일 협동조합을 시작으로 시장의 독점을 막기 위해 경제적 약자들이 협력해서 만든 자주적 조직입니다. 협동조합은 농업인의 경제적 사회적 문화적 지위 향상을 위해 다양한 사업을 전개하고 있고, 1인 1표제를 실시해서 민주적으로 운영되고 있습니다. 특히 농협은 농업인의 실익 증대와 지역경제 활성화를 위해 적극적으로 경제사업, 신용사업, 지도사업, 교육사업, 복지사업 등을 진행하고 있습니다.

조합원이 주인이 되어 주체적으로 협동조합이 진행하는 사업에 참여해야 협동조합이 발전할 수 있다고 생각합니다. 또한 농업인의 삶의 질 향상뿐만 아니라 지역경제 활성화를 위한 다양한 사업도 전개해야 한다고 생각합니다.

■ 협동조합과 주식회사의 차이점은?

협동조합은 사람 중심이고, 주식회사는 자본 중심입니다.
협동조합은 경제적 약자가 주인이 되어 민주적으로 운영됩니다.
주식회사는 경제적 약자가 배제되고 이윤 추구가 중심입니다.
협동조합은 1인 1표제지만, 주식회사는 1주당 1표제입니다.

■ 자신의 롤 모델은?

저는 영 서포터즈 활동을 수행했을 때 김포 로컬푸드 직매장에 방문해서 그곳에서 근무하는 분과 대화를 나눈 적이 있습니다. 정말 열정적으로 농업인들을 위해 일하시는 모습이 인상 깊었습니다. 농업인들에게 어떻게 하면 더 많은 도움을 줄 수 있을지 항상 고민을 하시고 새로운 도전을 하시는 분이였습니다. 특히 자신의 SNS를 통해 하루도 빠짐없이 농업인들이 생산하신 농산물과 농산물 직거래 장터를 홍보하는 글을 꾸준히 올리는 모습이 인상적이었습니다. 저도 이분처럼 농업인들에게 실질적인 도움이 될 수 있도록 항상 고민하고 노력하는 사람이 되겠다는 목표가 생겼습니다.

저는 마케팅 동아리를 하면서 만난 멘토 선생님이 있는데 그분이 저의 롤모델입니다. 멘토 선생님은 마케팅 분야의 전문가가 되기 위해 항상 열심히 노력하고 최선을 다하는 모습이 인상에 깊이 남았습니다.

■ 마지막으로 NH 영 서포터즈를 하면서 가장 기억에 남는 활동은?

농업박물관과 팜스테이 마을에 방문해서 UCC를 제작한 활동이 가장 기억에 남습니다. 팀원들과 함께 협력해서 UCC를 제작한 결과 최우수팀으로 선정되어 가장 기억에 남습니다.

■ 인 · 적성검사

기업 채용 프로세스에서 인 · 적성검사는 매우 중요한 단계다. 적성검사는 적성을 파악하여 인력을 효율적으로 배치하기 위해 쓰이지만 적성검사를 통해 1차 합격자, 즉 면접대상자를 선발하는 데도 사용된다. 적성검사 성적이 입사 여부에 영향을 미치는 회사도 있지만, 적성검사 성적에 관계없이 서류 전형에서 1차 합격한 지원자에게 면접의 기회를 주는 회사도 있다.

반면 인성검사의 가장 큰 목적은 부적격자를 가려내는 데 있다. 비정상적인 성격 소유자를 체크하고 성격장애와 같은 결격 사유가 있는 사람을 가려내는 것이다. 인성검사는 일반적으로 정서적 안정성, 협조성, 신경질, 자율성, 지도성, 사교성, 지구성, 책임성, 적극성, 반사회성, 무응답성 등을 검사한다. 이 중 가장 중요한 것은 허구성 질문이다. 허구성 항목은 거짓말 척도 문항과, '일관성 있게 대답하는가' 를 보는 타당성 척도 문항으로 이루어져 있다. 허구성 항목의 점수가 높게 나타나면 의식적이든 무의식적이든 자신을 외부에 나타내지 않는 성향이 많거나 개인적인 성향이 강하다는 것을 의미한다.

또 '잘 모르겠다' 는 응답이 20% 이상이면 조사 결과의 신뢰도가 낮을 뿐만 아니라 결단력, 판단력이 부족하며 조사에 대한 거부감, 저항감이 있다는 등으로 해석할 수 있다. 인성검사에서 불합격되는 경우는 허구성이 심하거나 '잘 모르겠다' 는 응답이 많은 경우라는 점을 알아야 한다. 인 · 적성검사를 너무 소홀히 준비한다면 낭패를 볼 수밖에 없다.

인 · 적성검사를 잘 보는 최고의 방법은 다음과 같다.

첫째, 진실 되게 '있는 그대로의 자신'을 표현한다.

거짓으로 마킹을 하다 보면 검사 중간에 "솔직한 답변이 제대로 이루어지지 않고 있다"는 팝업창이 뜬다. 인·적성검사를 시험으로 생각해 좋은 점수를 얻으려고 의도적으로 본성을 숨기고 솔직하게 응답하지 않으면 검사 결과가 무효 처리가 되기도 한다.

둘째, 시간을 투자해 패턴을 익힌다.

인적성 문제는 문제은행 형식으로 지문이 한정되어 있기 때문에 상당히 유사한 문제가 출제되는 경우가 있다. 언어 이해, 논리 판단, 자료 해석, 정보 추론, 도식 이해, 공간 지각 등 신뢰도를 알아보기 위해 또는 공통된 성향인지 알기 위해, 내용은 달라도 사실은 같은 내용을 물어보는 질문이 있다. 인·적성검사를 많이 보다 보면 패턴을 익히는 데 도움이 되기도 한다. 어떠한 유형이 출제되더라도 예제 문제를 통해 빨리 이해하고 적용할 수 있는 능력을 기르는 것이 우선이다. 인·적성검사 특강, 모의 인·적성검사 등을 활용하는 것도 도움이 된다.

셋째, 시간 관리를 잘한다.

검사 도중 임시저장을 하거나 임의로 멈출 수 없게 되어 있고 문항 수 대비 시간이 턱없이 부족하기 때문에 시간 관리는 필수다. 논리퀴즈처럼 1문제당 2분여에 풀어야 하는 경우, 많은 지원자가 시간 관리를 위해 일정 부분을 미리 포기하고 시험을 본다. 이 또한 하나씩 준비하다 보면 충분히 극복할 수 있는 부분이기 때문에 연습이 필요하다. 언어영역의 경우도 긴 제시문을 빨리 읽어내려면 독해 속도를 높이는 연습을 하고, 낯선 자료에서 필요한 정보를 빨리 찾는 훈련을 한다면 도움이 된다.

9. 실습사무소 지원 사례

■ 전주농협 지원 동기

'전북 최고의 농협, 전주농협 짝사랑 3년'

저는 친인척들이 농협중앙회 및 농협은행에 근무를 해서 농협중앙회 시험을 준비했습니다. 농협을 알기 위해 직접 '현장에서 부딪치자' 라고 생각하였고 그 결과 농협중앙회 익산시지부 농정지원단 주임으로 입사하여 농협에 대한 알아가던 중 전주농협의 명성을 알게 되었습니다. 임인규 조합장님 취임 이래 농사연금이라는 파격적인 공약으로 초고속 성장을 하면서 농협중앙회 직원분들이 '중앙회보다 더 좋은직장' 이라고 평가했다는 얘기를 들었고 제가 사는 전주지역에 위치해 있어 입사하고 싶은 마음이 생겼습니다.

가장 빠른 방법은 공채 시험을 보는 것인데 회원지원부 과장님이 "전주농협은 공채를 잘 뽑지 않아 완주지역으로 입사 가능성이 높고 가장 확실한 방법은 농협대학교에 입학해 실습을 통해 취직하는 방법을 알아보라" 는 말씀에 농협대학교를 진학하였습니다. 1차 실습을 전주농협으로 지원하였지만 "조합원이 아니면 받지 않겠다" 라는 말에 실망 하기도 했습니다. 북전주농협 실습 중에 부모님을 설득해 농지 1,000평을 임대해 조합원 가입을 추진하면서 전주농협 문을 두드렸습니다. 코로나19로 비대면 수업으로 전주농협에 대한 정보를 선배님에게 들을 수 없었지만 농협 경험과 열심히 하면 뽑아 줄 거 라는 믿음 하나로 "실력으로 부딪쳐보자" 라는 생각을 하면서 지원하게 되었습니다.

■ 성격 소개(장·단점)

'열정과 빠름 사이'

저는 목표를 세우면 직장이 아닌 집에서도 내일 업무에 대해 고뇌하고 숙고의 시간을 갖습니다. 때론 열정이 과하여 '포기할 줄도 알아야지' 라는 조언을 듣습니다. 고객 CRM의 경우 삼고초려의 마음으로 고객의 니즈를 찾아 고객이 기뻐할 때 성취감은 이루 말할 수 없습니다. 하지만 업무처리에 있어 미루는 것을 싫어해 조금 더 신중하면 더 좋은 생각과 결과물이 나오는데 성급하게 추진해 후회를 한 적이 종종 있지만 세월이 흐르면서 완급조절 능력이 생기면서 극복했습니다.

또한 원칙을 중요시하는 성격에 로스쿨이 있는 법학과에 진학하게 되었고 리갈마인드는 대부계 수입이 주인 농협의 수익 구조상 규정집의 원칙을 찾고 그에 부합하는 법률 행위를 판단하는 저의 적성에 잘 맞을 것 같습니다. 비록 변호인의 꿈을 이루지는 못하였지만 은행 직원이 아닌 농민의 눈물을 닦아주고 입장을 대변해주는 변호인으로써 조합원님과 함께 전주농협 인재로 성장하고 싶습니다.

■ 경력사항 및 수상 내역

"실무와 이론을 겸비한 인재입니다."

14개 조합을 거느린 익산시지부에서 미래 농협인으로써 꿈을 가지고 있어 업무에 대한 욕심이 많았습니다. 익산시지부는 중앙회 지부장 업적평가에서 매번 꼴등을 달리는 지역으로써 중앙회 직원들의 기피대상 지역입니다. 꼴등을 달리는 이유를 생각해봤을 때 중앙회는 지역 농협을 서포트해 주는 입장으로 지역 농협이 협조를 해주지 않아 실적에 반영하지 못해서입니다. 단장님과 차장님께 의견을 내어 농민회, 한농연 기부금을 줄이고 각 조합 총무과 직원들을 조합장님 운영협의회처럼 분기별로 모여 조합·직원 상생업무협의회를 만들었습니다. 익산지역은 익산농협을 제외하면 농촌형 농협이라 총무과 직원이 지도과를 같이 보기 때문에 총무과 직원들을 분기별로 만나면서 허심탄회하게 서로 조합 사정을 공유하였습니다.

급여 테이블 공개를 시작으로 업무 공유가 활발히 진행되면서 마음이 열렸고, 소통이 활발하니 실적은 물 흐르듯이 따라왔습니다. 꼴등인 업적평가 4등까지 올라갔고 저는 농협대학을 합격하면서 학업에 집중하기 위해 퇴직의사를 알렸지만 단장님이 1년을 채우고 퇴사를하면 퇴직금과 실업급여 받을 수 있음을 알리시며 그만두지 못하게 하였습니다. 하지만 저는 중간고사나 기말고사 일정으로 심신단련휴가로는 부족하여 거절하였지만 단장님이 출장으로 배려해주시면서 무사히 1년을 마쳤습니다.

돌이켜보면 농협은 사람의 마음을 얻는 비즈니스라는 생각이 듭니다. 지역농협 또한 마찬가지라 생각됩니다. 작은 시작, 작은 배려가 큰 차이를 만드는 것 같습니다. 업무에서는 대금정산, 각종 보조금(유기질, 상토 등), 운영협의회 개최, 인사업무협의회 개최, 농촌 인력 중개, 외국인 비자 발급, 조합 창간 광고, 지자체 협력사업, 정보 보안, 정산(일일집계표, 텔러 등) 등을 책임지고 맡아 업무를 수행하였습니다.

농협대학을 다니면서 2020년 경기유통진흥공사에서 주최하는 '공유농업 청년 혁신 아이디어' 공모전에서 농협대학 대표로 '못난이 농산물 및 풍작 농산물을 이용한 반려동물 식물성사료 및 식물성 영양제 제작판매'로 3등으로 우수상을 수상하였습니다. 외래종인 베스로 고양이 사료를 만든 기업이 대박 난 사례에서 착안해서 풍작이나 못난이 농산물로 수확을 포기해 경영비도 못 건지는 농민들을 보면서 농산물을 이용해 농민들의 아픔을 보듬는 게 농협대학 출신으로 숙명으로 생각해서 아이디어를 생각했습니다. 반려견 식물성 사료나 식물성 영양제가 수입 비중이 80%로 우리농산물의 우수성을 알기 때문에 국내시장에 경쟁력이 있다고 생각했습니다.

부록

NH농협 공채 면접문제 작성 모음

1. 적성면접

1) 기저효과에 대해 설명해보시오.

경제지표를 평가하는 데 있어 기준시점과 비교시점의 상대적인 수치에 따라 그 결과에 큰 차이가 날 수 있음을 뜻합니다. 즉, 경기가 좋은 때를 기준시점으로 현재의 경제 상황을 비교할 경우 경제지표는 실제보다 위축된 모습을 보입니다. 반면, 불황기의 경제 상황을 기준시점으로 비교하면 경제지표가 실제보다 부풀려져 나타날 수 있습니다.

2) 래퍼곡선이 무엇인가?

래퍼곡선은 공급중시 경제학 또는 공급측 경제학의 근간이 되는 이론을 설명하는 곡선입니다. 공급중시 경제학은 기업가 등 경제주체에 대한 유인을 중시하고 있으며, 조세가 이에 중대한 영향을 미친다고 보고 있습니다. 래퍼(B. Laffer)는 세율의 변화가 경제주체들의 유인에 주는 영향을 통해 조세 수입에 미치는 효과를 래퍼곡선으로써 상징적으로 설명하였습니다.

3) 매출액이란?

기업의 매출액은 매우 중요합니다. 바로 기업이 성장하는지 아닌지는 매출과 직결되기 때문입니다. 상품의 매출 또는 서비스의 제공에 대한 수입금액으로 반제품, 부산품, 작업폐물 등을 포함한 총매출액에서 매출환입액 및 에누리액을 공제한 순매출액 및 에누리액을 공제한 순매출액을 말합니다. 매출은 실현주의 원칙에 따라 상품을 인도한 날 또는 서비스를 제공한 날에 실현된 것으로 계상하나 예외적으로 건설업이나 조선업의 미완성 공사는 공사가 진행된 정도에 따라 실현된 것으로 계상할 수 있습니다.

4) 영업이익이란?

기업이 주력사업으로 얼마나 이익이 나는지는 영업이익이 말해줍니다. 영업이익이 많이 나면 주력사업에서 이익이 그만큼 많이 발생된다는 뜻입니다.

5) 당기순이익이란?

일정 기간의 순이익을 의미합니다. 순이익이란 매출액에서 매출원가, 판매비, 관리비 등을 빼고 여기에 영업외 수익과 비용, 특별 이익과 손실을 가감한 후 법인세를 뺀 것입니다. 한마디로 일정 회계기간 동안 발생한 기업의 전체 수익에서 비용을 차감한 금액입니다. 기업이 원래 하던 사업 외에 모든 소득에서 비용을 뺀 것이 당기순이익입니다.

6) 영업활동 현금흐름이란?

기업이 제품의 제조·판매 등 주요 활동을 하면서 발생하는 현금의 유입·유출을 말합니다. 한마디로 기업이 한 회계기간 동안 제품 판매 등 영업을 통해 실제 벌어들인 현금을 말합니다. 외부차입은 포함되지 않고 외상매출이나 미수금 등도 반영되지 않습니다.

7) 투자활동 현금흐름이란?

기업이 투자 목적으로 운영하는 자산 및 영업에 사용되는 유형자산 등의 취득 및 처분과 관련한 현금의 유출입니다. 예를 들어, 투자활동 현금흐름이 음수인 경우, 현재 기존 사업을 확장하거나 신규 사업에 진출하는 등 더 많은 미래 수익을 창출하기 위한 투자활동이 활발하다고 해석할 수 있으며, 이러한 활발한 투자활동은 향후 미래의 현금흐름을 증가시킬 가능성이 높다고 판단할 수 있습니다.

반면 현재 투자활동 현금흐름이 양수일 경우, 투자활동보다는 기존의 생산설비 매각 등으로 인하여 현금 유입이 발생하는 것이기 때문에 미래 현금흐름의 증가를 기대하기 어렵다고 볼 수 있습니다. 다만, 여유자금을 운용하기 위해 지분상품이나 채무증권을 취득하고 처분하는 과정에서도 투자활동현금의 유출입이 발생하므로 반드시 어떤 투자활동으로 현금흐름이 음수 혹은 양수가 되었는지도 함께 분석해야 합니다.

8) 부채비율이란?

기업이 갖고 있는 자산 중 부채가 얼마 정도 차지하고 있는가를 나타내는 비율로서, 기업의 재무구조, 특히 타인자본의존도를 나타내는 대표적인 경영지표입니다. 대차대조표의 부채총액을 자기자본으로 나눈 비율(부채총액/자기자본)로, 소수 혹은 백분율로 표시합니다. 즉 타인자본의 의존도를 표시하며, 경영 분석에서 기업의 건전성 정도를 나타내는 지표로 쓰입니다. 기업의 부채액은 적어도 자기자본액 이하인 것이 바람직하므로 부채비율은 1 또는 100% 이하가 이상적입니다. 다만 대기업 제조업 등은 부채비율이 200% 이하면 안전하다고 봅니다. 그리고 금융업 쪽은 부채비율이 상대적으로 높습니다. 이 비율이 높을수록 재무구조가 불건전하므로 지불 능력이 문제가 됩니다. 이 비율의 역수(逆數)는 자본부채비율(자기자본/부채총액)이 됩니다. 또한 부채비율이 조금 높아도 자본유보율이 높으면 크게 문제는 되지 않습니다. 채무 지불 능력이 있는 업체로 간주하기 때문입니다.

9) 자본유보율이란?

영업활동에서 생긴 이익인 이익잉여금과 자본거래 등 영업활동이 아닌 특수거래에서 생긴 이익인 자본잉여금을 합한 금액을 납입자본금으로 나눈 비율입니다. 사내유보율, 내부유보율로도 불리며 기업이 동원할 수 있는 자금량을 측정하는 지표로 쓰입니다. 일반적으로 부채비율이 낮을수록, 유보비율이 높을수록 기업의 안전성이 높다고 할 수 있으나, 유보율만 가지고 단정적으로 좋다 나쁘다를 평가할 수는 없습니다. 과감한 신규 투자로 인해 기업에 유보율이 낮아질 수도 있고 경기가 어려울 때는 현금을 많이 확보하기 위해 유보율이 올라갈 수도 있기 때문입니다. 기업이 영업활동으로 벌어들이는 현금이 없어도 보유하고 있는 부동산이나 주식을 처분해 일시적으로 유보율이 올라가는 경우도 있습니다. 유보율이 높을수록 불황에 대한 적응력이 높고 무상증자 가능성도 높습니다.

10) ROE(%) : Return On Equity

경영자가 기업에 투자된 자본을 사용하여 이익을 어느 정도 올리고 있는가를 나타내는 기업의 이익창출능력으로, 자기자본수익률이라고도 합니다. 산출 방식은 기업의 당기순이익을 자기자본으로 나눈 뒤 100을 곱한 수치입니다. 예를 들어 자기자본이익률이 10%라면 주주가 연초에 1,000원을 투자했더니 연말에 100원의 이익을 냈다는 뜻입니다. 기간이익으로는 경상이익, 세전순이익, 세후순이익 등이 이용되며, 자기자본은 기초와 기말의 순자산액의 단순평균을 이용하는 경우가 많은데 이는 기간 중에 증·감자가 있을 경우 평균잔고를 대략적으로 추정하기 위한 것입니다. 기간 중에 증·감자가 없었다면 기초잔고를 이용해도 됩니다. 자기자본이익률이 높은 기업은 자본을 효율적으로 사용하여 이익을 많이 내는 기업으로 주가도 높게 형성되는 경향이 있어 투자지표로 활용됩니다. 투자자 입장에서 보면 자기자본이익률이 시중금리보다 높아야 투자자금의 조달비용을 넘어서는 순이익을 낼 수 있으므로 기업 투자의 의미가 있습니다. 시중금리보다 낮으면 투자자금을 은행에 예금하는 것이 더 낫기 때문입니다.

11) FCF(free cash flow)

기업이 사업으로 벌어들인 돈 중 세금과 영업비용, 설비투자액 등을 제외하고 남은 현금을 의미합니다. 철저히 현금 유입과 유출만 따져 돈이 회사에 얼마 남았는지 설명해주는 개념. 투자와 연구개발 등 일상적인 기업 활동을 제외하고 기업이 쓸 수 있는 돈입니다. 회계에서는 영업활동 현금흐름과 투자활동 현금흐름을 합한 것과 같습니다. 잉여현금흐름 = 당기순이익 + 감가상각비 - 고정자산증가분 - 순운전자본증가분입니다. 잉여현금흐름은 배당금 또는 기업의 저축, 인수합병, 자사주 매입 용도로 사용할 수 있습니다. 그러나 잉여현금흐름이 적자로 전환하면 해당 기업은 외부에서 자금을 조달해야 합니다.

12) CAPEX(Capital expenditures)

미래의 이윤을 창출하기 위해 지출하는 비용을 말합니다. 유효수명이 당 회계년도를 초과하는 기존의 고정자산에 대한 투자에 돈을 사용할 때 발생합니다. CAPEX는 회사가 장비, 토지, 건물 등의 물질자산을 획득하거나 이를 개량할 때 사용합니다. 회계에서 CAPEX는 자산계정에 추가하므로 (자본화), 자산 내용(세금부과에 적용되는 자산가치)의 증가를 가져옵니다. CAPEX는 일반적으로 현금흐름표에서 장비와 토지자산에 대한 투자 등에서 볼 수 있습니다.

13) PER(Price-Earning Ratio)

주가수기비율로 PER는 주가를 주당순이익(EPS)으로 나눈 수치로 계산되며 주가가 1주당 수익의 몇배가 되는가를 나타냅니다. 예를 들어 A기업의 주가가 6만6,000원이고 EPS가 1만2,000원이라면 A사의 PER는 5.5가 됩니다. PER가 높다는 것은 주당순이익에 비해 주식가격이 높다는 것을 의미하고 , PER가 낮다는 것은 주당순이익에 비해 주식가격이 낮다는 것을 의미합니다. 그러므로 PER가 낮은 주식은 앞으로 주식가격이 상승할 가능성이 큽니다. 쉽게 말해 PER가 3이라는 말은 내가 현재 투자한 주가가 원금만큼 투자한 회수하는 기간이 3년이 걸린다는 뜻입니다.

14) EPS(Earning Per Share)

기업이 벌어들인 순이익(당기순이익)을 그 기업이 발행한 총 주식수로 나눈 값으로, '주당순이익' 을 말합니다. 1주당 이익을 얼마나 창출하였느냐를 나타내는 지표입니다. 즉 해당 회사가 1년간 올린 수익에 대한 주주의 몫을 나타내는 지표라 할 수 있습니다. 또한 주당순이익은 주가수익비율(PER) 계산의 기초가 되기도 합니다. EPS가 높을수록 주식의 투자 가치는 높다고 볼 수 있으며, 그만큼 해당 회사의 경영실적이 양호하다는 뜻입니다. 따라서 배당 여력도 많으므로 주가에 긍정적인 영향을 미칩니다. EPS는 당기순이익 규모가 늘면 높아지게 되고, 전환사채의 주식전환이나 증자로 주식수가 많아지면 낮아집니다. 특히 최근 주식시장의 패턴이 기업의 수익성을 중시하는 쪽으로 바뀌면서 EPS의 크기가 중요시되고 있습니다.

15) BPS(bookvalue per share)

주당순자산가치로, 기업의 총자산에서 부채를 빼면 기업의 순자산이 남는데 이 순자산을 발행주식수로 나눈 수치를 말합니다. 기업이 활동을 중단한 뒤 그 자산을 모든 주주들에게 나눠줄 경우 1주당 얼마씩 배분되는가를 나타내는 것으로, BPS가 높을수록 수익성 및 재무 건전성이 높아 투자가치가 높은 기업이라 할 수 있습니다. 한편, BPS에는 주가 정보가 고려돼 있지 않기 때문에 해당 회사의 주가가 자산가치에 비해 얼마나 저평가 혹은 고평가되어 있는지 판단하기 위해 PBR이라는 값을 사용합니다. PBR(Price Bookvalue Ratio)은 주가순자산비율로, 주가를 BPS로 나눈 비율을 뜻합니다.

16) PBR(Price Book-value Ratio)

주가가 한 주당 몇 배로 매매되고 있는지를 보기 위한 주가 기준의 하나로 장부가에 의한 한 주당순자산(자본금과 자본잉여금, 이익잉여금의 합계)으로 나누어서 구합니다. 즉 주가가 순자산(자본금과 자본잉여금, 이익잉여금의 합계)에 비해 1주당 몇 배로 거래되고 있는지를 측정하는 지표입니다. 예를 들어 PBR이 1이라면 특정 시점의 주가와 기업의 1주당 순 자산이 같은 경우이며 이 수치가 낮을수록 해당 기업의 자산가치가 증시에서 저평가되고 있다고 볼 수 있습니다. 즉, PBR이 1 미만이면 주가가 장부상 순자산가치(청산가치)에도 못 미친다는 뜻입니다. PBR은 PER(주가수익비율)과 함께 주식투자의 중요한 지표가 됩니다. 부도사태가 빈발하고 있는 현실에서 회사가 망하고 나면 회사는 총자산에서 부채를 우선 변제해야 합니다. 그러고도 남는 자산이 순자산이란 것인데, 이것이 큰 회사는 그만큼 재무구조가 튼튼한 것이고 안정적인 회사입니다. 주당 순자산은 '(총자산-총부채)÷발행주식수' 가 됩니다. 그러므로 주당순자산비율(PBR)은 '주가÷주당순자산' 이 되고 배수가 낮을수록 기업의 성장력, 수익력이 높다는 말입니다. PER이 기업의 수익성과 주가를 평가하는 지표인데 비해 PBR은 기업의 재무상태면에서 주가를 판단하는 지표입니다.

17) 필립스곡선이 무엇인가?

실업률과 화폐임금상승률 사이에는 매우 안정적인 함수관계가 있음을 나타내는 모델로서 영국의 경제학자 필립스(Phillips, A. W.)에 의해 발표된 것입니다. 인플레이션의 요인에 대한 수요견인설(demand-pull theory)과 비용인상설(cost-push theory) 사이에 열띤 논쟁이 계속되고 있을 때 필립스는 영국의 경제통계로부터 화폐임금상승률과 실업률 사이에는 역의 함수관계가 있음을 발견했습니다. 원래는 화폐임금상승률과 실업률 사이의 관계로 표시되지만 물가상승률과 실업률 사이의 관계로 표시되기도 합니다. 일반적으로 실업률이 낮을수록 화폐임금상승률 또는 물가상승률이 높으며, 반대로 화폐임금상승률이 낮을수록 실업률은 높습니다.

18) 수요공급곡선이 무엇인가?

한마디로 상품의 가격과 수요량 · 공급량의 관계를 나타내는 곡선입니다. 가격이 오르면 수요량은 감소하고 공급량은 증가하며, 가격이 내리면 반대의 현상이 일어납니다. 가격과 수요 · 공급량을 각각 수직, 수평으로 하는 직각 좌표에 이러한 현상을 표시하면, 가격-수요곡선은 우하향(右下向)하는데, 보통 자유 경쟁하에서 실제가격은 수요곡선과 공급곡선의 교점이 됩니다. 그런데 이것은 엄밀하게 말하면 가격이 오를 경우 소비의 변화를 드러내는 가격-소비 곡선으로 볼 수 있으며 부(富)와 다른 상품의 가격(價格) 선호(選好)가 변하지 않을 경우 한 상품의 가격과 그 가격에서의 소비량의 관계를 설명하는 곡선입니다.

19) 더블딥에 대해 설명해보시오.

경기침체 후 회복기에 접어들다가 다시 침체에 빠지는 이중침체 현상입니다. 이를테면 경제학에서 더블딥은 불황에 빠졌던 경기가 단기간(1~2분기) 회복했다 다시 불황에 빠지는 상태로 W자형의 불황을 의미합니다. 실질 GDP 성장률로 측정한 경기가 2중(double)으로 가라앉는(dip) 것입니다. 더블딥이 전망되면 현재 추진하는 경기부양책의 한계로 인하여 추가적인 경기 부양책이 요구됩니다.

20) 풍년 기근 현상에 대해 설명해보시오.

풍년 기근 현상이란 농축산물이 매년 가격의 폭락과 폭등이 반복되는 상황 속에서 풍년이 들어 생산이 증가하면 농업소득이 오히려 감소하는 현상을 말합니다.

21) 출구전략에 대해 설명해보시오.

경기침체기에 경기를 부양하기 위하여 취하였던 각종 완화정책을 경제에 부작용을 남기지 않게 하면서 서서히 거두어들이는 전략을 말합니다.

22) 커플링전략에 대해 설명해보시오.

한 나라의 경제는 세계 경제 상황과 끊임없이 영향을 주고받으면서 서로 비슷한 흐름을 보이게 되지요. 서로 닮아간다는 뜻에서 이것을 '동조화(coupling)' 현상이라고 합니다.

23) 디커플링 전략이란?

동조화(coupling)의 반대 개념입니다. 한 나라 또는 일정 국가의 경제가 인접한 다른국가나 보편적인 세계경제의 흐름과는 달리 독자적인 경제흐름을 보이는 현상을 말합니다.

24) DTI에 대해 설명해보시오.

금융부채 상환능력을 소득으로 따져서 대출한도를 정하는 계산비율을 말합니다. 대출상환액이 소득의 일정 비율을 넘지 않도록 제한하기 위해 실시합니다.

25) 애그플레이션에 대해 설명해보시오.

농업을 뜻하는 영어 '애그리컬처(agriculture)' 와 '인플레이션(inflation)' 을 합성한 신조어. 곡물가격의 상승 영향으로 일반 물가가 상승하는 현상을 가리킵니다.

26) 헤지펀드에 대해 설명해보시오.

소수의 투자자로부터 자금을 모집하여 운영하는 일종의 사모펀드로, 시장 상황에 개의치 않고 절대수익을 추구합니다. 시장의 흐름에 따라 상대적으로 높은 수익을 추구하는 일반 펀드와 달리 다양한 시장 환경 속에서도 절대수익을 창출하려는 목적을 가진 펀드입니다. 다시 말해 시장 상황이 좋지 않을 때에도 수익을 추구하는 펀드라 할 수 있습니다.

27) 바나나 현상에 대해 설명해보시오.

각종 환경오염 시설들을 자기가 사는 지역권 내에는 절대 설치하지 못한다는 지역 이기주의의 한 현상이며 공공정신의 약화 현상입니다. 'Build Absolutely Nothing Anywhere Near Anybody' 라는 영어 구절의 각 단어 머리글자를 따서 만든 신조어입니다. '어디에든 아무 것도 짓지 마라' 는 이기주의적 의미로 통용되기 시작했으며 유해시설 설치 자체를 반대하는 것입니다.

28) 적자 호황에 대해 설명해보시오.

경기 상황은 매우 좋아보이지만 내속은 적자를 띠고 있어 이런 경우 후에 큰 타격을 가져올 수 있어 위험합니다.

29) 불황형 흑자란?

수출이 줄어들긴 했지만 수입이 더 큰 폭으로 줄어들어 겉보기에는 흑자로 보이지만 불황의 형태임을 나타내는 말입니다.

30) FTA는 무엇이며 이를 대응하기 위해 농협은 어떤 준비를 해야 하는가?

한마디로 국가 간 상품의 자유로운 이동을 위해 모든 무역 장벽을 완화하거나 제거하는 협정입니다. 이를테면 농식품 수출 기업과 농협이 해외 수출 지원에 나서고, 현지 박람회에 참가하는 등 대 해외 수출 활성화 방안을 모색해 농산물뿐만 아니라 농기계, 가공식품 등을 출품해 관련 사업의 기반을 다지는 기회로 삼아야 합니다.

31) 한미FTA를 체결한 이후, 수출을 활성화할 수 있는 방안은 무엇인가?

한미 FTA로 인해 수출이 크게 확대된 산업에 속한 기업이나 근로자는 더 큰 이윤 혹은 소득 증가의 기회를 얻었지만 그러지 못한 산업, 특히 한미 FTA로 인해 오히려 수입 경쟁이 더 심화된 산업의 경우 상대적으로 낮은 이윤 혹은 소득을 경험했을 확률이 높습니다. 비수출 기업이나 규모가 작은 기업에서 일할 경우, 상대적으로 학력이 낮거나 고령일 경우 시장 개방으로 인한 상대적 불이익에 노출될 가능성이 높으며 따라서 이들 취약 계층에 대한 모니터링 시스템과 안전장치 및 지원 제도가 보완될 필요가 있습니다.

32) 애플의 CEO 스티브 잡스에 대해 어떻게 생각하는가?

먼저 '스티브 잡스처럼 생각하고 스티브 잡스처럼 성공하라' 는 말이 떠오릅니다. 그는 세상을 가능성의 관점에서 바라보라고 끊임없이 자극했습니다. 그는 저를 포함한 많은 사람들이 자신의 내면에서 같은 잠재력을 볼 수 있도록 했다는 점을 높이 사고 싶습니다. 앞으로 우리도 사람들을 연결하며 그들이 다르게 생각하도록 영감을 주고, 세상에 흔적을 남기도록 힘을 주는 혁신적 도구를 만드는 것이 중요하다고 생각합니다.

33) 하나로마트에서 수입산 바나나를 판매하는 것에 대해 어떻게 생각하는가?

근래 농협중앙회가 농협이 운영하는 하나로마트에 대해 수입농산물 판매를 금지하면서 애꿎은 소비자들만 피해를 입고 있다는 기사를 봤습니다. 특히 일부 지역 농협은 "소비자와 조합원의 요구에 부응해 수입농산물 판매를 허용해야 한다" 는 주장을 펴면서 딜레마에 빠진 모습입니다. 최근 해외에서 이주한 주민들이 늘어나면서 소비자들의 수입농산물 판매 요구가 높다고 합니다. 바나나의 경우 수입산과 국내산 한 송이 가격 차이가 4배에 달한다고 합니다. 이런 상황이라면 수입농산물 판매는 지속적으로 이뤄질 수밖에 없습니다. 따라서 국산 바나나 판매가격 현실화와 더불어 해외 이주민을 위한 별도의 진열대를 설치해서 합리적으로 해결해야 한다고 생각합니다.

34) 노블레스 오블리주에 대해 말해보시오.

높은 사회적 신분에 상응하는 도덕적 의무를 뜻하는 말입니다. 초기 로마시대에 왕과 귀족들이 보여준 투철한 도덕의식과 솔선수범하는 공공정신에서 비롯되었습니다. 가진 자들의 의무, 즉 가지지 못한 자들에게 자신이 가지고 있는 무언가를 베푸는 행위를 뜻합니다. 국가에서 하는 복지사업도 한 예라고 볼 수 있습니다. 무료에 가까운 의료 보험 제도, 빈민층을 대상으로 한 구조 작업, 지원금 그외 기타 등입니다. 하지만 국가에서 나오는 돈은 결국 국민들의 세금! 결국 비슷한 사람끼리 돈을 모아 조금 더 가난한 사람에게 준다는 것이죠. 하지만 노블레스 오블리주에서는 그런 돈을 '가진 자', 즉 부자들이 내는 것입니다. 우리나라로 치면, 재벌급 부자들이 빈민층을 구조한다는 것이니 정부는 국민의 세금을 다른 곳에 쓸 수 있어서 좋고, 기업은 이미지가 좋아지니 좋고, 빈부 격차가 약해지니 나라 발전 자체에도 좋을 것입니다.

35) 지급유예(모라토리엄)에 대해 설명해보시오.

채무 상환 또는 다른 법적 의무의 이행에 허락된 지연으로 경제 또는 정치 혼란 등의 긴급 사태가 발생했을 경우 정부 명령으로 은행예금을 포함한 채무의 지급을 일정 기간 연기하는 조치입니다.

36) 구상권에 대해 설명해보시오.

채무를 대신 변제해준 사람이 채권자를 대신하여 채무당사자에게 반환을 청구할 수 있는 권리를 말합니다. 국가소송에서는 국가가 불법행위로 피해를 본 사람들에게 배상금을 먼저 지급한 뒤 실제 불법행위에 책임이 있는 공무원을 상대로 배상금을 청구하는 권리를 이르기도 합니다.

37) SSM에 대해 설명해보시오.

Super SuperMarket은 '기업형 슈퍼마켓' 으로 불리는 것으로, 대형마트보다 작고 일반 동네 수퍼마켓보다 큰 유통매장을 지칭합니다. 일반적으로는 개인 점포를 제외한 대기업 계열 슈퍼마켓을 지칭합니다.

38) 그린오션에 대해 설명해보시오.

친환경 정책을 바탕으로 새로운 시장을 개척하고, 그 시장에서 부가가치를 창출하고자 하는 경영전략을 말합니다. 레드오션이 '이미 경쟁이 치열해진 시장' 을, 블루오션이 '경쟁을 벗어난 새로운 시장' 을 의미한다면, 그린오션은 '친환경정책, 저탄소 녹색경영 등 환경 문제에 가치를 두고 부가가치를 창출하는 시장'을 의미합니다.

39) 버핏세에 대해 설명해보시오.

'투자의 귀재' 워런 버핏(Warren Buffett) 버크셔 해서웨이 회장의 이름을 딴 부유층 대상 세금입니다. 연간 100만 달러(약 11억 원) 이상을 버는 부유층의 자본소득에 적용되는 실효 세율이 적어도 중산층 이상은 되도록 세율 하한선(minimum tax rate)을 정하자는 방안입니다 워런 버핏이 부유층에 대한 세금 증세를 주장해 오바마 정부가 과세 불평등 해소 목적으로 도입을 제안한 바가 있습니다.

40) 은행세에 대해 설명해보시오.

세계 금융위기 당시 은행 구제금융에 들어간 국민의 세금을 회수하고, 금융위기 재발을 방지하기 위하여 은행에 부과하는 세금입니다. 은행세란 은행에 부과하는 일종의 부담금입니다. 2010년 1월 미국의 버락 오바마 대통령이 세계 금융위기를 초래한 대형 은행들에 대하여 이른바 금융위기 책임비용을 물리겠다고 선언하면서부터 부각되기 시작하여 '오바마세'라고도 불립니다.

41) 성과연봉제에 대해 설명해보시오.

성과연봉제란 업무 성과, 사원 능력, 회사에 대한 공헌도 등을 평가해서 연간 임금액을 결정하는 임금 형태로 보통 성과평가를 바탕으로 결정됩니다. 직무 · 직급 간 사원들의 형평성을 유지해야 하고 수당 지급액에 있어서 오류가 생기지 않도록 연봉 지급의 기준 및 절차를 정하여 놓아야 합니다. 이를 연봉제 규정이라고 합니다.

42) 쌀 직불금에 대해 설명해보시오.

정부가 쌀값 등의 농산물 가격 하락으로 인한 농가소득 감소분의 일정액을 보전해줌으로써 농업인 등의 소득 안정을 위해 시행하는 제도입니다. 즉, 정부가 시장가격보다 비싼 값에 쌀을 구매해주는 추곡수매제를 2005년 폐지하면서 새로 도입한 제도입니다. 농지 소유 여부에 관계없이 실제 농사를 짓는 사람에게 주어지며 금액은 농지 소유 면적과 상관없이 무제한으로 지급됩니다.

43) 스미싱에 대해 설명해보시오.

스미싱(smishing)은 휴대전화 문자를 의미하는 '문자메시지(SMS)' 와 인터넷, 이메일 등으로 개인정보를 알아내 사기를 벌이는 '피싱(Phishing)' 의 합성어로 스마트폰의 소액 결제 방식을 악용한 신종 사기수법입니다.

44) G20에 대해 설명해보시오.

선진 7개국 정상회담(G7)과 유럽연합(EU) 의장국 그리고 신흥시장 12개국 등 세계 주요 20개국을 회원으로 하는 국제기구입니다. G7을 20개 국가로 확대한 세계경제 협의기구로, 1999년 12월 정식으로 발족되었습니다. 이후 2009년 9월 G20 정상회의를 정기적 · 계속적으로 열기로 합의하면서 세계 경제 문제를 다루는 최상위 포럼으로 격상됐습니다.

45) 립스틱 효과에 대해 설명해보시오.

경기가 불황일 때 립스틱 같이 낮은 가격으로 사치를 즐기기에 적당한 저가 제품의 매출이 증가하는 현상. 저가이지만 그럭저럭 소비자의 효용을 만족시켜 줄 수 있는 상품의 경우 호황기보다는 불황일 때 오히려 더 잘 팔리는 현상을 말합니다. 값비싼 화장품보다는 상대적으로 가격이 저렴하면서도 화장 효과가 잘 드러나는 립스틱이 여성들 사이에서 더 잘 팔린다는 데서 나온 경제용어입니다. 립스틱 효과와 비슷한 용어로 불황일수록 미니스커트가 유행한다는 '미니스커트 효과' 도 있습니다. 불황일 때는 가라앉은 기분을 띄우기 위해 미니스커트를 입는다고 합니다. 무거운 사회적 분위기를 환기하기 위해 미니스커트를 입는다는 것입니다. 하지만 미니스커트 효과도 한계가 있습니다.

46) 무어의 법칙에 대해 설명해보시오.

인텔과 페어차일드 반도체(Fairchild Semiconductor)의 창립자 고든 무어는 1965년 기고를 통해 향후 최소 10년간 마이크로칩의 성능이 매 1년마다 두 배씩 늘어날 것이라고 주장했습니다. 이는 정립된 학설이나 법칙은 아니며, 시기별로 당초 주기보다 빨라지거나 늦어지는 것으로 알려져 있습니다.

47) 6차 산업에 대해 설명해보시오.

6차 산업이란 1차 산업인 농림수산업, 2차 산업인 제조 · 가공업, 3차 산업인 유통 · 서비스업을 복합한 산업으로, 1990년 중반 일본의 농업경제학자 이마무라 나라오미(今村奈良臣)가 처음 주창한 개념으로 알려져 있습니다. 이는 농산물을 생산만 하던 농가가 고부가가치 상품을 가공하는 것은 물론 향토 자원을 이용해 체험프로그램 등 서비스업으로 확대시켜 높은 부가가치를 발생시키는 것을 말합니다.

48) 치킨게임에 대해 설명해보시오.

어느 한쪽이 양보하지 않을 경우 양쪽이 모두 파국으로 치닫게 되는 극단적인 게임이론입니다. 즉, 두 명의 경기자(players) 중 어느 한쪽이 포기하면 다른 쪽이 이득을 보게 되며, 각자의 최적 선택(optimal choice)이 다른 쪽 경기자의 행위에 의존하는 게임을 말합니다. 여기서 의존적이라 함은 한쪽이 포기하면 다른 쪽이 포기하지 않으려 하고, 한쪽이 포기하지 않으면 다른 쪽이 포기하려 한다는 사실을 의미합니다. '매와 비둘기 게임(hawk-dove game)'이라고도 하며, 우리말로는 '겁쟁이 게임(coward game)' 으로 자주 번역됩니다.

49) 임금피크제에 대해 설명해보시오.

근로자가 일정 연령에 도달한 시점부터 임금을 삭감하는 대신 근로자의 고용을 보장(정년보장 또는 정년 후 고용연장)하는 제도로, 기본적으로는 정년보장 또는 정년연장과 임금삭감을 맞교환하는 제도라 할 수 있습니다.

50) 2020. 5.1부터 시행된 공익직불제에 대해 설명해보시오.

2019. 12. 31. 〈농업 · 농촌 공익기능 증진 직접지불제도 운영에 관한 법률(약칭 : 농업농

촌공익직불법)〉이 국회를 통과하였고, 2020. 5. 1.부터 시행이 되었습니다. 이는 농업·농촌의 공익적 기능 증진을 위해 정부 재정을 생산농가에 직접 지급하는 공익직불제가 첫발을 내딛는 큰 변화입니다. 개정 법률은 농업·농촌의 공익기능 증진과 농업인 등의 소득 안정을 위하여 농업·농촌 공익기능 증진 직접지불제도의 체계 확립과 시행에 필요한 재원을 확보하기 위한 농업·농촌 공익기능 증진 직접지불기금의 설치 및 운영 등에 관한 사항을 규정하고 있습니다.

51) 워킹푸어에 대해 설명해보시오.

직장은 있지만 아무리 일을 해도 가난을 벗어나지 못하는 근로빈곤층을 말합니다. 이들의 소득은 최저생계비에 못 미치거나 간신히 웃도는 수준에 머물고 있습니다. 1990년대 중반 미국에서 처음 사용되기 시작했으며 2000년대 중반부터는 전 세계적으로 널리 쓰이는 용어가 됐습니다. 이들은 고정적인 수입처가 있지만 저축할 여력이 없어 가난을 피할 수 없기 때문에 질병이나 실직이 곧바로 절대빈곤으로 이어질 수 있는 취약 계층입니다.

52) 미국의 양적완화 정책에 대해 설명해보시오.

2007~2008년 세계 금융 위기 이후 연 2.5퍼센트였던 미국의 기준 금리가 0퍼센트대로 떨어져 더는 금리를 내릴 수 없게 되자 미국의 중앙은행 격인 연방준비제도가 시중은행이 보유한 채권을 사들여 시장에 돈을 공급한 통화정책을 말합니다. 양적완화는 기준금리가 0에 가까운 상황에서 금리를 낮추기 어려울 때 쓰는 이례적인 정책으로, 금리를 더 내릴 수 없는 상황에서 시중에 돈을 공급한다는 의미에서 양적완화라고 합니다. 한마디로 양적완화란, 중앙은행이 통화를 시중에 직접 공급해 신용경색을 해소하고, 경기를 부양시키는 통화정책입니다.

53) 저관여제품에 대해 설명해보시오.

제품의 중요도에 따라 분류, 제품에 대한 중요도가 낮고, 값이 싸며, 상표 간의 차이가 별로 없고, 잘못 구매해도 위험이 별로 없는 제품을 구매할 때 소비자의 의사결정 과정이나 정보처리 과정이 간단하고 신속하게 이루어지는 제품을 말합니다.

54) 딤섬본드에 대해 설명해보시오.

외국계기업이 홍콩 채권시장에서 발행하는 위안화표시채권을 말합니다. 2010년 2월 중국 정부가 홍콩 금융시장 확대를 위해 외국계기업의 위안화 표시 채권을 발행을 허용함으로써 도입됐습니다. 외국인 투자자들은 중국 정부의 엄격한 자본통제 때문에 본토에서 발행되는 위안화 표시 채권은 살수 없는 반면 '딤섬본드' 는 아무런 제한 없이 투자가 가능합니다. 한편, 외국계기업이 중국 본토에서 발행하는 위안화 채권은 '판다본드' 라고 합니다.

55) 코스피 지수에 대해 설명해보시오.

한국증권거래소에 상장되어 거래되는 모든 주식을 대상으로 산출해 전체 장세의 흐름을 나타내는 지수입니다.

56) 갈라파고스 이론에 대해 설명해보시오.

갈라파고스 이론(현상)이란 전 세계적으로 쓸 수 있는 제품인데도 자국 시장만을 염두에 두고 제품을 만들어 글로벌 경쟁에 뒤처지는 현상을 가리키는 말입니다. 예를 들면 일본이 우리나라랑 스마트폰 시장에서 뒤쳐진 이유와 같습니다. 일본은 국제표준을 소홀히 한 탓에 경쟁력 약화라는 치명적인 약점을 만들어 한국에 완패를 당한 것입니다. 갈라파고스라는 말은 '시대착오' 라는 말과 거의 동의어로 쓰이고 있습니다.

57) 크라우드 펀딩에 대해 설명해보시오.

크라우드펀딩(Crowd funding)은 군중을 뜻하는 영어 단어 '크라우드' 와 재원 마련을 뜻하는 '펀딩' 이 합쳐진 단어입니다. 한마디로 자금을 필요로 하는 수요자가 온라인 플랫폼 등을 통해 불특정 다수 대중에게 자금을 모으는 방식입니다. 때론 '소셜 펀딩' 으로 불리기도 합니다. 영어로는 '크라우드 펀드' , '크라우드 파이낸싱' (군중 자금 조달) 등과 같은 비슷한 단어가 있습니다. 이 단어들은 공통적으로 개인이나 기업, 단체가 자금을 여러 사람에게서 마련한다는 뜻을 담고 있습니다.

58) 하이브리드 채권에 대해 설명해보시오.

주식과 부채의 중간 성격으로 만기가 없고 은행이 청산될 때까지 상환 의무가 없는 은행의 자본조달 수단을 말합니다. 하이브리드의 종류에는 영구후순위채, 누적배당형 우선주 등이 있으며 영국 바클레이즈은행이 이 방법을 사용한 적이 있습니다. 하이브리드는 순위채와 달리 제한적인 범위 내에서 기본자본으로 분류됩니다. 은행권이 기본자본비율을 증가시켜 재무건전성을 높이기 위한 방법 중 하나로 사용하는 하이브리드는 각 은행이 금융감독원에 요청해 허가를 받는 방식으로 이뤄집니다. 최근 우리은행, 한미은행 등이 기본자본 확충과 관련해 금융 당국에 하이브리드 허가를 요구한 바 있습니다.

59) 순이자마진에 대해 설명해보시오.

금융기관의 자산단위당 이익률로, 수익성 평가지표의 하나입니다. 은행 등 금융기관이 자산을 운용해 낸 수익에서 조달비용을 뺀 나머지를 운용자산 총액으로 나눈 수치로, 금융기관 수익성을 나타내는 지표입니다.

60) 피치마켓에 대해 설명해보시오.

'레몬마켓' 에 반의어로, 우량한 재화나 서비스가 계속해서 시장을 채우는 것을 말합니다. 레몬마켓은 정보의 비대칭성 때문에 저품질의 재화, 거래되는 시장 상황을 빗댄 표현입니다.

61) 좀비기업에 대해 설명해보시오.

좀비기업은 '되살아난 시체' 를 뜻하는 '좀비(zombie)' 에 비유한 것으로, 회생 가능성이 크지 않은데도 정부나 채권단 지원으로 간신히 연명하는 기업을 말합니다. 중소기업 대출 연체율은 지속적으로 상승하고 있는 반면 전국 부도업체 수는 지속적으로 감소하고 있습니다. 이 같은 현상은 퇴출돼야 할 기업이 정부 지원 정책에 편승해 생명을 이어가는 사례가 늘어났기 때문으로 분석됩니다. 이러한 좀비기업은 정작 도움이 필요한 기업에 가야 할 지원을 빼앗아가 경제 전반에 악영향을 미친다는 우려가 제기되고 있습니다.

62) 자본잠식에 대해 설명해보시오.

기업의 적자 누적으로 인해 잉여금이 마이너스가 되면서 자본총계가 납입자본금보다 적은 상태를 말합니다. 자본잠식은 말 그대로 하면 자본이 깎여나간다는 뜻입니다. 그렇다면 기준이 되는 자본은 무엇일까요? 회계상 자본 항목은 크게 자본금과 잉여금으로 구성됩니다. 자본금은 주식의 총 가치입니다. '발행주식수×액면가' 가 기업의 자본금이 됩니다. 잉여금은 주가가 액면가보다 높을 때 새로 주식을 발행해 발행가와 액면가의 차액만큼 회사가 벌어들인 주식발행초과금이나, 회사가 영업을 통해 벌어들인 이익 가운데 주주에게 배당금을 지급한 뒤 회사 내부에 쌓아둔 유보금과 같이 회사 내부에 쌓인 돈을 말합니다.

63) 블랙스완에 대해 설명해보시오.

극단적으로 예외적이어서 발생 가능성이 없어 보이지만 일단 발생하면 엄청난 충격과 파급효과를 가져오는 사건을 가리키는 용어입니다. 경제 영역에서 전 세계의 경제가 예상하지 못한 사건으로 위기를 맞을 수 있다는 의미로 사용됩니다. 미국 뉴욕대학교 교수인 탈레브(Taleb, N. N.)가 월가의 허상을 파헤친 동명의 책을 출간하면서 널리 사용되기 시작하였습니다.

64) 협동조합에 대해 설명해보시오.

농업 생산성의 증진과 농가 소득 증대를 통한 농민의 경제적·사회적 지위 향상을 목적으로 전국적으로 조직된 농가 생산업자의 협동 조직체입니다. 협동조합은 조직이 자발적이고, 운영이 민주적이며, 사업 활동이 자조적이고, 경영이 자율적이라는 점에서 정부기업과 구별됩니다. 또 경제활동의 목적이 조합의 이윤 추구에 있지 않고 조합원에게 봉사하는 데 있다는 점에서 주식회사와도 구별됩니다. 한 걸음 더 나아가 협동조합은 비단 조합원에 대한 봉사 외에도 정부의 손이 미치지 못하는 분야에서 시장경제의 상도덕재건(商道德再建)과 경제

질서 회복에 이바지할 뿐만 아니라 지역사회 발전에도 일익을 담당하고 있습니다.

65) PF에 대해 설명해보시오.

사업주로부터 분리된 프로젝트에 자금을 조달하는 것입니다(Project Financing). 즉, 경제 건설이나 대형 사업과 같은 특정 프로젝트에서, 미래에 발생할 현금 흐름을 담보로 하여 그 프로젝트의 수행 과정에 필요한 자금을 조달하는 금융 기법입니다.

66) 사이드카에 대해 설명해보시오.

선물가격이 전일 종가 대비 5% 이상 변동(등락)한 시세가 1분간 지속될 경우 주식시장의 프로그램 매매 호가는 5분간 효력이 정지되는데 이런 조치를 사이드카라고 합니다. 코스피 지수나 코스닥 지수가 전일 종가지수 대비 10% 이상 폭락한 상태가 1분 이상 지속하면 주식매매를 일시정지시키는 '서킷브레이커(circuit breaker)' 와 비슷한 개념입니다. 하지만 사이드카는 5분이 지나면 자동 해제되어 매매가 재개된다는 점, 하루 한차례에 한해 발동되며 주식시장 매매거래 종료 40분전 이후, 즉 오후 2시 20분 이후에는 발동되지 않습니다.

67) 양적 팽창에 대해 설명해보시오.

질적인 성장을 고려하지 않은 체 양을 증대시키는 것을 말합니다. 양적 팽창질적 성장 어느 하나 중요치 않은 게 없다고 생각합니다.

68) MOT에 대해 설명해보시오.

한마디로 기술을 전략적으로 활용함으로써 새로운 사업 기회를 창출하고 혁신적 제품을 고안하는 등 공학과 경영학을 통합한 개념입니다. 1980년대 미국 스탠퍼드대학교 윌리엄 밀러 교수가 기술경영 강좌를 개설한 것이 효시입니다. 이를 통해 기술투자 비용에 대해 최대 효과를 내는 것을 목표로 합니다.

69) GCF에 대해 설명해보시오.

녹색기후기금(Green Climate Fund)이란 뜻으로 개발도상국의 온실가스 감축과 기후 변화에 대응하기 위해 만들어진 국제금융기구입니다. 즉, 유엔 산하기구로 선진국이 개발도상국의 온실가스 기후 변화 적용을 지원하기 위해 유엔 기후변화협약을 중심으로 만든 국제 금융 기구입니다.

70) 체리피커에 대해 설명해보시오.

기업의 상품이나 서비스를 구매하지 않으면서 자신의 실속을 차리기에만 관심을 두는 소비자를 말합니다. 케이크는 먹지 않으면서 케이크 위에 올려 체리만 빼내어 먹는 행위에 비유하여 나온 표현입니다. 본래는 신용카드 발급 시 제공되는 특별한 서비스 혜택만 누리고, 카드는 사용하지 않는 고객을 가리킵니다. 주로 카드상품이나 금융상품 가입 시 제공되는 혜택은 최대한으로 이용하면서, 해당 상품의 사용은 최소한으로 제한하는 행위가 전형적인 '체리 피킹(cherry picking)' 이라고 할 수 있습니다.

71) 디마케팅에 대해 설명해보시오

기업들이 자사 상품에 대한 고객의 구매를 의도적으로 줄임으로써 적절한 수요를 창출하는 마케팅 기법입니다. 기업들이 자사의 상품을 많이 판매하기보다는 오히려 고객의 구매를 의도적으로 줄임으로써 적절한 수요를 창출하고, 장기적으로는 수익 극대화를 꾀하는 마케팅 전략입니다. 수요를 줄인다는 점에서 이윤 극대화를 꾀하는 기업 목적에 어긋나는 것 같지만, 사실은 그렇지 않습니다.

72) 사물인터넷에 대해 설명해보시오.

사물인터넷(Internet of Things)은 세상에 존재하는 유형 혹은 무형의 객체들이 다양한 방식으로 서로 연결되어 개별 객체들이 제공하지 못했던 새로운 서비스를 제공하는 것을 말합니다. 사물인터넷은 단어의 뜻 그대로 '사물들(things)' 이 '서로 연결된(Internet)' 것 혹은 '사물들로 구성된 인터넷' 을 말합니다. 기존의 인터넷이 컴퓨터나 휴대전화들이 서로 연결되었던 것과는 달리, 사물인터넷은 책상, 자동차, 가방, 나무, 애완견 등 세상에 존재하는 모든 사물이 연결되어 구성된 인터넷이라 할 수 있습니다. 한마디로 인터넷을 기반으로 모든 사물을 연결하여 정보를 상호 소통하는 지능형 기술 및 서비스입니다.

73) 자유학기제에 대해 설명해보시오.

중학교에서 한 학기 또는 두 학기 동안 학생 참여형 수업 및 과정 중심 평가를 통해 다양한 학생들이 스스로의 잠재력 및 자기주도적 학습 능력 등을 키우는 교육 실현을 위해 도입된 정책입니다. 아일랜드의 전환학년제와 비슷한 것으로, 전환학년제는 1974년 리처드 버크 당시 아일랜드 교육부장관이 시험의 압박에서 학생을 해방시키고 폭넓은 학습경험을 유도하겠다며 도입한 제도입니다. 전환학년제 동안 지필고사를 생략하거나, 학교 자율적으로 기업과 지역사회의 도움을 받아 진로체험 활동 프로그램을 짜는 방식도 자유학기제와 유사합니다.

74) 추심에 대해 설명해보시오.

어음이나 수표 소지인이 거래은행에 어음과 수표의 대금 회수를 위임하고, 위임을 받은 거래은행은 어음과 수표의 발행점포 앞으로 대금의 지급을 요청하는 일련의 절차를 말합니다.

75) 파레토 법칙에 대해 설명해보시오.

'80대 20 법칙' 또는 '2대 8 법칙' 이라고도 합니다. 전체 결과의 80%가 전체 원인의 20%에서 일어나는 현상을 가리킵니다. 예를 들어, 20%의 고객이 백화점 전체 매출의 80%에 해당하는 만큼 쇼핑하는 현상을 설명합니다. 이 용어를 경영학에 처음으로 사용한 사람은 품질경영 전문가인 조셉 주란(Joseph M. Juran)입니다. "이탈리아 인구의 20%가 이탈리아 전체 부의 80%를 가지고 있다" 라고 주장한 이탈리아의 경제학자 빌프레도 파레토(Vilfredo Federico Damaso Pareto)의 이름에서 따왔습니다.

76) 이중곡가제에 대해 설명해보시오.

정부가 쌀·보리 등 주곡을 농민으로부터 비싼 값에 사들여 이보다 낮은 가격으로 소비자에게 파는 제도입니다. 구입가격과 판매가격의 차액만큼이 정부의 재정지출로 이루어져 차액보전에 따른 적자가 누적되고 있고, 추곡 수매 물량을 계속 늘려온 결과 관리비 급증 등의 문제를 안고 있습니다.

77) ODM에 대해 설명해보시오.

주문자가 제조업체에 제품의 생산을 위탁하면 제조업체는 이 제품을 개발·생산하여 주문자에게 납품하고, 주문업체는 이 제품을 유통·판매하는 형태를 말합니다.

78) TPP에 대해 설명해보시오.

환태평양경제동반자협정(Trans-Pacific Strategic Economic Partnership) 아시아·태평양 지역 국가들의 다자간 자유무역협정으로, 무역장벽 철폐와 시장 개방을 통한 무역 자유화를 목적으로 합니다. 태평양 연안의 광범위한 지역을 하나의 자유무역지대로 묶는 다자간 자유무역협정(한 번에 여러 국가와 체결하는 자유무역협정)입니다.

79) 분수효과에 대해 설명해보시오.

저소득층의 소비 증대가 기업 부문의 생산 및 투자 활성화로 이어져 경기를 부양하는 효과를 말합니다. 부유층에 대한 세금을 늘리는 대신 저소득층에 대한 복지를 강화하면 저소득층의 소득이 증가하고, 소득의 증가는 소비의 증가로 이어집니다. 저소득층의 소비 증가는 다시 기업 부문의 생산 및 투자를 활성화시키고, 이는 경기 전반에 긍정적인 영향을 미쳐 부유층에게도 혜택이 돌아갑니다. 고소득층의 소득 증대가 투자 활성화로 이어져 저소득층에게도 그 혜택이 돌아간다는 낙수효과와 반대되는 말입니다. 한마디로 저소득층의 소득 증대가 총수요 진작 및 경기 활성화로 이어져 궁극적으로 고소득층의 소득도 높이게 되는 효과를 가리키는 말입니다.

80) 옐로우칩에 대해 설명해보시오.

주식시장에서 대형 우량주인 '골든칩' 까지는 이르지 못하지만 향후 주가 상승 여력이 있는 '중저가 우량주' 를 가리키는 말입니다.

81) 구제역의 정의와 해결방안에 대해 설명해보시오.

구제역은 소, 돼지, 양, 사슴 등 발굽이 둘로 갈라진 우제류에 속하는 동물에게 퍼지는 감염병입니다. 위생적이며 쾌적한 시설에서 가축이 서식할 수 있도록 효율적인 조치를 취하고 방역을 담당하는 컨트롤 타워를 만들어 최대한 빠르게 대처해야 합니다.

82) 콜금리에 대해 설명해보시오.

금융기관 간 영업활동 과정에서 남거나 모자라는 자금을 30일 이내의 초단기로 빌려주고 받는 것을 '콜' 이라 부르며, 이때 은행 · 보험 · 증권업자 간에 이루어지는 초단기 대차에 적용되는 금리를 일컫습니다.

83) 후원금과 뇌물의 차이에 대해 설명해보시오.

대가성의 차이인데, 후원금은 일종의 기부금 형식이고 뇌물은 대가를 바라며 주는 부정한 돈이라고 생각합니다.

84) 유리천장에 대해 설명해보시오.

충분한 능력을 갖춘 구성원, 특히 여성이 조직 내의 일정 서열 이상으로 오르지 못하게 하는 '보이지 않는 장벽' 을 은유적으로 표현한 말입니다(Glass ceiling). 원래는 '여성의 고위직 진입을 가로막는 조직 내의 보이지 않는 장애' 라는 의미로 사용하다가 여성뿐 아니라 흑인이나 소수민족 출신자처럼 인종차별적 상황에까지 확대하여 사용하게 되었습니다. 이 용어는 1979년 미국의 경제주간지 〈월스트리트저널〉에서 여성 승진의 어려움을 다룬 기사에 처음 등장하였고, 1986년 동일한 잡지에 실린 다른 기사를 통해 재등장하면서 널리 알려졌습니다.

85) 경제민주화에 대해 설명해보시오.

자유시장경제체제에서 발생하는 과도한 빈부 격차를 보다 평등하게 조정하자는 취지의 용어입니다. 우리나라 헌법 119조 1항은 '대한민국 경제 질서는 개인과 기업의 경제상 자유와 창의를 존중함을 기본으로 한다' 고 적시하고 있습니다. 반면 2항은 '국가는 균형 있는 국민경제 성장과 적정한 소득 분배, 시장 지배와 경제력 남용 방지, 경제주체 간의 조화를 통한 경제 민주화를 위해 경제에 관한 규제와 조정을 할 수 있다' 고 되어 있습니다. 1항은 자유시장경제 원칙을, 2항은 그로 인한 부(富)의 편중 같은 부작용을 막기 위해 국가가 개입할 여지를 둔 조항입니다.

86) 핀테크에 대해 설명해보시오.

핀테크(FinTech)는 'Finance(금융)' 와 'Technology(기술)' 의 합성어로, 금융과 IT의 융합을 통한 금융서비스 및 산업의 변화를 통칭합니다.

87) 4차 산업혁명에 대해 설명해보시오.

정보통신기술(ICT)의 융합으로 이뤄지는 차세대 산업혁명입니다. 4차 산업혁명은 ▷1784년 영국에서 시작된 증기기관과 기계화로 대표되는 1차 산업혁명, ▷1870년 전기를 이용한 대량생산이 본격화된 2차 산업혁명, ▷1969년 인터넷이 이끈 컴퓨터 정보화 및 자동화 생산시스템이 주도한 3차 산업혁명에 이어, ▷로봇이나 인공지능(AI)을 통해 실제와 가상이 통합되어 사물을 자동적 · 지능적으로 제어할 수 있는 가상 물리시스템의 구축이 기대되는 산업상의 변화를 일컫습니다.

88) 잡셰어링에 대해 설명해보시오

근무시간 조정으로 일자리를 창출하는 것을 의미합니다. 즉, 한 사람이 하던 일을 근무 시간을 줄여 두 사람이 하도록 하는 것으로, 정규직 1명을 2명의 비정규직으로 하는 것을 말합니다. 반면 워크 셰어링(work sharing)은 근무시간 조정을 위한 해고 없는 구조조정을 말합니다. 통상적으로 사전적인 의미는 위와 같지만 현재 우리나라에서 실시되고 있는 임금삭감을 통한 신규사원 공채 등이 잡셰어링으로 불리고 있습니다.

89) 승자의 저주에 대해 설명해보시오.

경쟁에서는 이겼지만 승리를 위하여 과도한 비용을 치름으로써 오히려 위험에 빠지게 되거나 커다란 후유증을 겪는 상황을 뜻하는 말입니다.

90) 한우 이력제에 대해 설명해보시오.

소의 출생에서부터 판매에 이르기까지의 정보를 기록·관리하여 위생이나 안전에 문제가 발생할 경우 그 이력을 추적하여 신속하게 대처하기 위하여 마련한 제도입니다. 즉, 소의 출생, 도축, 포장처리, 판매까지 기록 관리해서 문제가 생기면 이력을 추적해 원인 파악 및 잘잘못을 명확히 하기 위해 만들어진 제도입니다.

91) 사회적 기업에 대해 설명해보시오.

비영리조직과 영리기업의 중간 형태로, 사회적 목적을 추구하면서 영업활동을 수행하는 기업입니다. 취약계층에게 사회서비스 또는 일자리를 제공하여 지역주민의 삶의 질을 높이는 등의 사회적 목적을 추구하면서 재화 및 서비스의 생산·판매 등 영업활동을 수행하는 기업을 말합니다.

92) 밴드왜건에 대해 설명해보시오

밴드왜건 효과(Bandwagon effect·모방 효과)란 어떤 선택이 대중적으로 유행하고 있다는 정보로 인하여, 그 선택에 더욱 힘을 실어주게 되는 효과를 말합니다. 과시적 소비는 보통 일부 부유층을 중심으로 시작되는데 주위 사람들이 이들의 소비를 모방하면서 사회 전체로 확산되는 영향을 말합니다. 유명 연예인이 특정 브랜드 옷을 입고 나왔을 때 그 상품이 금세 품절되는 현상이 밴드왜건 효과라고 볼 수 있습니다.

93) NLL에 대해 어떻게 생각하는가?

유엔군사령관 클라크 장군이 1953년 8월 30일 휴전 후 정전협정의 안정적 관리를 위하여 설정한 남북한의 실질적인 해상경계선이 NLL입니다. 북한이 2006년 3월 제3차 남북장성급 군사회담부터 서해 북방한계선 재설정 협의를 주장했고, 2007년 10월 남북정상회담에서는 서해 평화협력지대 개발 합의로 절충안이 마련됐습니다. 한 달 뒤 열린 제2차 남북 국방장관회담에서는 남북군사공동위원회를 구성해 북방한계선 재설정 문제를 논의키로 합의했습니다. 그러나 이명박 정부 들어 남북대화가 중단되면서 협의는 더 이상 진행되지 못했습니다. 남한에서는 북방한계선이 지난 반 세기 이상 남북한 사이의 해상경계선의 효력이 있는 것으로 주장해왔으나, 북한에서는 휴전 후 북방한계선을 자주 침범하면서 이를 부인해왔습니다. 특히 서해상에는 매년 6월 꽃게잡이 철을 맞아 남과 북 사이에 서해상 영해 침범이라는 상호 엇갈린 주장과 군사적 경고와 행동이 주기적으로 반복되고 있습니다. 이에 따라 남북한 사이에 해상에서 무력 충돌의 잠재적 가능성이 상존하고 있으므로, 이를 해결할 노력이 필요합니다.

94) 구황작물에 대해 설명해보시오

불순한 기상조건에서도 상당한 수확을 얻을 수 있어 흉년이 들 때 큰 도움이 되는 작물입니다. 비황작물(備荒作物)이라고도 합니다. 일반적으로 구황작물은 생산량이 기후조건에 영향을 적게 받아야 하므로 생육기간이 짧아야 하고, 척박한 땅에서도 잘 자라야 합니다. 흔히 구황작물로 취급되는 것으로는 조 · 피 · 기장 · 메밀 · 감자 · 고구마 등이 있으며 보리도 구황작물의 역할을 하기도 했습니다.

95) 선지급에 대해 설명해보시오.

수출 계약과 동시에 송금을 받거나 수입자에게서 화물 대금의 송금받고 선적하는 결제방법입니다. 아울러 선지급 금융이란 은행이 무역 거래 따위와 관련하여 자기 자금으로 금융을 해주는 것으로 통상 180일 이내의 단기 금융을 말합니다.

96) 햇살론에 대해 설명해보시오.

농업협동조합, 수산업협동조합, 신용협동조합, 새마을금고와 같은 서민 금융회사가 신용등급이 낮거나 소득이 적은 서민들을 대상으로 연 10% 초반 대의 금리로 돈을 빌려주는 대출상품입니다. 신용 6등급 이하의 서민을 대상으로 연 10%대 초반의 이자로 최고 5,000만 원까지 빌려주는 대출상품을 뜻합니다.

97) 예대마진율에 대해 설명해보시오.

대출금리와 예금금리의 차이를 나타낸 비율을 뜻합니다. 즉, 은행이 고객으로부터 받는 수신에서 고객에게 지급하는 이자와 은행이 고객에게 대출해주는 여신에서 고객에게 받아내는 이자의 차액입니다. 예금과 대출상품이 금융기관 내에도 많은 관계로 평균예금금리-평균 대출금리로 구합니다.

98) 구상권 청구에 대해 설명해보시오.

채무를 대신 변제해준 사람이 채권자를 대신하여 채무당사자에게 반환을 청구할 수 있는 권리를 말합니다. 국가소송에 있어서는 국가가 불법행위로 피해를 본 사람들에게 배상금을 먼저 지급한 뒤 실제 불법행위에 책임이 있는 공무원을 상대로 배상금을 청구하는 권리를 이르기도 합니다.

99) 순환출자에 대해 설명해보시오.

그룹 계열사들끼리 돌려가며 자본을 늘리는 것을 말합니다. 즉, 한 그룹 내에서 A기업이 B기업에, B기업이 C기업에, C기업은 A기업에 다시 출자하는 식으로 그룹 계열사들끼리 돌려가며 자본을 늘리는 것을 말합니다. 예를 들어, 자본금 100억 원을 가진 A사가 B사에 50억 원을 출자하고 B사는 다시 C사에 30억 원을 출자하며 C사는 다시 A사에 10억 원을 출자하는 방식으로 자본금과 계열사의 수를 늘리는 방식입니다.

100) 스태그플레이션에 대해 설명해보시오.

침체를 의미하는 '스태그네이션(stagnation)' 과 물가 상승을 의미하는 '인플레이션 (inflation)' 을 합성한 용어로, 경제활동이 침체되고 있음에도 불구하고 지속적으로 물가가 상승되는 상태가 유지되는 저성장·고물가 상태를 의미합니다.

101) NIM에 대해 설명해보시오.

NIM(순이자 마진)은 금융기관의 자산단위당 이익률로, 수익성 평가지표의 하나입니다. 은행 등 금융기관이 자산을 운용하여 낸 수익에서 조달 비용을 차감해 운용자산 총액으로 나눈 수치로, 금융기관의 수익력을 나타내는 지표입니다. 이자 부분 수익률만으로 종전 은행의 수익성을 평가하는 지표로 사용되던 예대마진의 한계를 보완하기 위하여 도입되었습니다. 예금과 대출의 금리차이에서 발생한 수익뿐만 아니라 채권 등 유가증권에서 발생한 이자도 포함됩니다. 유가증권 평가이익과 매매이익은 포함되지 않습니다.

102) GMO에 대해 설명해보시오.

유전자조작식품(GMO)은 유전자 조작 또는 재조합 등의 기술을 통해 재배·생산된 농산물을 원료로 만든 식품입니다. 유전자변형은 특정 작물에 없는 유전자를 인위적으로 결합시켜 새로운 특성의 품종을 개발하는 유전공학적 기술로, GMO는 이와 같은 유전자변형을 가한 농수산물을 가리킵니다. 넓은 의미에서는 ▷선택적 증식, ▷이종교배, ▷성전환, ▷염색체 변형, ▷유전자 이전 등 생명공학과 밀접하게 연관된 개념이라고 할 수 있습니다. 대표적인 GMO로는 콩, 옥수수, 면화, 카놀라, 사탕무, 알팔파 등이 있습니다.

103) 다우지수에 대해 설명해보시오.

미국의 다우존스사가 가장 신용 있고 안정된 주식 30개를 표본으로 시장가격을 평균산출하는 세계적인 주가지수입니다. 1884년부터 미국의 다우존스 회사가 발표하는 주가 평균으로서, 공업주 30종목 평균, 철도주 20종목 평균, 공익사업주 15종목의 평균과 65종목 종합주가 평균이 있습니다.

104) 모기지론에 대해 설명해보시오.

부동산을 담보로 주택저당증권을 발행하여 장기주택자금을 대출해주는 제도입니다. 모기지론 제도란 주택을 구입할 때 소유자는 구입자금의 20~30%만을 불입하고 나머지 자금은 관련금융공사에서 주택저당권을 증권화시켜 자금을 유동화시키고, 여기서 조성된 자금으로 모자라는 주택자금을 충당하는 제도이며, 여기서 저당권을 증권화시킨 대출자금을 모기지론이라 일컫습니다. 다시 말하면, 주택에 대한 저당권을 근거로 은행 등 금융회사에서 장기로 주택구입자금을 융자해 주는 것입니다. 주택자금을 대출한 은행은 주택저당증권을 발행한 후 이를 팔아 대출자금을 회수합니다. 이 제도가 실시되면 서민은 적은 돈으로 내 집 마련을 할 수 있으며, 부동산 가격의 비탄력적 시장 구조를 개선할 수 있다는 면에서 장점이 있습니다만, 현재 우리나라의 금리 수준이 아직까지는 선진국에 비해 높은 편이어서 이를 어느 정도까지 현실화시킬 수 있느냐가 관건입니다.

105) 브렉시트에 대해 설명해보시오.

'영국의 유럽연합(EU)탈퇴'를 뜻하는 말로, 2020년 1월 31일 단행됐습니다. 브렉시트는 2016년 6월 진행된 브렉시트 찬반 국민투표에서 결정됐고, 당초 2018년 3월 브렉시트를 단행할 예정이었습니다. 하지만 이후 영국 의회의 브렉시트 합의안 부결로 총 3차례 연기되면서 2020년 1월 31일로 결정됐으며, 이후 영국 내부의 법안 통과 절차와 EU 유럽의회·유럽이사회의 승인 절차까지 완료되면서 브렉시트가 단행됐습니다. 다만 양측은 브렉시트의 원활한 이행을 위해 12월 31일까지를 전환기간으로 설정하고 이 기간에는 모든 것을 브렉시트 이전과 똑같이 유지하면서 미래관계협상을 실시하도록 협의, 2020년 1월 31일 이후에도 큰 변화는 없었습니다. 그러다 2020년 12월 24일 영국과 EU가 미래관계협상을 타결하면서 영국과 EU는 4년 6개월 만에 완전히 결별했고, 2021년 1월 1일부터 브렉시트가 현실화됐습니다.

106) 구제역에 대해 설명해보시오.

발굽이 2개인 소, 돼지, 염소, 사슴, 낙타, 양 등 우제류(발굽이 2개인 동물) 동물의 입과 발굽 주변에 물집이 생긴 뒤 치사율이 5~55%에 달하는 가축의 제1종 바이러스성 법정전염병입니다. 구제역은 바이러스의 감염으로 발생하는데 바이러스의 학명은 Picornaviridae Aphthovirus이다. 바이러스의 크기는 약 20nm(나노미터)이며 세계 최초로 발견된 동물 바이러스입니다.(328쪽 81번 문항 참고)

107) 바이럴 마케팅에 대해 설명해보시오.

네티즌들이 이메일이나 전파 가능한 다른 매체를 통해 자발적으로 어떤 기업이나 기업의 제품을 홍보할 수 있도록 제작하여 널리 퍼지는 마케팅 기법입니다. 컴퓨터 바이러스처럼 확산된다고 해서 이러한 이름이 붙었습니다. 바이럴 마케팅은 2000년 말부터 확산되면서 새로운 인터넷 광고 기법으로 주목받기 시작하였습니다. 기업이 직접 홍보를 하지 않고, 소비자의 이메일을 통해 입에서 입으로 전해지는 광고라는 점에서 기존의 광고와 다릅니다. 입소문 마케팅과 일맥상통하지만 전파하는 방식이 다릅니다. 입소문 마케팅은 정보 제공자를 중심으로 메시지가 퍼져나가지만 바이럴 마케팅은 정보 수용자를 중심으로 퍼져나갑니다.

108) 이상기후 현상에 대해 설명해보시오.

기온이나 강수량 따위가 정상적인 상태를 벗어난 상태를 말합니다. 현재까지 가장 심각한 이상 기후는 지구 온난화 현상입니다. 즉, 특정 지역에서 기온·강수량 등의 기후요소가 통계적 평년값을 벗어나 현저히 높거나 낮은 수치를 나타내는 것을 뜻합니다. 기후(climate)는 장기간에 걸친 날씨의 평균이나 변동의 특성을 말하는데, 세계기상기구(WMO)에서 정한 평균값 산출 기간은 30년입니다. 이상기후 현상으로는 폭염·열대야·한파·홍수·폭설·가뭄 등이 있습니다. 이러한 이상기후를 일으키는 요인으로는 지구온난화를 비롯해 엘니뇨·라니냐·기압 배치의 변화 등이 있습니다.

109) 면세유 제도란 무엇인가?

면세유 제도란 농업, 임업인, 어민이 농·임·어업에 사용하기 위한 석유류 공급에 대해 부가가치세, 개별소비세, 교통·에너지·환경세, 교육세, 자동차세를 면제하는 제도입니다.

110) 블록딜이란 무엇인가?

증권시장에서 기관 또는 큰손들의 대량매매를 말합니다. 시장에 주식이 대량으로 나오면 시장가격에 영향을 미쳐 팔고자 하는 가격에 팔 수 없는 상황이 초래됩니다. 따라서 주식을 대량보유하고 있는 매도자가 사전에 자신의 매도물량을 인수할 수 있는 매수자를 구해 시장가격에 영향을 미치지 않도록 장 시작 전이나 장이 끝난 후에 시간외매매로 (장 시작 전)전일종가나 (장 마감 후)당일종가에 주식을 넘기는 매매를 말합니다.

111) MZ세대의 특징에 대해서 말해보시오.

1980년대 초에서 2000년대 초 사이에 출생한 밀레니얼 세대와, 1990년대 중반부터 2000년대 초반 출생한 Z세대를 통칭하는 말입니다. 디지털 환경에 익숙하고, 최신 트렌드와 남과 다른 이색적인 경험을 추구하는 특징을 보입니다. MZ세대는 집단보다는 개인의 행복을, 소유보다는 공유(렌털이나 중고시장 이용)를, 상품보다는 경험을 중시하는 소비 특징을 보이며, 단순히 물건을 구매하는 데에서 그치지 않고 사회적 가치나 특별한 메세지를 담은 물건을 구매함으로써 자신의 신념을 표출하는 '미닝아웃' 소비를 하기도 합니다. 또한 이 세대는 미래보다는 현재를, 가격보다는 취향을 중시하는 성향을 가진 이들이 많아 '플렉스' 문화와 명품 소비가 여느 세대보다 익숙하다는 특징도 있습니다.

112) 리플레이션이 무엇인가?

경제가 디플레이션(deflation) 상태에서 벗어났지만 심각한 인플레이션(inflation)을 유발하지 않을 정도로 통화를 재(re-)팽창시키는 것을 의미합니다. 즉 디플레이션을 벗어나 어느 정도 물가가 오르는 상태로 만드는 상황을 뜻합니다. 유휴자본과 유휴설비가 있고 실업이 급증한 경우, 정책적으로 상품의 생산과 유통을 확대시켜 경기를 진작하고 불황에서 탈출하려 할 때에 감세나 통화량 증가를 적당히 조절해 심한 인플레이션이 되지 않을 정도로 경기대책을 세우는 것을 말합니다.

113) 알뜰주유소에 대해 설명해보시오.

석유공사와 농협이 정유사에서 대량으로 공동구매한 휘발유와 경유를 공급받고, 주유소 부대 서비스 등을 없애 주유비용을 기존 주유소에 비해 낮춘 주유소입니다.

114) 미소금융에 대해 설명해보시오.

제도권 금융회사와 거래할 수 없는 저소득자와 저신용자를 대상으로 실시하는 소액 대출사업을 말합니다. 즉, 기술과 경험은 갖추었으나 신용이나 담보가 없어 일반 금융 회사를 이용할 수 없는 사회취약계층에 대하여 소액의 창업 자금을 담보나 보증 없이 빌려주는 일입니다.

115) 지급준비율이란?

은행이 고객으로부터 받은 예금 중에서 중앙 은행에 의무적으로 적립해야 하는 비율을 말합니다. 흔히 줄임말로 '지준률' 이라고 불립니다. 지급준비율제도는 본래 고객에게 지급할 돈을 준비해 은행의 지급 불능 사태를 막는다는 고객 보호 차원에도 도입됐습니다. 그러나 요즘에는 금융정책의 주요 수단이라는 점에 더 큰 의의가 있습니다. 중앙 은행이 지급준비율을 조작함으로써 시중유동성을 조절할 수 있기 때문입니다. 즉, 지급준비율을 높이면 중앙 은행에 적립해야 할 돈이 많아져 시중의 유동성을 흡수하게 되고 낮추면 시중유동성이 확대됩니다.

116) 스튜어드십 코드란?

기관투자자들의 의결권 행사를 적극적으로 유도하기 위한 자율 지침으로, 기관투자자들이 투자 기업의 의사결정에 적극 참여해 주주와 기업의 이익 추구, 성장, 투명한 경영 등을 이끌어내는 것이 목적입니다. 국내에서는 2016년 시행됐으며, 최대 투자기관인 국민연금이 2018년 스튜어드십 코드를 도입해 투자 기업의 주주가치 제고, 대주주의 전횡 저지 등을 위해 주주권을 행사하고 있습니다.

117) O2O란?

O2O란 온라인이 오프라인으로 옮겨온다는 뜻입니다. 정보 유통 비용이 저렴한 온라인과 실제 소비가 일어나는 오프라인의 장점을 접목해 새로운 시장을 만들어보자는 데서 나왔습니다. 스마트폰 사용자는 전 세계를 통틀어 19억 명(2013년 기준)에 이르고 2019년에는 56억 명이 스마트폰을 쓸 것으로 보입니다. 스마트폰이 널리 보급되면서 온라인과 오프라인의 경계선이 흐려졌습니다. 전화기만 꺼내 들면 언제 어디서나 인터넷을 사용할 수 있기 때문입니다. 여기서 'O2O(Online to Offline)' 가 태어났습니다.

118) PLS란?

지금까지는 기준이 설정되어있는 농약을 중심으로 관리해왔습니다. 그러나 수입농산물의 종류도 다양해지고 수입량도 증가하고 있어 정부와 소비자 모두가 철저한 농약 관리가 필요하다고 생각하고 있습니다. 그래서 농약의 불법 사용을 금지하는 농약 PLS 제도를 도입했습니다. 앞으로 PLS 제도를 통해 농약 걱정없는 더 안전한 농산물만 식탁에 오르게 됩니다.

119) 메디치 효과란?

서로 다른 분야의 요소들이 결합할 때 각 요소가 갖는 에너지의 합보다 더 큰 에너지를 분출하는 효과를 말합니다. 오늘날 기업에서는 디자이너, 수학자와 같이 서로 다른 성향의 인재들을 함께 뒤섞여 자리를 배치하는 제도를 마련하여 더 혁신적인 성과를 거두기 위해 힘쓰고 있습니다.

120) 링겔만 효과란?

집단 속에 참여하는 사람의 수가 늘어갈수록 성과에 대한 1인당 공헌도가 오히려 떨어지는 집단적 심리현상을 말합니다. 독일 심리학자 링겔만이 집단 내 개인 공헌도를 측정하기 위해 줄다리기 실험을 했는데 그 결과, 참가자가 늘수록 한 사람이 내는 힘의 크기가 줄어드는 것으로 나타났습니다. 즉, 1대1 게임에서 1명이 내는 힘을 100으로 가정할 때, 2명이 참가하면 93, 3명일 때는 85, 8명일 때는 49로 떨어진 것입니다. 이러한 효과를 심리학자 링겔만의 이름을 따 링겔만 효과라 부릅니다. 조직 속에서 개인의 가치를 발견하지 못할 때, 여러 명 중 단지 한 명에 지나지 않는다는 생각이 링겔만 효과로 나타난다고 추측됩니다.

121) 전시효과란?

J. S. 듀젠베리에 의해 처음으로 이 용어가 사용되었으며, 시위효과(示威效果)라고도 합니다. 개인의 소비지출의 수준은 그 개인의 소득수준만으로 정해지는 것이 아니며, 주위 사람들이 더 높은 소비생활을 하게 되면 이에 따라서 개인의 소비도 영향을 받아 소비성향이 높아지는 경향이 있는데, 이러한 영향을 가리키는 말입니다. 전시효과로 장기적 소비함수는 단기적 소비함수와 달라질 것으로 생각되며, 또 소득이 낮은 개발도상국에서도 실력 이상의 높은 소비지출이 행해지고, 이것이 개발도상국의 자본축적을 저해하는 한 요인이 되고 있습니다.

122) 과시효과란?

명품산업에서는 가격이 높을수록 수요가 늘어나는 경우가 있는데, 이렇듯 가격이 비싸질수록 수요가 증가하는 현상을 말합니다. 베블런은 19세기 말 미국 사회경제학자로 1899년 저서인《유한계급론》에서 유한계급, 즉 부유층에 속한 사람은 자신의 사회적 지위를 유지하거나 자신을 대중에게 알리기 위해 과시적 소비를 하며 이런 유한계급의 소비가 생산성 향상이나 사회 발전에 도움이 되기보다는 단순히 소비 자체에 머무른다고 비판했습니다.

123) 피구 효과란?

임금의 하락이 고용증대에 미치는 영향에 대하여 A. . 피구와 J. M. 케인스 사이에 전개된 논쟁의 과정에서 생긴 개념으로, D. 파틴킨에 의해 명명된 효과입니다. 피구 효과에 의해서 완전고용은 실현될 수 있으므로 고전파 이론이 타당하다는 것이 피구의 주장이기는 하지만, 피구 자신은 혼합자본주의 경제에서의 임금의 하방경직성의 존재를 현실문제로서 인식하고 있었습니다. 피구는 비정상적인 디플레이션에 의한 실업해소책을 권장하지 않았습니다. 피구 효과의 실증적 타당성에 대해서는 명확한 결론에 도달하지 못하였습니다.

124) 펭귄 효과란?

물건 구매를 망설이던 소비자가 다른 사람들이 구매하면 자신도 이에 영향을 받아 덩달아 구매하게 되는 소비 행태를 일컫는 말입니다. 즉, 소비자가 어떤 제품에 대해 확신을 갖지 못하다가 다른 사람들이 사면 이에 동조돼 제품을 구매하는 소비심리를 가리킵니다. 펭귄 효과는 펭귄의 습성에서 유래된 말로, 펭귄들은 먹잇감을 구하기 위해 바다에 뛰어들어야 하지만 바다표범과 같은 천적이 있어 잠시 주저합니다. 그러나 그 중 한 마리가 먼저 바다로 뛰어들면 나머지 펭귄들도 그 첫 번째 펭귄을 따라 바다로 뛰어드는데, 이를 빗대 만들어진 것입니다.

125) 언더독 효과란?

경쟁에서 열세에 있는 약자에게 연민을 느끼며 지지하고 응원하게 되는 심리 현상을 뜻하는 말이다. 정치, 스포츠, 문화예술 등 다양한 영역에 걸쳐 나타납니다. 투견 시합을 볼 때 아래에 깔린 개(언더독)를 응원하게 되는 현상에서 비롯된 말로, 언더독과 반대로 위에 올라타 우세를 보이는 개는 '탑독(Top dog)' 이라 합니다. 이 용어는 1948년 미국 대선 때 사전 여론조사에서 뒤지던 민주당의 해리 트루먼 후보가 공화당의 토머스 듀이 후보를 제치고 당선되면서부터 널리 사용되기 시작했습니다. 부동층 유권자들이 언더독인 해리 트루먼에게 동정표를 던져 판세가 뒤집혔다고 본 것입니다. 한편, 이와 달리 의사결정 과정에서 강자나 다수파에 편승하는 현상은 '밴드왜건 효과' 라고 합니다.

126) 스파게티볼 효과란?

여러 국가와 FTA를 동시다발적으로 체결할 때 각 국가의 복잡한 절차와 규정으로 인하여 FTA 활용률이 저하되는 상황을 일컫는 말입니다. 이를테면, 원산지 규정을 제대로 이해하지 못하고 수출을 할 경우 FTA에 따른 관세 인하는커녕 면제받은 세금을 반환하는 것은 물론 벌금까지 징수당할 수 있습니다. 이로 인하여 FTA 활용도가 떨어지고, 여러 가지 문제가 발생하게 되는 상황을 스파게티볼 효과라고 합니다.

127) 컨벤션 효과란?

경선이나 전당대회 등 정치적 이벤트 직후 해당 정당이나 정치인의 지지율이 상승하는 현상을 이르는 말입니다. 이는 정치는 물론 사회 전 분야에서 어느 특정 사건을 계기로 해당 분야에 대한 관심이 커지는 현상을 가리킬 때도 사용됩니다.

128) 부메랑 효과란?

어떤 행위가 행위자의 의도한 목적을 벗어나 불리한 결과로 되돌아오는 상황을 가리키는 용어입니다. 부메랑 효과는 다양한 분야에서 나타납니다.

경제적인 측면에서는 선진국이 개발도상국에 경제원조나 자본을 투자한 결과 개발도상국이 품질 좋은 제품을 저렴하게 생산하여 선진국에 수출하게 되면서 도리어 선진국이 개발도상국과 해당 산업에서 경쟁해야 하는 결과를 가져온 경우가 있습니다. 제2차 세계대전 이후 패전국이었던 독일과 일본은 미국의 막대한 원조를 바탕으로 각종 산업을 육성시켰고, 그 결과 오늘날에는 우수한 기술로 세계의 경제를 주도하게 되었으며 미국에게는 부메랑 효과가 되었습니다.

환경적인 측면에서는 인간의 무분별한 자연 개발이 다양한 환경 문제나 자연재해를 일으켜 다시 인간에게 나쁜 영향을 주는 것을 들 수 있으며, 심리적인 측면에서는 한 사람이 다른 사람에게 설득을 강요하여 상대방의 자유를 제한할수록 도리어 역효과를 가져와 상대방이 원래의 설득 의도와 반대로 행동하는 경우가 생기는데, 이것은 강요하는 사람이 원하는 방향으로 동조하지 않으려는 부메랑 효과가 발생한 예가 됩니다.

129) 프라임레이트란?

신용이 가장 높은 기업에 대해 대출할 때 적용하는 우대금리를 말하며 이는 금융기관 대출금리의 기준이 되므로 '기준금리' 라고도 합니다. 신용도가 높은 기업은 일반대출금리 중 가장 저율의 프라임레이트가 적용되지만 신용등급이 낮은 기업은 여기에 일정금리가 가산된 것을 적용받습니다. 따라서 프라임레이트는 일반 대출금리의 하한선이 되기도 합니다. 프라임레이트는 기업의 자금 수요와 금융 시장의 자금수급사정에 따라 결정되어 경제사정을 잘 나타내줍니다. 경우에 따라 중앙 은행의 재할인율에 연동돼 금융정책에 의해 변동되기도 합니다.

130) KREI란 무엇인가?

한국농촌경제연구원(Korea Rural Economic Institute , 韓國農村經濟硏究院) 을 뜻합니다. 농림경제 및 농어촌 사회 발전에 관한 종합적인 조사·연구와 농림정책의 수립을 지원하는 전문 연구기관입니다.

131) NBS에 대해 들어보셨나요?

농협이 운영하는 한국농업방송(Nongmin Broadcasting System)입니다. NBS의 글자체는 봄을 상징하는 잎사귀를 녹여내 새로움과 도약의 의미를 담았습니다. 또한 대지를 적시는 푸른 잎처럼 시청자에게 긍정적인 에너지를 주는 채널이 되고자 하는 의지를 표현하였으며, 농민신문사 로고 색상인 파란색을 바탕으로 진취적인 이미지와 도약을 나타내고 있습니다.

132) FAO란 무엇인가?

UN연합식량농업기구(Food and Agriculture Organization of the United Nations, 國際聯合食糧農業機構) UN 전문기구의 하나로 식량과 농산물의 생산 및 분배 능률 증진, 농민의 생활수준 향상 등을 목적으로 합니다. 흔히 영문 명칭의 머리글자를 따서 FAO로 불립니다. 2020년 6월 현재 194개 나라가 가입해 있습니다. 사무국은 이탈리아의 로마에 있습니다. 1943년 5월 미국 프랭클린 루스벨트 대통령의 제창에 의해 개최된 연합국 식량농업회의가 모체가 되었습니다. 같은 해 7월 FAO헌장이 기초되고, 1945년 10월 캐나다 퀘벡에서 개최된 제1회 식량농업회의에서 채택된 FAO헌장에 의거해 설립되었습니다. 농업·임업·수산업 분야의 유엔 기구 중 최대 규모입니다. 본부 및 세계 각지 사무소에 1만2,000여 명의 직원이 있습니다. 세계식량계획(WFP)과 함께 식량원조와 긴급구호 활동을 전개하며 국제연합개발계획(UNDP)과 함께 기술원조를 확대하고 있습니다.

133) IFAD란 무엇인가?

국제농업개발기금(International Fund for Agricultural Development, IFAD)을 뜻하며, 심화되는 세계 식량 문제를 해결하고, 개발도상국의 농업개발을 위한 자금의 지원을 목적으로 1976년에 협정서에 서명하여 설립된 국제기구입니다. 본부는 이탈리아 로마에 있다. 1974년 11월 세계식량회의(WFC)에서 기금설립이 제의되어, 1975~1976년까지 5차의 협의를 거쳐 1976년 6월 13일 국제연합총회 특명전권대표회의에서 정식으로 채택되어 1976년 12월 20일 국제연합총회 본회의에서 협정서에 서명함으로써 설립되었습니다.

134) WFP란 무엇인가?

WFP(유엔세계식량계획)는 세계 최대 규모의 인도적 지원 기관입니다. 긴급 상황에서는 생명을 구하고, 분쟁과 재난, 기후 위기를 극복 중인 지역에는 식량 지원을 통해 평화로 가는 길을 만듭니다.

135) SOC란 무엇인가?

생산 활동에 직접적으로 투입되지는 않으나 간접적으로 기여하는 자본으로, 도로 · 항만 · 철도 등이 이에 속합니다. 보다 넓은 의미로 정의할 때는 교육 · 상하수도 시설 · 치산치수(治山治水) 사업 · 국유림 · 법질서와 사회제도 등도 이에 포함됩니다. 즉, 생산 활동에 직접적으로 사용되지는 않지만 경제활동을 원활하게 하기 위하여 꼭 필요한 사회기반시설을 말합니다. infrastructure(사회기반시설)의 앞부분만 따서 흔히 인프라(infra)라고도 합니다.

136) 블록체인에 대해 설명해보시오.

누구나 열람할 수 있는 장부에 거래 내역을 투명하게 기록하고, 여러 대의 컴퓨터에 이를 복제해 저장하는 분산형 데이터 저장기술입니다. 여러 대의 컴퓨터가 기록을 검증하여 해킹을 막습니다. 블록체인은 크게 퍼블릭 블록체인과 프라이빗 블록체인으로 나뉩니다. 퍼블릭 블록체인은 모두에게 개방돼 누구나 참여할 수 있는 형태로 비트코인, 이더리움 등 가상통화가 대표적입니다. 프라이빗 블록체인은 기관 또는 기업이 운영하며 사전에 허가를 받은 사람만 사용할 수 있습니다. 참여자 수가 제한돼 있어 상대적으로 속도가 빠릅니다.

137) 바이아웃이란?

기업의 지분 상당 부분을 인수하거나 아예 기업 자체를 인수한 후 대상기업의 정상화나 경쟁력 강화를 통해 기업가치를 제고하는 것을 말합니다. 이는 캐시 바이 아웃 레이터(cash by out rate)의 준말입니다.

138) 그린메일이란?

경영권을 담보로 보유주식을 시가보다 비싸게 되파는 행위입니다. 경영권이 취약한 대주주에게 보유주식을 높은 가격에 팔아 프리미엄을 챙기는 투자자를 그린메일러(green mailer)라 하고, 이때 보유주식을 팔기 위한 목적으로 대주주에게 편지를 보내는데 달러가 초록색이어서 그린메일이라는 이름이 붙었습니다. '공갈·갈취' 를 뜻하는 블랙메일(black mail)의 '메일' 과 미국 달러지폐의 색깔인 그린(green)의 합성어로 미국 증권시장에서 널리 사용합니다.

139) PL(Private Lable product)란?

Private Brand('유통업체 브랜드' 로 번역되기도 함)는 다른 말로 Private Label, 혹은 In-House Brand라고도 합니다. 프라이빗 브랜드는 특정 유통 채널 안에서만 유통 혹은 판매되는 브랜드를 의미하고 해당 유통업체의 규모 등에 따라 전국적으로도 유통될 수 있습니다. Private Brand는 거의가 할인점이나 백화점 혹은 대형 슈퍼마켓 체인점들에 의해 소유되고 관리되는 경우입니다. 광고 등의 마케팅 비용, 중간 마진, 브랜드 로얄티 등이 없거나 저렴해 일반적으로 National Brand에 비해 품질은 비슷하지만 가격이 저렴한 특징을 가지고 있습니다. 반면 더 높은 이윤을 가져다주므로 대형 유통업체들이 앞다투어 도입하고 있습니다.

140) NB(National Brand)란?

National Brand('전국브랜드' 라는 용어로 사용하기도 함)는 일반 소매점이나 기타 유통 채널 등을 통해 일반 소비자가 다양한 판매처에서 구매할 수 있는 브랜드입니다. 주로 전국적으로 유통되는 브랜드이지만 특정지역에 기반한 브랜드라도 다양한 판매처나 유통채널을 통해 소비자들과 연결된다면 그 역시 National Brand입니다.

141) 프레미어급이란?

프레미어급이라는 것은 최고급 혹은 최상급이라는 의미인데 Premier Brand와 대비되는 개념으로는 가장 많이 사용되는 Value Brand라는 용어가 있고 그 외에도 Generic product, Second grade 등으로 불리기도 합니다.

142) ICAO란?

국제민간항공기구. 국제민간항공조약에 기초해 1947년 4월에 발족된 유엔 전문기구입니다. 비행의 안전 확보, 항공로나 공항 및 항공시설 발달의 촉진, 부당경쟁에 의한 경제적 손실의 방지 등을 목적으로 하고 있습니다. 2004년 1월 현재 188개국이 가맹했으며 한국은 1952년에 가입했습니다. 1983년 9월 KAL기 격추사건 때도 이 기구의 특별 이사회가 조사단의 파견과 보고를 한 바 있습니다. 총회는 통상 5년마다 개최되며 제21회 총회가 1994년 8~9월에 서울에서 개최된 바 있습니다.

143) 안성팜랜드란?

안성팜랜드는 동물을 직접 만지고 먹이 주며 즐거운 체험을 할 수 있는 곳으로, 소, 양, 거위, 돼지, 당나귀 등 다양한 가축들과 함께 즐거운 체험프로그램을 진행하고 있습니다. 온가족이 함께 즐길 수 있는 놀이시설과 우리나라 농·축산업의 소중함을 몸과 마음으로 느낄 수 있는 교육시설 등 가족단위 관광객들에게 많은 인기를 받고 있습니다.

144) PB상품이란 무엇인가?

백화점이나 대형 슈퍼마켓 등 대형 소매업체 측에서 각 매장의 특성과 고객 성향을 고려하여 독자적으로 만든 자체 브랜드 제품을 말합니다. '자가 상표', '자체 기획 상표', '유통업자 브랜드' 라고도 불립니다. 상품이 해당 점포에서만 판매된다는 점에서 전국 어디에서나 제품을 구매할 수 있는 제조업체의 브랜드(NB : national brand) 제품과 차이가 있습니다.

145) RPC란 무엇인가?

산물 상태의 미곡을 공동으로 처리하는 시설로 미곡종합처리장을 뜻합니다. 반입에서부터 선별 · 계량 · 품질검사 건조 · 저장 · 도정을 거쳐 제품 출하와 판매, 부산물 처리에 이르기까지 미곡의 전 과정을 처리하는 시설을 말합니다. 농가의 노동력 부족을 해소하고 관리비용을 절감하며 미곡의 품질 향상 및 유통 구조를 개선하기 위한 시설로, rice processing complex를 줄여 RPC라고 부릅니다.

146) NFC가 무엇인가?

NFC란 'Near Field Communication' 의 약자로 가까운 거리에서 무선 데이터를 주고받는 통신 기술을 의미하며, NFC 기능이 있는 스마트폰을 기기에 접촉하기만 하면 자동으로 블루투스 페어링이 됩니다. 복잡한 설정 과정 없이 쉽고 빠르게 스마트폰과 블루투스 기기를 연결합니다. NFC 접촉 시 스마트폰의 NFC 기능이 켜져 있어야 하고, 잠금 화면이 해제되어 있어야 합니다. NFC 접촉시 스마트폰 연결을 위한 어플이 자동으로 실행될 수 있습니다.

147) IOT란 무엇인가?

초연결사회의 기반 기술 · 서비스이자 차세대 인터넷으로 '사물 간 인터넷' 혹은 '개체 간 인터넷(Internet of Objects)' 으로 정의되며 고유 식별이 가능한 사물이 만들어낸 정보를 인터넷을 통해 공유하는 환경을 의미합니다. 이는 기존의 USN(Ubiquitous Sensor Network), M2M(Machine to Machine)에서 발전된 개념으로, 사물지능통신, 만물인터넷(IoE, Internet of Everything)으로도 확장되어 인식되고 있습니다.

148) 치유농업이란?

치유농업은 농업 · 농촌의 다원적 기능을 바탕으로 다양한 농업활동을 통해 건강의 유지

회복 증진을 목적으로 대상자의 심리적 사회적 · 신체적 · 건강을 회복하고 증진하기 위해 치유농업자원 · 차유농업시설을 이용하여 교육하거나 설계한 프로그램을 체계적으로 수행하 는 활동을 의미합니다.

149) 치유농업의 효과

치유농업의 직접적인 효과는 치유농업의 목적 유형과 상통합니다. 치유농업의 목적 유형은 예방, 치료, 재활로 구분할 수 있습니다. 예방이란 신체 · 정신질환 등의 잠재적 건강 문제를 미리 막거나 건강한 발달과 삶의 질 향상, 건강의 유지 · 증진을 목적으로 하며, 치료는 현재 앓고 있는 질병, 장애, 문제를 완화하거나 병적 상태를 덜어 주는 것을 의미합니다. 재활은 신체적 · 정신적 · 사회적 · 직업적 · 경제적인 장애 상태의 능력과 기능을 증진 · 회복시키는 것을 의미합니다.

치유농업은 전 생애에 걸쳐 인간의 신체, 인지, 심리 · 사회적 영역에서의 예방, 치료, 재활 효과를 도출할 수 있습니다.

150) 도시농업이란?

도시농업은 〈도시농업의 육성 및 지원에 관한 법률〉에 따라 도시지역에 있는 토지, 건축물 또는 다양한 생활공간을 활용하여 농작물을 경작 또는 재배하는 행위로서 대통령령으로 정하는 행위를 말합니다.

151) 사회적농업이란?

사회적농업은 개인의 필요성과 공공지출 감소의 관점에서 사회 · 보건 서비스를 강화하기 위해 농업(식물과 동물)과 농장의 자원을 사용하는 것입니다. 즉, 도시농업과 사회적농업의 범위가 함께 있는 치유농업은 체험 기반의 농장 활동과 도시농업 기반의 농업체험 활동의 연계를 통해 사회적 농업까지 폭넓게 수렴하는 형태입니다.

152) 지역단위 푸드플랜이란?

외부에서 조달되던 기존 먹거리 유통체계를 지역 내 순환체계로 전환하는 종합 먹거리 전략입니다. 즉 생산, 소비, 안전, 영양, 환경, 식품복지 등 다양한 먹거리 이슈를 통합 관리하는 것을 뜻합니다.

153) 지역단위 푸드플랜의 효과

■ (먹거리 질 향상) 당일 수확, 당일 공급으로 신선도를 제고하고, 안전관리 강화로 먹거리 안전성을 제고합니다.

■ (지역경제 활성화) 자본의 지역순환과 관련시장 창출에 따라 지역일자리(1개소 당 약 730명) 및 창업을 확대합니다.

■ (환경 보호) 물류 거리 감축에 따른 푸드마일리지(탄소 배출)를 감소합니다.

154) 지역푸드통합지원센터란?

지역푸드통합지원센터의 시스템이 구축되는 최소 3년에서 5년간은 안정적 운영이 가능하도록 공공에서 지원이 필요합니다. 지역 푸드플랜을 통합적으로 추진할 조직으로 재단법인, 협동조합, 사회적기업 형태가 있습니다.

행정과 의회, 농업인, 시민사회단체 간 사회적 합의과정을 거쳐서 지역푸드통합조직을 추진할 수 있습니다. 지역 푸드플랜을 통합적으로 운영할 현장 실행조직 및 추진주체를 확보하기 위해서는 행정조직과 파트너십을 유지하면서 현장을 조직할 수 있는 핵심 운영인력 확보가 중요합니다. 지역 전체를 아우를 수 있는 시야를 갖춘 인력으로서 선발해야 합니다.

지역푸드통합지원센터의 조직화 사업은 지역 푸드플랜 추진주체인 중간지원조직이 담당하고 지자체는 행정 및 재정부문에서 연계 가능한 사업을 발굴하고 지원해야 합니다.

155) 지역 푸드플랜의 문제점

첫째, 현재의 푸드플랜 추진은 농식품부 유통정책과 수준에서의 단독플레이에 불과하다는 문제입니다.

둘째, 지향하는 먹거리가 무엇인지에 대한 비전이 명확하지 못하다는 문제입니다. 로컬푸드는 확실하나, 친환경(유기농)과 지속가능한 먹거리(굿푸드 vs 그렇지 못한 먹거리)에 대한 비전은 과연 무엇인가 등입니다.

셋째, 유통적 관점, 공급자적 관점에서 푸드플랜이 추진되고 있다는 점(유통정책과 관장)입니다.

넷째, 농업계와 시민사회도 준비 부족, 토론 부족 상태입니다.

마지막으로 푸드플랜은 플랜이라는 결과물이 중요한지, 플래닝(planning)이라는 프로세스가 중요한지가 애매합니다.

156) 지역 푸드플랜의 바람직한 추진방안

푸드플랜이란 용어는 우리에게 아직 생소하지만, 안전한 먹거리에 대한 국민적 관심은 점점 높아지고 있습니다. 수입 농산물이 늘어나면서 제2의 신토불이(身土不二) 운동이 아쉬운 요즈음, 푸드플랜은 농업·농촌의 실효성 있는 비전이 될 수 있습니다

푸드플랜 추진 방향에 대해 저의 생각을 말씀드리겠습니다.

첫째, 교육과 홍보를 한층 강화해 푸드플랜에 대한 국민적 공감대를 만들어가야 합니다. 안전하고 건강한 먹거리를 안정적으로 공급하는 것은 국가와 사회의 유지를 위한 필수조건입니다. 또 농업·농촌이 지속적으로 발전하는 데 필수요건이기도 하다. 푸드플랜은 국민에게 안전하고 건강한 먹거리를 보장하는 중요한 역할을 할 것입니다.

둘째, 푸드플랜의 수립과 실천을 위한 법적 근거를 마련해야 합니다. 현행 '농업·농촌 및 식품산업기본법'에 푸드플랜 조항을 신설하는 방안을 검토해볼 수 있지만, 국제관계나 지구생태계를 고려한 규정까지 담는다는 의미에서 특별법 제정이 필요합니다.

셋째, 푸드플랜을 적극 추진하는 지자체에 재정 지원을 강화해야 합니다. 당장은 지역단위로 활발히 진행 중인 로컬푸드 공동판매장이나 도농상생 공공급식센터 등에 대한 재정 지원을 늘려야 합니다. 정부는 지역특성에 적합한 여러가지 형태의 사업 모델을 발굴하고 지원해야 합니다. 푸드플랜의 확산에 따른 긍정적 혜택은 국민 모두에게 귀속되는 것인 만큼 범부처적으로 특별예산을 편성하는 것이 바람직합니다.

157) 스마트팜 시스템이란?

■ 스마트팜은 어려운 첨단기술로 구성되어 있지만, 시스템을 잘 이해하고 잘 다룰 수 있는 노력이 따른다면 누구나 쉽고 편리하게 작물을 재배하는 데 활용할 수 있습니다. 스마트팜을 잘 이해하기 위하여 스마트팜 정의를 알아보고, 스마트팜 시스템은 어떻게 구성되어 있는지 살펴보고, 스마트팜을 제어하는 기술은 어떻게 되어 있는지 쉽게 학습하고자 합니다.

■ 먼저 스마트팜 정의를 확인해 보겠습니다. '스마트팜은 똑똑한 농장이다!' 이다. 정보통신기술(ICT)을 비닐하우스 · 축사 과수원에 접목하여 원격 · 자동으로 작물과 가축의 자라는 환경을 적정하게 유지 · 관리할 수 있는 농장을 말합니다.

■ 농작물이 자라는 상태에 대한 정보(생육정보)와 농장 내부/외부의 환경정보에 대한 정확한 센서 데이터를 받아서 언제 어디서나 작물과 가축의 자라는 환경을 점검하고, 이상이 있는 경우에는 빠르게 처방할 수 있습니다. 이제 힘든 농사일을 스마트팜으로 쉽고 편하게 일을 하면서 농산물의 생산성과 품질은 더 높일 수 있게 되었습니다.

158) 미래농업기술 전망

첫째, 농업과학기술은 첨단 ICT기술의 적용으로 농산물 생산기술의 발전이 가속화되고 4차 산업혁명의 지능정보기술이 스마트팜 재배기술에 적용됨으로써, 작물 생산의 혁신과 소비자에게 신선하고 안전한 먹거리를 제공하게 될 것입니다. 특히 농업용 로봇기술은 부족한 농촌일손 대체와 작물 생산의 혁신적 개선으로 가장 시급히 도입되어야 할 4차 산업혁명 기술입니다.

둘째, 스마트 농업은 작물의 생산성 높이는 데 필요한 시스템을 갖춘 첨단 ICT기술 융합으로 발전하고 있습니다. 이러한 스마트팜 기술에 4차 산업혁명 기술인 스마트 센싱과 모니터링 기술, 스마트 빅데이터 분석 기술, 스마트 농기계 활용 기술 등의 지능정보기술이 적용되어 작물의 최적 재배환경을 유지하고, 병충해 대응하는 안전한 작물 수확이 가능하고, 시장에 적기에 공급할 수 있는 작기 조절재배 등이 가능한 농업 혁신이 실현되고 있습니다.

셋째, 지구 생태계가 나빠지고 있어 환경문제 해결과 변화하고 있는 소비자의 까다로운 먹거리 니즈에 부합하는 고품질 안전한 농작물 재배가 시급합니다. 심각한 기후변화가 농업에 미치는 영향을 잘 분석하고, 과학기술의 농업 분야 적용과 보급을 통해 4차 산업혁명이 가져다 줄 농업의 혁신이 미래농업을 대비하는 중요한 전략이 될 것입니다.

159) 농업과 인공지능기술의 관계

농업의 빅데이터는 4차 산업혁명에 필수적인 재료입니다. 빅데이터 없이는 인공지능 기술과 서비스는 생각도 할 수 없습니다. 2006년 2명의 구글 직원이 클라이밋 코퍼레이션(Climate Corporation)을 창업하였습니다. 농업현장에서 발생하는 다양한 데이터를 분석하여 농가의 의사결정을 지원하는 회사입니다. 센서를 이용하여 지역별 날씨, 토양의 수분 및 각종 유기물, 농업기계 운용 등의 데이터를 광범위한 지역에서 모으고 있습니다.

현재 미국 전역 250만 곳에서 매일 1,500억 건의 토양정보와 10조 건의 기상 시뮬레이션 정보를 실시간으로 수집하고 축적하고 있습니다. 그 막대한 양의 데이터를 분석하여, 작물의 생장 상황, 건강상태(영양, 질병 등), 수확량 예측 등의 정보를 실시간 제공합니다.

이 서비스를 이용한 농가에서 2년간 평균 5% 가량의 수확량 증가를 경험했습니다. 실제로 이 서비스를 통해 농산물 재배 비용은 줄이고 생산량은 증가시킬 수 있었던 것입니다. 비록 아직은 초기 단계이지만 빅데이터 축적이 임계점을 넘을 경우 유료서비스는 더욱 증가할 것이 확실시됩니다. 2016년 유료서비스 농지면적은 560만ha에서 2017년 1,010만ha로 증가하였고, 2025년에는 1억 6,000만ha가 서비스될 것이라고 하는데 이것은 남한의 16배에 달하는 면적입니다.

이런 성과는 기업 가치 상승으로 돌아왔습니다. 2013년 몬산토는 무려 1조 원에 클라이밋 코퍼레이션을 인수했고, 현재 몬산토는 독일 바이엘과 합병했습니다. 2020년이 되면 이 회사의 기업가치는 수십 조 원에 이를 것이라고 합니다.

셈 에싱턴 수석연구원은 한 언론사 인터뷰에서 "우리 회사의 센서 네트워크는 엄청난 수의 세밀한 현장 데이터를 수집하고 있습니다. 궁극적으로 우리는 많은 종류의 센서들을 모두 통합하여 농업현장을 살아있는 데이터 시스템으로 바꾸고자 합니다"라고 하면서 농업 빅데이터 수집에 대하여 제안했습니다.

160) 농업 분야에서의 인공지능

농업 분야에서 인공지능은 사람의 한계를 뛰어넘는 많은 일을 해낼 수 있습니다. 기상이변을 예측하거나 올해 수확량이 평년보다 적거나 많을지 계산하고, 농업을 더 예측 가능한 산업으로 만들어 효율성과 수익성을 높일 수 있습니다. 또한 트랙터 등 농기계는 산지가 많은 국내의 복잡한 지형에서도 자율적으로 주행하고 작업할 수 있습니다. 비닐하우스에 적용하면 작물의 상태에 따라 실시간으로 일조량, 습도, 영양 상태 등을 자율적으로 조절하는 스마트팜이 가능합니다.

첨단 인공지능 기술은 작물의 재배환경을 최적화하면서 노동력, 물, 농약 등 농업 필요한 자원의 사용을 최소화하고 생산량은 증대시킵니다. 인공지능 기술의 도입은 식량생산 측면 외에도 농업이 현재 직면한 많은 문제를 해결할 수 있는 대안입니다. 하나부터 열까지 사람의 손이 필요했던 농업이 인공지능과 로봇기술을 통해 자동화 · 무인화 되면서 농업인구의 고령화 문제와 심각한 일손 부족문제에 해법을 제시할 수 있습니다. 또한 농가 수익의 증가로 농업인이 겪고 있는 경제난 해소에도 큰 도움이 될 수도 있습니다.

4차 산업혁명의 시대에 빅데이터, 인공지능 기술이 농업을 혁신적으로 변화시키고 있습니다. 이러한 첨단 기술은 생산성을 향상시키고 자원의 사용은 줄임으로써 지속 가능한 농업을 실현할 뿐 아니라 미래 인류의 식량안보를 강화할 수 있을 것으로 기대됩니다.

161) 푸드혁신을 통한 신 소비자 시장 창출

사람들의 소득수준이 올라가면서 맛있는 음식을 찾아먹는 '미식' 의 시대가 다가왔습니다. 최근 들어 사람들이 음식을 맛있고 간편하게 소비하려는 니즈가 커지면서 정보기술(IT)을 바탕으로 한 푸드테크(FoodTech) 시장이 확대되고 있습니다.

음식과 IT의 결합, 푸드테크에 주목해야 합니다. 음식과 IT가 융합된 푸드테크는 식품 관련 산업에 IT를 접목해 새로운 산업을 창출하는 것을 말합니다. 사람들은 이제 버튼 하나만 누르면 음식 배달부터 맛집 추천, 빅데이터를 이용한 맞춤형 레시피에 이르기까지 원하는 것을 즉시 얻을 수 있습니다. 푸드테크는 O2O(Online to Offline) 서비스의 증가 및 외식산업의 발전과 함께 급부상하고 있습니다. 푸드테크는 음식 배달 및 식재료 배송, 음식점 정보 서비스, 스마트팜, 차세대 식품까지 포괄하는 개념입니다.

〈비즈니스 인사이더〉에 따르면 창업 5년 내에 기업가치 10억 달러를 넘기는 스타트업 상위 10곳 중 2곳이 푸드테크 기업이었습니다. 푸드테크 기업에 대한 투자금은 2012년 2억 7,000만 달러에서 지난해 57억 달러로 20배 이상 증가했습니다.

162) 미래형 슈퍼마켓의 모습은?

이탈리아를 대표하는 체인형 슈퍼마켓 브랜드 COOP는 액센츄어와 공동으로 2015년 밀라노 엑스포에 4차 산업혁명 기술을 접목한 미래형 슈퍼마켓을 출품해서 큰 호응을 받았습니다. 호응이 커지자 원래 1회성 팝업 매장으로 출품했던 미래형 슈퍼마켓을 상설매장으로 전환하여 현재 밀라노에서 영업 중입니다.

이 미래형 슈퍼마켓에서는 상품진열대마다 디스플레이를 설치하여 고객의 상품 선택과정에서 필요한 각종 정보를 제공합니다. 농산물 생산자 정보, 상품 정보, 요리법, 영양 정보, 가격 정보 등이 고객의 동선과 몸짓에 따라 표시되고 로봇 점원과 로봇팜이 상품을 진열하고 판매된 매대를 정리합니다.

이제 소비자가 선택할 수 있는 농산물의 생산에서 유통, 판매-소비까지 이어지는 유통단계는 데이터 중심의 시스템으로 정비될 것입니다. 4차 산업혁명은 농업 유통혁신 모델을 만들고 있는 것입니다.

163) 스마트팜에 적용되는 인공지능 기술

스마트팜에 적용되는 인공지능 기술은 농장의 최적환경을 알고리즘 시스템이 스스로 판단해서 제어하는 기술입니다.

스마트팜에 적용되는 인공지능 기술은 크게 5가지로 구분할 수 있습니다. 농장 내외부의 환경에 대한 데이터를 생성하여 클라우드 시스템에 전송하는 사물인터넷 기술, 각종 센서 데이터를 실시간으로 전송받아 저장하고 분석하는 클라우드 시스템(Cloud System), 수집된 데이터를 빅데이터화하여 유효한 분석과 적용을 실행하는 빅데이터 기술, 빅데이터 분석 결과 스마트팜에 최적 환경제어에 학습하고 적용하는 인공지능기술 그리고 인공지능기술로 지능화된 농장경영이 가능하도록 하는 로봇기술이 있습니다.

사물인터넷 기술은 스마트팜 내부/외부의 센서 데이터를 인지하고 최적환경으로 유지하는 기술입니다. 사물인터넷 기술은 모든 사물에 센서를 탑재하여 실시간으로 데이터를 송수신하며, 인터넷을 기반으로 모든 사물을 연결하여 사람과 사물, 사물과 사물 간의 정보를 주고받는 지능형 기술입니다.

스마트팜의 내부와 외부의 여러 환경에 대한 정확한 데이터를 계측하기 위해서는 정밀한 센서를 설치하여 데이터를 수집해야 합니다. 따라서 사물인터넷 기술을 활용하여 농장 내외부의 센서에 IoT 소프트웨어를 탑재하여 무선 환경으로 클라우드 서버에 1~10분 간격으로 정기적 데이터 송신을 할 수 있습니다.

모든 센서에 IoT 소프트웨어가 설치되어 각 구역별로 정확한 환경상태를 파악할 수 있고, 이에 대응하여 최적 환경으로 유지하기 위한 환경제어 기준값을 실시간으로 업데이트합니다.

클라우드 시스템 기술은 스마트팜에서 생성되는 실시간 환경데이터 값과 그 외 다양한 데이터를 저장하고 분류해서 빅데이터로 활용하는 기술입니다. 스마트팜에 운영되는 클라우드 시스템은 게이트웨이를 통해 각종 센서 데이터를 클라우드 서버로 송신하여 실시간 농업 데이터를 수집하는 서버 플랫폼 기능입니다.

센서 데이터를 빅데이터화하여 데이터베이스에 분산 저장된 다중/대량 데이터를 분류하고 분석하기 위해 프로그래밍 기술이 요구됩니다.

농업용 클라우드 시스템은 스마트팜의 환경을 실시간으로 조절하는 제어룰을 생성합니다. 초기에 스마트팜에 환경제어기준 데이터(환경기준/생육기준)를 입력하고, 클라우드 시스템에 제어룰을 생성하여 이에 따라 온실의 천창 개폐, 팬 구동, 스크린 차단 등의 적절한 제어가 뒤따르게 됩니다.

실시간으로 수집되는 환경데이터 값에 대응하여 제어룰이 온실의 각종 엑츄레이터를 구동하며 최적의 환경을 유지합니다. 환경 측정 데이터와 생육 측정 데이터 값을 정기적으로 수집 · 분석하여 새로운 제어룰로 생성하여 최적화된 의사결정 시스템으로 운영하게 됩니다.

클라우드 시스템은 수집·분석된 환경/생육/농장경영 데이터 등을 통해 정확한 생육진단을 하고, 제어 유효성을 분석하며, 분석 결과를 토대로 농장의 생산량을 예측하고 병충해를 실시간 진단할 수 있습니다. 농장 환경 변화에 능동적으로 대응하는 자율제어 엔진을 탑재하여 사람의 판단 없이 인공지능 시스템에 의한 최적 농장 환경 제어가 가능하게 됩니다.

164) 농업 빅데이터 기술(딥러닝)이란

딥러닝 알고리즘은 스마트팜에서 발생될 수 있는 모든 수치 데이터와 이미지 데이터를 각각 하나의 틀에 모두 넣어 타임라인(Timeline)으로 정렬하고, 융합분석하는 기술입니다. 이러한 데이터 융합 분석 기술을 사용함으로써 분석 정확도를 향상시키고 신뢰성 있는 분석결과를 도출하게 됩니다.

빅데이터의 활용은 인공지능(딥러닝) 기술로 병해충을 사전에 예측할 수 있습니다. 농장의 환경과 작물의 생육 데이터, 경영 각 데이터 틀을 분석하는 데는 개별적인 분석이 아닌 딥러닝 기술을 도입하여 작물 재배 전 주기에 걸친 융합 데이터를 분석하고, 그 분석 결과를 활용하여 작물의 생장 장애와 병해충을 사전에 예측합니다.

이전에는 작물의 생육정보를 수집하는 것이 제한적이었지만 이미지 데이터 처리가 가능해지면서 얼마든지 정보를 수집할 수 있게 되었습니다. 이때 이미지 딥러닝 기술인 CNN(Convolution Neuron Network) 알고리즘이 사용됩니다.

이미지 분석 기술을 활용하여, 작물의 병충해와 생장장애를 판단할 수 있습니다. 우선 이미지 분석을 위한 모델을 설계하고, 스마트팜에 설치된 CCTV 영상과 외부 이미지를 통해 학습할 대상의 이미지를 수집합니다. 전문가와의 협의를 통해 이미지의 항목에 대해 기준점 및 척도를 정의하면 농작물의 이상 징후를 사전에 판단할 수 있습니다. 나아가 이미지에 대한 학습 결과를 통해 문제를 파악하고 이를 보완하여 에러가 최하점이 되도록 재학습을 하는 순환 구조의 학습 알고리즘을 개발하여 사용합니다.

165) 치유농업의 발전 방안

치유농업이란 농업과 농촌의 자원을 활용해 정신적·육체적·사회적 어려움을 겪는 사람들에게 재활·보호 등의 치유기능을 제공하는 것입니다. 자연친화적인 요양시설을 세워 암 환자의 회복을 돕거나, 정신적으로 어려움을 겪는 환자의 심리치료 목적 등으로 다양하게 활용합니다. 국내에서도 치유농업 활동이 조금씩 이뤄지고 있지만, 구체적인 규모나 수익은 집계되지 않을 정도로 미미합니다.

그러므로 초기에는 농가와 전문가가 협력하거나, 치유농업 관련 교육을 받은 인력이 지역의 유휴농지나 마을의 공동시설을 활용하면서 운영해야 합니다. 치유농업을 생산물 판매나 다른 농촌관광 프로그램과 함께 진행하면서 홍보하고, 점차 치유농업의 비중을 확대하는 방안이 합리적일 것입니다.

치유농업 농장이 농촌에 자리를 잡고 외지인의 방문이 늘어나면 농촌마을과 기반시설을 유지하는 데 도움을 줄 수 있습니다. 또 농촌의 사회적 자본과 환경을 활용해 새로운 고용기회도 창출할 수 있으며 마을 주민들의 자조적 돌봄시설로도 활용할 수 있습니다. 국가적으로도 복지비용에 대한 부담을 덜 방안이 됩니다. 이를 위해서는 정부와 지방자치단체의 협력과 지원이 반드시 필요합니다. 2017년 자체적으로 진행한 대국민 설문조사 결과 치유농업 분야에 국민의 지불 의사는 39조 766억 원으로 집계되었습니다. 치유농업은 농촌지역의 활성화에 충분히 이바지할 수 있습니다.

166) 블록체인 기술과 농업

블록체인은 암호화폐로 거래할 때 해킹을 막는 기술입니다. 거래내역이나 생성된 정보를 암호화해서 '블록' 이라 불리는 장부에 담아 시간 순으로 연결합니다. 블록체인은 블록을 해시(hash)라는 암호코드로 연결해 모든 사람들에게 공개하기 때문에 정부나 별도의 인증기구가 없어도 그 내용을 보증할 수 있습니다. 이 때문에 블록체인을 '공공거래장부' 또는 '분산원장' 이라고 표현합니다.

블록체인이 4차 산업혁명 시대의 핵심 기술이 되리라고 기대하는 것은 기술이 갖는 완벽한 신뢰성 때문입니다. 장부가 암호로 작성돼 있기 때문에 익명성이 보장됩니다. 거래내역이 해당 거래에 참여하는 모든 이들에게 공개되는 까닭에 위조나 변조가 불가능합니다. 또 거래자들이 서로 원본임을 보증하는 시스템이라서 제3의 인증기관이 필요 없기 때문에 거래비용이 저렴하다는 장점도 있습니다.

블록체인 기술은 농업에도 매우 유용하게 이용될 수 있습니다. 대형 도매시장의 경매거래나 중도매인 위탁거래를 블록체인에 담아 인증하면 가격이나 계약조건에 대한 갈등의 소지를 원천적으로 제거할 수 있습니다. 수집상의 빈번한 계약파기로 농민들의 원성을 사는 밭떼기거래도 안전하게 관리할 수 있습니다.

2. 주장면접

1) 원자력발전소 설립에 대한 찬성 또는 반대 의견을 말하시오.

저는 원자력발전소를 건설해야 한다고 생각합니다. 많은 사람이 원자력발전소에 대해 안전성 문제를 재기하며 탈원전을 주장하지만 국내 모든 원자력발전소는 7.0지진에도 견딜수 있을 내진설계가 되었고, 우리나라는 관측 이래 6.0 이상 지진이 발생하지 않았습니다. 또한 경제적으로도 원자력보다 싸고 안정적인 전력 공급을 할 수 있는 대체수단이 없다는 것이 현실이고 아직 실험중인 신재생 에너지로 미래 에너지 수급을 확정하는 것은 성급하다 생각합니다. 이는 후쿠시마 원전 사고에도 불구하고 일본 정부가 원전 건설에 다시 나서고 있는 것은 이를 실증적으로 보여준다고 생각합니다.

2) 양심적 병역거부

저는 양심적 병역거부에 대해 반대합니다. 우리나라는 전 세계 유일의 분단국가이며 분리된 남한과 북한과의 전쟁이 아직 종식되지 않은 휴전 상태입니다. 이러한 상황에서 개인이 자유 추구의 권리를 내세우며 국방의 의무를 지지 않는 것은 국가라는 공동체를 고려하지 않은 개인주의적인 사고방식에 입각한 행위라고 생각합니다. 물론 양심적 병역거부 문제에 대한 대안으로 대체복무제가 지속적으로 거론되고 있지만 이것도 병역기피의 수단으로 사용될 수 있습니다. '양심' 을 판단할 방법과 기준이 불확실하다는 점도 고려해야 한다고 생각합니다.

3) 공인인증서 폐지

발급이 간소해지고 유효기간이 길어지며 다양한 인증영역으로 확장되고 액티브X의 폐해가 없어진다는 점 그리고 우리나라 보안기술 업계의 자생력을 향상시키고 국제무대에서 경쟁할 수 있는 좋은 기회가 될 것 점에서 저는 공인인증서 폐지에 찬성합니다.

4) 초 · 중 · 고교생의 9시 등교제에 대한 찬성 또는 반대 의견을 말하시오.

9시 등교제는 학생들의 수면시간 확보와 아침식사를 챙길 수 있다는 긍정적인 효과를 기대하고 경기도교육청에서 먼저 시작한 걸로 알고 있습니다. 하지만 한국교육개발원의 조사결과에 따르면 수면효과는 미비했고 오히려 아침 식사를 거르고 패스트푸드를 먹는 학생이 늘어났다고 합니다. 등교 시간을 늦추자 오히려 아침 시간이 여유로운 게 아니라 늦게 자고 늦게 일어나 정책 효과가 반감이 된 걸로 보입니다. 이는 교육 외적 개선 없이는 탁상공론일 뿐이라 생각합니다.

5) 단통법에 대한 찬성 또는 반대 의견을 말하시오.

단통법은 그동안 제조사나 통신사에 따라 달라지던 보조금을 상한선을 정하고 법제화한 것으로 알고 있습니다. 무질서한 휴대폰 가격 질서를 바로잡겠다는 것이 정부의 입장이지만 이는 오히려 소비자의 일종의 가격 하한제라고 생각합니다. 정부의 역할은 기업 간의 경쟁을 유발하고 소비자의 이익을 추구하는 것이 맞는데 단통법은 오히려 제조사나 통신사의 이익은 취하고 소비자의 선택을 제한한다고 생각합니다. 오히려 정부는 이동통신사의 요금 인가제를 개선하여 요금경쟁을 시장에 맡기는 것이 우선이라 생각합니다.

6) 반값 등록금제 시행에 대한 찬성 또는 반대 의견을 말하시오.

저는 국민의 교육비 부담을 덜어주자는 취지 자체는 나쁘다고 생각하지 않습니다. 하지만 교육 예산을 무상급식, 반값등록금 등에 집중하다 보니 교육의 콘텐츠 개혁과 질 향상을 위한 투자는 점점 축소되고 있습니다. 등록금이 몇 년째 동결된 대학교도 연구개발은커녕 강좌 수를 점점 축소하고 있습니다. 난무하는 포퓰리즘성 공약만 할 것이 아니라 저소득층 위

주로 선별적 지원을 하고 미래를 대비하는 교육정책으로 근본적으로 재검토를 해야 한다 생각합니다.

7) 여성의 군 복무 의무제에 대한 찬성 또는 반대 의견을 말하시오.

여성의 높아진 위상과 사회 활동 욕구 등에 비춰볼 때 남성에게만 언제까지 병역 의무를 지울 수는 없는 실정입니다. 남성만의 의무복무가 오히려 여성들의 성차별적인 요소가 있다고 생각합니다. 현재 장교와 부사관 복무도 여성이 잘 하고 있고 또한 분단국가인 우리나라에서 복무기간 단축과 저출산 문제로 인하여 2020년 이후 병역자원이 점차 감소한다고 예상되고 있어 그 대안 중 하나로 검토할 만하다 생각합니다.

8) 결혼이나 취업을 위해 성형을 하는 것에 대한 찬성 또는 반대 의견을 말하시오.

저는 일단 성형수술 자체가 찬성과 반대로 이야기할 문제라고 생각하지 않습니다. 성형수술은 미용 목적이든 치료 목적이든 자기 몸에 대한 자존감의 상처라고 봅니다. 자존감에 상처를 입어 수술을 해서라도 복구를 해보겠다는 것을 찬/반의 논리로 따지는 자체가 폭력이라고 생각합니다. 우리나라의 전반적인 외모지상주의 구조의 근본적인 대안과 해결책을 생각해봐야 합니다.

9) 인원 감축과 임금 삭감 중 하나를 선택해야 한다면, 어떤 것을 선택할 것인지 말해보시오.

회사가 재정 문제로 인원 감축과 임금 삭감을 고려한다하면 저는 임금 삭감을 선택할 것 같습니다. 인원 감축을 할 경우 단기적으론 임금을 줄일 수 있겠지만 그 사람의 노하우와 인맥 등 모든 인적자원을 잃는 것입니다. 하지만 임금 삭감을 할 경우는 물론 구성원들에게 신뢰를 잃겠지만 그들을 활용하여 회사의 회생 가능성은 높일 수 있다고 생각합니다.

10) 6차 산업의 활성화 방안에 대해 말하시오

저는 새로운 산업을 뒷받침하는 데 가장 중요한 것은 제도적 지원이라고 생각합니다. 시대에 맞지 않는 규제는 과감히 완화하고 농업 관련 산업의 경쟁력을 확보해야 한다 생각합니다. 현재 농림지역은 농산물 제조시설에 대한 건축은 허용되지만, 판매장이나 휴게음식점은 허가가 나지 않고 있습니다. 물론 농지는 보호해야 하지만 이미 공장이나 체험장과 같은 6차 산업 관련 제조시설 허가가 난 지역의 경우에 한해서만큼은 음식점이나 숙박체험 같은 보다 다양한 시설을 운영할 수 있도록 규제를 완화해줄 필요가 있다고 생각합니다.

11) 사형제도 찬반

최근 우리 사회에서 흉악범죄가 늘어나면서 사형 집행 필요성이 제기되고 있지만 찬반은 극명하게 엇갈리고 있습니다. 사형제는 극악범죄를 막는 최소한의 법적 장치라고 생각합니다. 폐지론자들은 사형제가 강력범죄 예방에도 큰 도움이 되지 않는다고 주장하지만 이는 억측 논리입니다. '어떤 경우든 내 목숨은 안전하다' 는 믿음과 '내 목숨도 순간에 날아갈 수 있다' 는 공포는 범죄행위에 영향을 미칠 수밖에 없다고 생각합니다.

12) 무상급식과 무상교육 찬반

정치권에서 경쟁적으로 내놓던 무상복지 정책은 저번 연말정산 파동에서 드러났듯이 증세 없이 무상복지 재정을 유지해나가는 것은 불가능하다 생각합니다. 다시 말해 무상복지는 말만 무상이지 사실은 국민 세금으로 메워야 하는 유상복지라는 것입니다. 이런 점에서 한정된 재원으로 꼭 필요한 저소득층이나 차상위계층에게 지원 하는 것이 옳지 전원 무상급식이나 무상교육은 세금 낭비라고 생각합니다.

13) 개인회생제도 찬반

개인회생제도가 파산자의 재기의 기회를 준다는 점에서 찬성합니다. 하지만 명확하고 합리적인 기준을 적용해 사기성이 있는 파산은 걸러내야 합니다. 개인회생을 신청하기 전에 집중적으로 대출받는 등 도산 절차를 악용하는 사례에 대한 감시와 인가 결정을 받은 뒤에도 숨겨놓은 재산이 없는지 정기적으로 점검해 채무자의 효율적인 회생과 채권자의 이익을 도모해야 한다고 생각합니다.

14) 자립형 사립고 폐지에 대한 찬성 또는 반대 의견을 말하시오.

고교 정상화라는 명분을 내걸고 폐지를 주장합니다. 하지만 저는 자립형 사립고 폐지에 대해 반대합니다. 외고와 국제고, 자사고가 당초 설립 취지에 벗어나 대학 입학용 교육에만 치중한다는 지적에는 공감하지만, 문제가 있다면 고쳐가면서 운영하도록 하는 게 옳습니다. 오랫동안 지속돼온 학교를 아예 없애버리겠다는 생각은 교육 자유화 시대에 역행할 뿐만 아니라 학생과 학부모들은 잦은 변화에 혼란스러워 할 것입니다.

15) 기초선거구 정당 공천제 폐지에 대한 찬성 또는 반대 의견을 말하시오.

저는 공천제 폐지에 찬성하는 입장입니다. 지방의원들이 주민들의 바람을 귀 기울이기 보단 중앙당의 공천에 목을 매면서 공천 비리가 양산되고 기득권 정치도 지속된다 생각합니다. 지방자치마저 중앙정치에 예속되어 있는 우리 정치 현실에서 기초선거에서만이라도 정당 공천을 배제하는 것이 풀뿌리 민주주의의 기본 취지를 살리는 길이라고 생각합니다.

16) 밀양 송전탑 건설에 대한 찬성 또는 반대 의견을 말하시오.

일단 저는 밀양 송전탑 건설에 찬성합니다. 물론 소통이 부족한 행정절차와 공사 중에 발생하는 소음과 환경문제 등에 한전과 정부도 도의적인 책임을 져야 된다고 생각합니다. 하지만 날이 갈수록 전력 수요는 증가하고 있고 심지어 밀양은 전력 수급이 제대로 안 되어 영남에서 끌어오는 전기로 생활하고 있습니다. 심지어 밀양 주민의 80% 이상이 합의를 한 상태로 알고 있습니다. 이러한 점에서 저는 밀양 송전탑 건설에 찬성합니다.

17) 대형마트 주말 의무 휴업(영업 규제)에 대한 찬성 또는 반대 의견을 말하시오.

대형마트 주말 의무 휴업에 반대합니다. 일단 소비자의 선택권을 침해하는 정책이라고 생각합니다. 또한 대형마트의 영업을 규제하면서 기대했던 전통시장의 매출 증가는 예상과 달리 큰 효과가 없다고 조사 결과도 있습니다. 의무 휴업으로 대형마트에 규제를 하는 것보다는 재래시장의 편의성을 향상시킬 정책이 필요하다 생각합니다.

18) 농협의 수입 농산물 판매에 대한 찬성 또는 반대 의견을 말하시오.

농협의 수입 농산물 판매에 반대합니다. 물론 저도 하나로마트를 이용할 때면 수입 바나나가 없어 아쉬운 적이 많았습니다. 수익 창출 면에서 기업 입장에서도 아쉬운 대목이기도 할 것입니다. 저는 수입 농산물 판매로 인한 경영이익보다 농협이 부정적인 이미지로 자리 잡을까봐 걱정입니다. 국민들은 농협에서 판매하는 농산물에 대해 일단 믿고 보는 안전한 농산물이라는 인식을 하고 있는데 자칫 농협의 이미지가 대형마트의 이미지로 부식될까 반대하는 입장입니다.

19) 한중 FTA에 대한 찬성 또는 반대 의견을 말하시오.

저는 한중 FTA에 반대하는 입장입니다. 이유는 크게 2가지입니다.

첫 째, FTA 체결하는 것 자체가 상대국을 파트너로 인정하고 국가관계를 진전시키는 것에 있는데 최근 사드 배치에 대한 중국의 막무가내식 보복을 보면 과연 전략적 동반자로 나아갈 수 있을지 의문입니다.

둘째, 한중 FTA는 중국의 양적 경쟁 그리고 가격 경쟁에 밀린 한국의 농산물 자급률을 떨어뜨려 한국의 식량안보에 적신호가 켜질까 우려됩니다.

20) 대학기부금 입학제에 대한 찬성 또는 반대 의견을 말하시오.

대학기부금 입학제에 반대합니다. 기부금 입학제는 헌법에도 명시된 국민의 기본권인 '능력에 따라 균등하게 교육받을 권리를 침해' 한다고 생각합니다. 여기서 능력이란 학생의 학습능력이지 부모의 재정 능력을 말하는 것이 아닙니다. 따라서 부모의 재정 능력이나 사회적 명성 혹은 기여도에 의해 교육받을 권리가 결정되는 것은 교육의 평등에 관한 기본적인 헌법 정신에 어긋난다고 생각합니다.

21) 정리해고에 대한 찬성 또는 반대 의견을 말하시오.

쌍용차 정리해고 재판이 양승태 재판 농단에 의해 밝혀져 정리해고에 대한 논란이 다시 불거지는 것 같습니다. 하지만 저는 정리해고에 자체만 보면 계속되는 경영의 악화를 방지하고자 엄격한 기준을 둔 합법적인 제도라고 생각합니다. 물론 이러한 제도를 악용해서 부당해고를 자행하는 경영자는 판결 결과에 따라 엄격한 처벌이 필요합니다. 노동시장의 경쟁력을 높이기 위해 노동 시장 구조개혁을 단계적으로 추진해야 한다고 생각합니다.

22) 오디션 프로그램에 대한 찬성 또는 반대 의견을 말하시오.

최근에 오디션 프로그램이 우후죽순으로 생겨나는 것 같습니다. 하지만 오디션 프로그램의 선전이 우리 사회에서 만연하는 경쟁 풍토를 일례로 보여주는 것 같아 걱정이 됩니다. 물론 적당한 경쟁은 의욕과 창의력을 고취시키지만 무한 경쟁을 추구하는 풍토로 인한 많은 문제점이 드러나는 이 시점에서 협력이란 새로운 가치를 강조하는 프로그램이 만들어지면 어떨까 생각합니다.

23) 농가인구 감소와 농촌 고령화 문제를 해결하기 위한 방안에 대해 말하시오.

농촌에서는 생산가능인구(15~64세)를 따지기가 무색해지고 있습니다. 농가 경영주의 평균연령은 67세이며 70세 이상의 농가 경영주도 41.9%나 됩니다. 농사짓는 10농가 중 4농가가 70대 이상인 셈입니다. 이대로라면 농업 생산기반이 위축돼 산업구조는 허약해지고, 농촌공동체의 해체로 농촌소멸은 현실화할 수밖에 없습니다.

농촌에 젊은층을 유입할 답을 찾지 않으면 백약이 무효입니다. 낮은 농가소득과 열악한 정주 여건을 개선하는 것도 중요하지만, 청년들이 농촌에서 자신의 미래를 찾을 수 있도록 기회를 제공하는 게 먼저라고 봅니다. 정부가 추진하는 청년농민 육성정책을 면밀하게 보완하고 다양한 지원프로그램을 개발, 청년농이나 창업농들이 느끼는 미래의 불확실성을 제거해야 합니다. 고령농 경영주를 위한 대책도 필요합니다. 통계가 말하듯 우리 농업의 주력 부대는 60~70대입니다. 사회적 통념에 비춰 이들을 생산불가능인구로 분류해 농업 지원보다 복지 차원의 지원으로만 접근하는 건 올바르지 않습니다. 고령농가들이 편하게 농사지을 수 있도록 정책을 보강하고, 지원도 늘려야 합니다. 농업의 공익적 가치 확산과 함께 농업·농촌을 지원하는 사회적 분위기를 조성해야 합니다.

24) 농촌의 고령화를 해소하기 위해 청년층의 농촌 유입을 유도할 수 있는 방안에 대해 말하시오.

현재 농촌에서 일하는 40세 이하 젊은이들이 1만 명이 넘지 않아 농촌 고령화 문제가 심각한 상황입니다. 순천에는 순천 농협에서 관리해 왔던 창고를 '청춘창고' 라고 해서 명물이 된 성공 사례가 있습니다. 젊은이들이 농업은 안 하더라도 농촌에 살면서 농촌에 활기를 불어 일으키는 방법을 고민해야 합니다. 청년농업인 정착지원 사업을 확대하는 것도 한 방안이라 생각합니다.

25) 우리 농업 · 농촌이 지속 가능하기 위한 방안에 대해 본인의 생각을 말하시오

첫째, 우리 농업 · 농촌이 지속가능성을 확보할 수 있도록 농업 예산이 개편돼야 합니다. 우선 농업 · 농촌의 다기능성을 활성화하려는 정책사업이나 프로그램 기획에 예산을 많이 배정해야 하고 그 비중을 지속적으로 늘려나가야 합니다. 직불제의 경우 기본적 농업활동 외에 다기능성을 발휘하는 활동도 보상하는 기준을 마련해야 합니다. 농촌개발은 물리적 시설 확충보다 농촌가치를 발굴 · 유지하는 쪽으로 가야 합니다.

시장과 사회의 수요를 고려하지 않은 공모사업은 최대한 축소해야 합니다. 공정하고 엄격한 잣대로 사업 성과를 평가해 농업 · 농촌의 다기능성을 개발하고 확충하는 사업에 예산을 배정해야 합니다. 또 지자체의 창의와 책임을 강화해야 합니다. 중앙 정부가 사업의 내용과 형식을 일일이 규정해서는 지자체의 창의와 책임을 기대하기 어렵습니다. 중앙 정부와 지자체의 역할 분담을 법과 제도로 명시하되, 지자체가 수립한 농업 · 농촌 발전계획에 대한 예산 지원을 중앙 정부가 보증하는 '계획협약제도' 를 도입해야 합니다. 계획협약제도는 농업 예산 지원의 새로운 모델로 활용할 가치가 있습니다. 지자체는 계획 수립과정에서 해당 지역의 중장기 농정목표 수립, 정책 수단의 창의적 기획, 예산 배분에 관한 내용 등을 관련 기관 · 단체들과 함께 논의하고 이들이 스스로 결정하도록 해야 합니다.

농업 정책과 농업 예산이 이 같은 방향으로 재편된다면 우리 농업 · 농촌의 지속가능성은 한층 확보될 수 있을 것입니다.

26) 지상파 광고총량제에 대한 찬성 또는 반대 의견을 말하시오.

광고총량제는 광고 유형에 관계없이 최대 광고 송출 시간을 정하는 제도입니다.

저는 광고총량제에 반대합니다. 모바일을 비롯하여 새로운 미디어는 급격히 늘어난 상태에서 개인 평균 공중파를 보는 시간도 계속 줄어들고 있습니다. 시청자들은 곧 광고 혼잡도에 피곤해지고 다른 스크린으로 컨텐츠를 즐기게 될 것이고 이는 궁극적으로 별 도움이 안 될 것입니다. 광고총량제를 할 것이 아니라 지상파는 우선 자체 경영 혁신을 하고 광고 수입에 의존하지 말고 양질의 컨텐츠로 수익을 내는 데 주력해야 한다 생각합니다.

27) 학교 체벌금지에 대한 찬성 또는 반대 의견을 말하시오.

최근 청소년 범죄가 점차 증가함에 따라 체벌금지 이슈도 다시 불거지고 있는 것 같습니다. 저는 학교 체벌금지에 반대합니다. 학생들은 이전과는 달리 설령 잘못을 저질러도 교사로부터 매를 맞거나 혼나지 않는다는 사실에 심리적으로 해방감을 느끼고 있는 분위기입니다. 상벌제도를 이용해 학생들을 관리하는 것은 효율적으로 보일지 모르지만 성적에 연연하지 않은 일부 학생들을 지도 하기엔 감점제도는 무용지물입니다. 청소년들의 잘못에 대해 책임을 지울 수 있는 입법이 되기 전까진 효율적인 사회성 훈련을 위해서라도 필요하다 생각합니다.

28) GMO 식품에 대한 찬성 또는 반대 의견을 말하시오.

저는 유전자조작농산물에 찬성합니다. 안정성 문제로 반대하는 입장도 있지만 현재 유전자조작 농산물이 과학적으로 유해하다는 증거도 없고 미래의 식량위기를 생각하면 GMO식품이 아니면 인류는 지금처럼 배불리 먹을 수 없을 거라 생각합니다. 뿐만 아니라 특정 성분을 강화해 영양가 높은 식품을 만들거나 의약품의 기능을 대신할 수 있는 기회가 될 것입니다.

29) 지하철 여성 전용칸에 대한 찬성 또는 반대 의견을 말하시오.

여성 전용칸에 대해 반대하는 입장입니다. 물론 여성은 성추행의 잠재적 위험으로부터 벗어날 수 있고 남성도 만원 지하철에서 불편한 자세를 취할 필요가 없어지겠지만 여러 개의 객차 중에서 일부러 전용칸을 찾아 타는 것이 번거로울 뿐만 아니라 성범죄를 없애기 위해 여성과 남성을 분리하는 것은 1차원적인 대응방식이라 생각합니다. 또한 피해를 안 당하려면 여성은 안전칸으로 가라는 무언의 강요를 하게 되어 도리어 불쾌감을 줄 수도 있다 생각합니다.

30) 베이비박스에 대한 찬성 또는 반대 의견을 말하시오.

저는 베이비박스에 대해 찬성하는 입장입니다. 물론 베이비박스가 아기 유기를 더 조장한다는 반대입장도 있지만 이 부분은 설득력이 없는 주장인 것 같습니다. 사실 아기를 포기하기로 마음먹은 부모라면 베이비박스가 있든 없든 어디에라도 유기할 가능성이 높고 이 경우 최선은 아기가 가능한 한 위험에 빠지지 않도록 해야 합니다. 베이비박스 시설의 철거를 주장하기 전에 양육 능력이 없는 사람들이 안심할 수 있는 복지환경부터 마련해야 한다고 생각합니다.

31) 기부금 세제 혜택에 대한 찬성 또는 반대 의견을 말하시오.

저는 기부금 세제 혜택에 찬성하는 입장입니다. 물론 세금이 최고의 기부라는 반대 입장도 이해하지만 늘어난 세금보다 줄어든 기부금이 크다면 문제는 달라집니다. 국가는 재정규모가 한정된 상황에서 모든 국민의 복지를 일일이 챙길 수는 없습니다. 복지 사각지대는 민간이 메워줘야 하는데 그 대표적인 수단이 기부라고 생각합니다. 중산층 이상의 사람들이 기부 주체라는 현실을 외면하지 말고 기부금 세제 혜택을 확대해야 한다 생각합니다.

32) 제주 해군기지 설립에 대한 찬성 또는 반대 의견을 말하시오.

저는 제주 해군기지 설립에 찬성하는 입장입니다. 우리 사회가 제주 해군기지 문제로 갈등을 겪고 있는 동안 중국은 우리 코앞까지 자신들의 영역을 넓히고 있습니다. 중국 해양국

장이 정기 순찰 대상으로 이어도가 포함된다고 밝힌 상황에서, 해군기지는 국가 안보에 관한 중대한 문제라고 생각합니다. 또한 이어도에 대형 어장과 천연가스가 매장돼 있는 것으로 추정된 상황에서 에너지 자원 확보와 동시에 해안안보 라인을 확장해야 한다 생각합니다.

33) 범죄 수사 시 휴대전화 감청에 대한 찬성 또는 반대 의견을 말하시오.

휴대전화 감청과 관련해서 가장 중요한 것은 감청을 어떤 경우에 어떤 절차를 통해 허용할 것인지라 생각합니다. 중요한 것은 남용 방지를 위한 사전적, 사후적 관리 시스템이 구축되느냐일 것입니다. 감청을 위해 법원의 영장발부와 비슷한 사전 허가제를 도입하고 사후에 감청을 하고 남용되지 않았는지 등을 검증할 수 있는 시스템이 구축된다면 굳이 반대할 이유는 없다고 생각합니다.

34) 농협이 청소년 금융 교실을 운영한다면, 어떠한 전략으로 추진할 것인지 말하시오.

농협은 소외계층에 대한 관심을 꾸준히 가져왔습니다. 특히 아동 · 청소년에 대한 금융교육 전략이 필요합니다. 어려운 환경으로 인해 받아야 할 교육을 제대로 받지 못해 소외당하는 일이 생기지 않도록 미래 우리 경제를 이끌어갈 아동 · 청소년이 우리나라의 한 구성원으로서 올바르게 성장하도록 하는 인도하며 사회적 기업으로서의 의무라는 생각입니다. 현재 농협은 금융소외지역 청소년들을 위해 '행복채움금융교실' 에서 비대면 금융교육을 실시 중입니다. 농협에서 운영하는 행복채움금융교실은 금융소외계층은 물론 청소년과 일반인을 대상으로 하는 금융교육 프로그램입니다.

따라서 앞으로 대상자의 눈높이에 맞게 '똑똑한 금융이야기' 와 같은 주제로 소비와 저축의 필요성을 중심으로 한 금융교육 전략이 필요하다고 생각합니다.

35) 다양한 농협 홍보 채널 중에서 자신이라면 어떤 채널을 이용해 홍보를 확대 시킬 것인지.

농협에서는 홈페이지와 SNS(페이스북, 카카오스토리, 네이버 블로그, 밴드, 유튜브)를 관리하고 페이스북 이벤트 등이 기획되고 운영되고 있습니다. 아울러 각 연수원에서 진행되는 다양한 연수들을 홍보하는 소식지와 반 연간지를 주기적으로 제작해서 홍보되고 스토리텔링대회, UCC공모전을 통해 다양한 콘텐츠를 제작하고 SNS 서포터즈와 블로그 기자단도 직접 운영되는 것으로 알고 있습니다.

저는 다음과 같은 채널을 활용해서 홍보를 확대하겠습니다. 기존에는 별도로 홈페이지와 SNS채널 없이 도시민을 대상으로 홍보를 진행하는 방식으로 연수원이 운영되어 온 것에 비해, 저는 진행되는 연수들을 SNS 채널을 통해 전 국민에게 농업과 농촌의 가치를 더 널리 전파하기 위해, 연수원 페이스북 페이지 구독자 수를 늘리고, 농업과 농촌의 가치에 대한 흥미를 유발하기 위해서 페이스북 이벤트를 기획하고 운영하겠습니다.

36) 지금의 관행적인 농협의 홍보방식을 벗어나 창의성을 발휘해서 농업과 농촌의 소중한 가치를 알리는 데 노력한 사례가 있으면 말하시오.

첫 번째로 '여름휴가 맞이 페이스북 친구 소환 이벤트' 를 마련해서 여름휴가를 농협 팜스테이에서 보내도록 유도함으로써 농가 소득증대를 도모했습니다. 같이 팜스테이를 가고 싶은 친구를 태그해서 정보를 널리 퍼트리고 가장 기여도가 큰 사람에게 '입소문 상' 이라는 명목으로 '팜스테이 숙박권' 을 경품으로 제공했습니다. 이벤트를 통해 페이스북 '좋아요' 수가 600명 증가하며 목적을 달성했습니다.

두 번째로 도농협동연수원에서 진행하는 연수과정을 알리는 재미있는 영상을 기획하고 제작하여 '영상 공유 이벤트' 를 진행했습니다. 사람들이 재미있게 보는 영상이 '랩 영상' 이라는 사실을 알고 인기 프로그램인 '고등 래퍼' 를 패러디하여 패러디 영상을 기획했습니다. 제작한 영상을 블로그, 유튜브, 페이스북, 카카오스토리에 공유해서 퍼뜨린 결과 조회 수가 일주일 만에 1만 회가 되었습니다.

지난 1년간 이벤트를 기획하고 진행해서 도농협동연수원의 SNS를 꾸준히 관리한 결과 총 5,000명의 SNS팔로워가 생겼습니다. 평소 '창의' 라면 거창하고 새로운 것을 떠올리곤 했습니다. 하지만 경험을 통해 기존의 것들을 새롭게 바라보고 연결하는 시도로 얻어지는 새로운 성과를 확인할 수 있었습니다. 일신우일신하는 자세로 기존의 유에서 새로운 유를 창조하는 농협인이 되겠습니다.

37) 흉악범의 신상 공개에 대한 찬성 또는 반대 의견을 말하시오.

흉악사건 범인이 검거되거나 현장 검증을 할 때 마스크와 모자로 얼굴을 가린 모습을 보면서 많은 국민이 분노하고 재발 방지를 위해 얼굴 공개하라고 합니다. 그러나 범인으로 의심되지만 형이 확정되지 않은 상태에선 무죄추정의 원칙에 따라 피의자 인권을 보호해야 한다는 것은 법의 상식입니다. 물론 정황상 범인이 거의 확실한 경우에는 관련법에서 좀 더 구체적이고 상세하게 신상공개 요건을 정하는 관련 법 개정 등의 조치가 필요할 것입니다.

38) 대체휴일제의 도입에 대한 찬성 또는 반대 의견을 말하시오.

봉급생활자들에게 어쩌다 한 번씩 오는 연휴는 그야말로 꿀맛 같은 휴식의 시간이겠지만 문제는 제도적으로 쉴 수 있는 휴일 및 휴가 일수와 실질적으로 근로자가 연간 며칠이나 쉬고 있느냐 사이에는 상당한 괴리가 있다는 점입니다. 이런 현실을 도외시한 대체휴일은 별 의미가 없다고 생각합니다. 많은 직장에서 바쁜 일손 때문에 법정 휴일조차 제대로 챙기지 못하는 경우가 태반인데 그런 점에서 주어진 휴가만이라도 실제 모두 소진할 수 있는 대책이나 지원 등이 체계적으로 마련되는 것이 급선무라고 생각합니다.

39) 제4이동통신사의 허가에 대한 찬성 또는 반대 의견을 말하시오.

저는 제4이동통신사의 허가에 찬성합니다. 3개 통신사가 장악하고 있는 이동통신 시장에서 새로운 사업자의 진입 자체만으로 고착화한 시장환경에 변화를 줌으로써, 경쟁을 통해 시장에 활력을 불어넣는 긍정적인 효과가 있을 것입니다. 그뿐만 아니라 실질적인 가계통신비 인하 및 소비자 후생의 증진이 기대됩니다.

40) 살충제 달걀 파동과 관련하여 농협이 양계농가에 도움을 줄 수 있는 방법에 대해 말하시오.

살충제 달걀 파동으로 우리 먹거리 안전을 위협했습니다. 농약허용물질목록관리제도인 PLS가 2019년 1월 1일부터는 모든 농산물에 확대 적용되고 있습니다. 농협은 PLS 제도를 올바르게 이해할 수 있도록 농업인 교육 및 홍보에 노력하고 협력 기관과 합심해 제도가 성공적으로 연착륙될 수 있도록 총력을 기울여야 된다고 생각합니다.

41) 설악산 국립공원 케이블카 설치에 대한 본인의 견해를 말하시오.

저는 케이블카 설치에 찬성하는 입장입니다. 기본적으로 지역경제 발전과 관광 활성화를 위해 꼭 필요한 사업이고 해외에서는 나라마다 멋진 곳을 골라 케이블카와 곤돌라를 설치해 관광객을 끌어 모으는데 한국은 멋진 관광자원을 내버려두고 있습니다. 세계의 공원인 알프스도 케이블카로 모으는 관광 수입이 대단하고 건설 과정과 사후 관리만 잘 하면 케이블카 설치로 인한 환경 훼손의 문제도 완화할 수 있다고 생각합니다.

42) TV프로그램 중간에 삽입되는 중간광고에 대한 본인의 견해를 말하시오.

우선 저는 중간광고에 대해 반대하는 입장입니다. 우리는 싫은 것, 불쾌한 것 등을 보지 않을 권리를 갖고 있습니다. 중간광고는 시청자의 권리에 대한 중대한 침해라고 생각합니다. 시청자의 의사와 관계없이 일방적으로 광고를 강요할 뿐만 아니라 시청 흐름을 끊어 놓는 행위는 물론입니다. 각 방송사는 광고 수입에 의존하지 말고 양질의 컨텐츠로 수익을 내는 데 주력해야 한다 생각합니다.

43) 공무원 연금 개혁안에 대한 찬성 또는 반대 의견을 말하시오.(국민연금)

국민연금에 대한 국민의 불신이 날이 갈수록 커지면서 국가의 지급보장 명문화는 국민 불신을 해소하기 위한 상징적 조치라고 생각합니다. 개인연금과 달리 국가가 국민의 노후보장을 위해 운영하는 사회보험제도이므로 지급보장은 당연한 것입니다. 다만 국민연금이 갖고 있는 근본적이고 구조적인 고갈 문제에 대해서는 좀 더 심층적인 제도 개선 노력이 반드시 따라야 할 것입니다.

44) 병영 내 휴대폰 사용 허용에 대한 찬성 또는 반대 의견을 말하시오.

저는 병영 내 휴대폰 사용에 반대합니다. 휴대전화 허용이 인권 부분에서 긍정적 측면이 있지만 휴대폰 소지로 군기에 미칠 부작용을 무시하면 안 됩니다. 휴전국인 우리나라에서 휴대폰 반입을 무작정 허용할 경우 안보 상황이 실시간으로 북한에 노출될 위험도 있고, 휴식시간에 대부분 휴대폰에만 몰두할 텐데 이는 개인주의가 팽배로 단결력이 저해되 결국 전투력 약화로 이어지지 않을까 우려됩니다.

45) 사내 유보금 과세에 대한 찬성 또는 반대 의견을 말하시오.

저는 사내 유보금 과세에 대해 찬성합니다. 정부가 기업이 투자나 배당 임금 등으로 분배하지 않고 돈을 쌓아두면서 경제가 살아나지 않는다고 보기 때문입니다. 이를 과세하면 일자리와 가계 소득이 증대될 수 있다고 생각합니다. 또한 과세대상이 중소기업은 포함되지 않고 대기업만이 대상이고 임금 상승분과 중소기업 투자분에 대해 혜택을 주고 있어 긍정적인 효과가 기대됩니다.

46) 선거연령 하향에 대한 본인의 견해를 말하시오.

저는 선거연령 하향에 반대합니다. 대한민국에서 만 18세는 대부분 고교 3학년들이 해당되는데, 이들은 대학 입시를 준비하는 데 급급한 환경에 놓여 있기 때문에 제대로 된 정치교육을 받을 기회가 없을뿐더러, 적극적으로 정치에 참여할 시간적 여유도 없습니다. 또한 청소년들은 부모나 선생님들에게 의지하는 경향이 있기 때문에, 후보들의 공약을 충분히 검토하여 주체적인 판단을 내리기보다 타인의 의견에 휩쓸려 투표할 가능성이 높다고 생각합니다.

47) 곡물자급률 법제화에 대한 찬성 또는 반대 의견을 말하시오.

저는 곡물자급률 법제화에 대해서 찬성합니다. 우리나라 곡물자급률이 세계 꼴찌 수준이라고 합니다. 한국농촌경제연구원이 내놓은 〈통계로 본 세계 속 한국농업〉 자료에 따르면 우리나라의 곡물자급률은 최근 3개년(2013~2015년) 평균 23.8%입니다.

반면 같은 기간 전 세계 평균 곡물자급률은 102.5%로 자급 수준을 넘긴 상태입니다. 국가별로는 호주의 곡물자급률이 275.7%로 가장 높았으며, 캐나다 195.5%, 미국 125.2%로 100%를 초과했습니다. 중국(97.5%)과 일본(27.5%)이 상대적으로 100%를 밑돌았지만, 그래도 우리나라보다는 높은 편입니다.

　곡물자급률은 식량자급률과 함께 식량안보의 중요한 척도로 사용되므로 세계 각국은 곡물자급률을 최대한 높게 유지하는 데 농업정책을 집중하고 있습니다. 곡물자급률 법제화가 시급합니다.

48) 군 가산점 제도에 대한 찬성 또는 반대 의견을 말하시오.

　저는 군 가산점 제도에 찬성합니다. 지금 남북상황이 예전보다 좋아진 건 사실이나 남북대치 상황에 있는 한국 군인들은 언제든지 생명을 위협당할 수 있습니다. 그 뿐만 아니라 일생을 준비하는 데 20대에 약 2년 동안의 공백기간은 결정적인 불이익이라 생각합니다. 때문에 군 입대의 개인적 비용을 일부나마 보상하여 군인의 사기를 진작시키고 사회 분위기를 전환해야 합니다.

49) 운동선수의 군 면제에 대한 찬성 또는 반대 의견을 말하시오.

　저는 운동선수의 군 면제에 대해 반대하는 입장입니다. 징병제를 채택하는 OECD 회원국 중 체육문화 특례를 적용한 국가는 한국이 유일합니다. 체육문화의 엘리트들에게 국위선양을 이유로 병역특례를 주지는 않는 게 세계적 추세입니다. 또한 최근에 병역특례를 받은 한 축구선수가 봉사활동 확인서를 허위 조작한 사건과 최근 아시안게임 야구 국가대표 선발이 논란으로 불을 지핀 상황에서 이젠 국위선양 목적이 아니라 개인적인 군대 혜택으로 얼룩져 간 것 같아 반대하는 바입니다.

50) 합법적 낙태 허용에 대한 찬성 또는 반대 의견을 말하시오.

　저는 합법적 낙태 허용에 찬성합니다. 태아의 생명권이 존중되어야 한다는 측면에서 저도 공감은 하지만 불법낙태가 공공연하게 이루어지고 있는 실정에서 이는 여성의 건강 문제와도 직결되는 상황입니다. 태아 생명과 여성 건강 보호를 위해 불법낙태를 줄이는 방법을 찾는 데 초점을 두고 사회적 공감대를 도출하기 위한 진지한 토론과 제도개선에 정부와 정치권들은 발 벗고 나서야 한다고 생각합니다.

51) 가공식품 개발을 통한 쌀 소비 확대 방안을 말하시오.

소비를 늘리려면 편의성이 높고 영양을 간편하게 챙길 수 있는 쌀 가공식품 개발을 확대해야 합니다. 밥쌀용 쌀 소비가 지속적으로 감소하는 상황에서도 가공용 쌀 소비는 늘고 있기 때문입니다. 쌀 가공식품의 다양한 가치를 잘 살려야 합니다. 쌀가루와 막걸리로 만든 '증편'을 활용해 밀가루 반죽 피자보다 식감이 쫄깃하고 소화도 잘된다는 평가를 받은 '우리쌀 증편피자 콤비네이션'을 비롯해 1인 가구 증가에 맞춘 컵밥·컵떡볶이 등이 대표적입니다. '글루텐 프리(Gluten free)'를 강조한 쌀 과자도 인기가 높습니다.

또한 1인 가구 및 '혼밥족' 증가 추세와 연계해 쌀 가공업체에 맞춤형 쌀 공급을 늘릴 필요도 있습니다. 동시에 맛·품질·상품성 등을 두루 갖춘 쌀 가공식품 개발에도 힘을 모아야 합니다. 밀가루 소비량 가운데 일정 부분을 국산 쌀가루로 대체한다면 쌀 소비 촉진에 큰 도움이 되기 때문입니다.

쌀 가공식품의 홍보 강화도 빼놓을 수 없습니다. '쌀의 날(Rice day)'처럼 쌀 소비 확대를 위한 다채로운 마케팅이 확산돼야 합니다. 쌀 가공식품을 쌀산업의 새로운 부가가치를 찾는 촉매제로 삼아야 합니다. 쌀 가공식품에 식품업계와 소비자의 끊임없는 관심이 필요함은 물론입니다.

52) 농촌 고령화의 이유와 해결 방안을 말하시오.

현재 우리나라는 수출 주도의 불균형 성장, 수입개방 등 농업 희생 정책으로 농촌인구가 도시로 유출되고, 피폐해진 농촌에선 고령화와 저성장이 반복되면서 악순환이 고착화된 상태라고 말할 수 있습니다. 농촌 고령화는 농업노동의 고령화와 영농 후계인력 부족, 농업생산성 하락과 기술발전 저해, 노동 간 소득 격차 확대, 고령농 소득 감소에 따른 농가 양극화 심화, 농촌시장 축소에 의한 투자 회피 등을 초래합니다.

농촌 노령화 문제 해결을 위해서는 우리와 환경이 비슷한 일본의 사례를 들여다 볼 필요가 있습니다. 일본은 농촌고령화에 대응하기 위해 개호보험(노인장기요양제도), 공공부조(생활보호)를 비롯한 사회복지서비스를 확대하는 한편 고령농업자 활동 촉진, 마을영농조직 구축, 영농대행, 농업자 노령연금 등 다양한 지원방안이 시행되고 있습니다. 따라서 이를 벤치

마킹할 필요가 있습니다.

53) 농업후계인력 육성을 위한 발전 방안을 말하시오.

교육적 측면의 방안으로는 귀농인 대상으로 각 지역에 적절한 영농후계자 교육 기관을 신설해야 합니다. 지역 특성이 다르므로 지자체별로 독립적인 교육 센터가 필요합니다. 아동, 청소년 대상 유치원, 초등학교에 농업 교육을 도입해야 하고, 농업고, 농업대학에 대한 지원을 강화해야 합니다.

제도적 측면의 방안으로는 농민을 위한 저금리 대출, 농업 기반 확보할 수 있는 제도를 강화해야 하고, 청년농 직불금 등 다양한 경제적 지원을 강화해야 합니다. 아울러 취농, 창업농에게 대학 등록금을 돌려주거나 인센티브를 제공하는 제도가 보완되어야 합니다. 농촌 문화, 교육, 시설 등 농촌 복지를 강화해야 젊은층을 유인할 수 있고, 농촌 정착에 필요한 농촌 공동체 문화가 조성되어야 합니다.

또한 농업의 가치를 알리고 보람을 찾을 수 있도록 농업 세미나, 농업 관련 대학/학과의 홍보를 강화하고, 좋은 모델이 될 만한 농촌 마을, 농촌 공동체를 홍보해야 합니다.

54) 농산물 중 쌀 소비 확대를 위한 방안을 말하시오.

쌀 소비 확대를 늘리려면 첫째, 농정 당국의 정책시각이 생산에서 소비 중심으로 변해야 합니다. 이제까지와는 차원이 다른 소비정책을 펴야 한다는 얘기입니다. 현재 생산정책에 무게가 쏠린 조직체계도 과감하게 바꿔 소비 담당을 늘려야 합니다.

둘째, 소비 트렌드를 반영한 다양한 정책이 나와야 합니다. 1인 가구 및 혼밥족 증가와 연계해 가공업체에 맞춤형 쌀 공급을 확대하는 것도 방법입니다. 쌀가루를 활용한 가공식품 개발에 더 많은 노력을 기울여야 합니다. 국내에서 소비되는 밀가루 중 일부를 국산 쌀가루로 대체한다면 쌀 소비 확대에 기여할 것입니다. 군납 등 공공수요를 늘리는 방법도 찾아야 합니다. 일본에서 쌀가루용 벼 재배면적이 크게 늘어난 점은 우리에게 시사하는 바가 큽니다.

셋째, '페트병 쌀' 등 소포장과 장기보관이 가능한 상품은 더 개발해야 합니다. 고소득층을 겨냥한 친환경쌀의 명품화 전략도 중요합니다. 쌀을 혼합해 밥을 짓는 소비층이 늘어난 만큼 멥쌀 · 찹쌀의 특성을 함께 지닌 품종 개발도 요구됩니다.

55) 농민 월급제에 대한 찬성 또는 반대 의견을 말하시오.

저는 농민 월급제에 찬성합니다.

농산물 대금 선지급제 형식인 농업인 월급제가 점차 확산되고 있습니다. 이는 월급을 지급해 농업인의 영농자금 불편을 최소화하고 안정적 가계소득을 구현하는 제도로 수확기에 편중된 경제적 부담을 경감시키는 좋은 제도 같습니다. 물론 가을, 겨울철 수매 후에 목돈을 쥐는 것에 익숙한 농민들이 월급제 신청을 꺼리는 점에 있어 제도 홍보를 강화하고 가계경영 안정에 실질적인 역할을 할 수 있도록 월 급여액도 계속 높여가야 한다고 생각합니다.

56) 쌀 목표가격 설정 방향에 대해서 본인의 생각을 말하시오.

쌀 목표가격은 농가소득을 보전하는 방향으로 설정돼야 합니다. 제도의 도입 취지가 쌀 농가 소득 보전에 있는 만큼 목표가격이 농가소득을 올리는 수단이 돼야 합니다. 쌀 농가소득은 2013년 평균 2,332만 원에서 2016년 2,211만 원으로 떨어졌습니다. 같은 기간 평균 농가소득이 3,452만 원에서 3,719만 원으로 늘어났는데도 말입니다.

또 하나 염두에 둬야 할 사항은 쌀 소득 보전 직불제, 그중에서도 변동직불제 개편입니다. 쌀 직불제는 쌀 목표가격과 함께 2005년 양정 개편의 핵심 내용입니다. 그런데 제도 시행 이후 쌀 변동직불제는 대농 쏠림 현상 등 여러 문제점을 드러내고 있습니다. 정부가 직불제 개편 방침을 밝힌 상태지만 이를 그대로 둔 채 목표가격만 조정할 경우 반쪽에 그칠 공산이 큽니다.

쌀 목표가격 설정과 직불제 개편은 한묶음으로 논의되고 개편 방향도 동시에 나와야 합니다. 두 제도가 도입된 지 13년이 흘러 쌀산업의 여건은 크게 바뀌었습니다. 그런데도 제도의 틀에 매달려 쌀 목표가격과 직불제 해법을 따로 찾는다면 논란은 논란대로 커지고, 농가소득 보전은 더 멀어질 수 있다고 생각됩니다.

57) 주민등록번호 폐지에 대한 찬성 또는 반대 의견을 말하시오.

주민등록번호는 폐지하면 안 된다고 생각합니다. 물론 전 국민의 주민등록번호가 유출됐다고 해도 과언이 아닌 세상이 되었습니다. 이로서 기존의 주민등록번호를 더 이상 유지하기 어려워진 상황인 것도 맞습니다.

하지만 국민을 식별할 수 있는 번호를 모두 없애는 것은 현실성이 없는 얘기입니다. 요컨대 새로운 번호를 부여하고 이 번호는 주기적으로 다시 바꾸는 보완조치가 필요하고 온-오프라인 생활에서 무분별하게 주민등록번호를 수집하고 있는 관행하는 부분이 시급하다 생각합니다.

58) 비만세 부과에 대한 찬성 또는 반대 의견을 말하시오.

저는 비만세 부과에 반대합니다. 세계 최초로 비만세를 도입한 덴마크 정부가 도입 1년 만에 폐지했는데, 이는 국민 건강도 중요하지만 경제와 일자리가 더 중요하다고 판단한 결과라 생각합니다. 하루아침에 식습관을 바꿀 수 없었던 국민들은 보다 싼 식품을 사기 위해 독일 국경을 넘었고 문을 닫는 덴마크 식품 가게들이 증가했고 실업자 또한 늘어났습니다. 물론 비만세가 좋은 의도로 부과되더라도 당초 정책 목표를 달성하지 못한 나쁜 사례라고 생각합니다.

59) 어린이집 CCTV 설치 의무화에 대한 찬성 또는 반대 의견을 말하시오.

CCTV 설치 의무화에 찬성합니다. CCTV는 최소한의 예방 차원에서 있어야 하는 것입니다. 교사들을 감시하는 목적이 아닌 자신의 의사표시를 제대로 못하는 아이들의 인권 차원에서 설치돼야 한다고 생각합니다. 물론 보육교사들의 인권도 소중하지만 최선을 다하는 보육교사들의 괜한 오해를 받는 것을 방지할 목적으로도 CCTV 설치는 의무화되어야 한다고 생각합니다.

60) 최저임금제도에 대해 본인의 생각을 말해보시오.

2022년 현재 최저임금은 시간급 9,160원입니다. 최저임금이 올라가면 인건비가 올라갑니다. 결과적으로 영농비용이 증가하여 농가소득이 하락합니다. 농업은 타 산업에 비해 노동력이 많이 필요한 노동집약적 산업이고, 현재 농촌은 고령화, 개방화, 저출산 등으로 인해 큰 위기에 처해 있는데 농촌의 현실을 반영하지 않은 최저임금 인상으로 농업계에 큰 타격을 주고 있습니다. 이 상황에서 농업 분야 최저임금 차등적용은 형평성에 어긋나고 현실적으로 어려움이 많습니다. 따라서 농업계의 어려운 현실을 반영한 보조금 지급 등의 경제적 지원책을 강화할 필요가 있다고 생각합니다.

61) 농업가치 헌법반영에 대한 찬성 또는 반대 의견을 말하시오.

농업가치 헌법반영에 대해서 무조건 찬성입니다. 2018년 3월 농업가치 헌법반영은 뒤늦게 주요 안건에 포함됐는데도 28개 안건 중 두 번째로 많은 찬성표를 얻었습니다. 의견을 낸 국민 10명 중 9명이 찬성하는 압도적인 지지도 받았습니다. 국민적 지지를 이끌어낸 데는 농협과 농민단체의 역할이 컸습니다. 농협은 2017년 1,100만여 명이 참여한 서명운동을 주도해 농업가치 헌법반영 운동을 본격화했습니다. 100여 개 농민단체는 농협과 '범농업계 농업가치 헌법반영 추진연대'를 꾸려 농업가치 헌법반영의 공감대를 확산하는 데 전력투구해 왔습니다. 이런 노력이 국민 여론과 헌법자문특위를 움직인 셈입니다.

그러나 정부가 개헌안을 발의하더라도 국회 통과가 남아 있습니다. 개헌을 하려면 재적국회의원 3분의 2 이상의 동의가 필요한데, 여당인 더불어민주당을 제외한 다른 정당들이 정부의 개헌안 발의에 반발하는 게 현실입니다. 공은 국회로 넘어갔습니다. 국회는 농업가치를 헌법에 담는 게 국민의 뜻임을 새기고 개헌 논의에 나서야 합니다.

지금의 헌법이 농업·농촌의 현실 변화와 농지 소유관계 악화를 반영하지 못해 농업·농촌·농민 보호와 공익적 기능 증진에 한계가 있습니다. 또 새 정부가 농업 관련 조항을 독립적으로 신설하고 농업의 역할과 기능, 국가 지원에 대한 철학과 근거를 헌법에 밝혀야 합니다. 특히 농민 삶의 질 향상과 농업인 권리, 식량권, 농업의 공익적 기능에 대한 대가 지불 등 구체적인 명시가 중요합니다.

62) 워라밸과 농업·농촌의 관계에 대해서 본인의 생각을 말해보시오.

일과 삶의 균형은 삶의 질을 높이는 데 대단히 중요한 요소입니다. 그리고 일과 삶의 균형을 실현하는 데 몇몇 제약요소를 제거한다면 우리 농업·농촌은 더할 나위 없이 워라밸을 실현할 좋은 무대이기도 합니다. 우리 사회의 연간 귀농·귀촌 인구가 50만 명에 육박하고, 그중 40대 이하가 50% 이상을 차지한다는 점은 이를 잘 보여줍니다.

그런데 막상 워라밸을 실현하기 위해 농업·농촌에 접근하려 했을 때 부딪히는 현실의 벽은 그리 녹록지 않습니다. 당장 살아갈 집을 비롯해 작은 땅을 구하는 일, 관련 취업·창업에 필요한 정보와 자금을 얻는 일, 아무 기반 없이 절반짜리 농사를 시작하는 것, 도시보다 현격히 불리한 생활 인프라, 정서적인 장벽 등과 같은 것이 대표적입니다.

필요하다면 법과 제도를 고치고 예산을 투입해 농업·농촌이 균형 잡힌 일과 삶의 무대가 되도록 여건을 개선해야 합니다. 나아가 지방자치단체·지역농협 등 유관 조직들이 함께 거버넌스를 갖춰 농촌에서의 일과 삶 모두를 만족시키는 더 나은 여건을 조성해야 합니다. 이는 새로 진입하는 이들을 위한 것이라기보다는 현재 농업에 종사하면서 농촌에 사는 이들에게 더욱 필요한 조치라 생각합니다.

63) PLS란 무엇이며, 이에 대해 찬성 또는 반대 입장을 말해 보시오.

■ PLS란 작목별로 등록된 농약만 사용하고 등록 농약 이외에는 원칙적으로 사용이 금지되는 제도를 말합니다. 이 제도의 시행은 안전성이 검증되지 않은 수입 농산물을 차단하는 데 목적이 있습니다. 현재 수입되는 농산물 중에는 수출국의 잔류허용기준보다 높은 기준을 적용하여 수입하는 사례가 빈번히 발생하고 있습니다. 그 이유는 우리나라에서 기준이 별도로 마련되지 않은 농약의 경우 국제기준을 적용 받고 있기 때문입니다. 저는 PLS제도를 시행하는 것에 대해 찬성하는 입장입니다. 해당 제도를 시행한다면 안전성이 입증되지 않은 농약의 유입을 사전에 차단하고 안전한 농산물을 수입할 수 있습니다. 또한 수입 농산물과 국내 농산물의 안전성을 확보함으로써 국민 건강을 지키고 생태환경을 보전할 수 있습니다. 이 제도는 농업인은 물론 소비자까지 지켜주는 보호장치가 될 것입니다.

64) 블랙컨슈머 대처 방안에 대해서 말해보시오

악성민원을 일삼는 소비자(블랙컨슈머)로 인해 농심이 멍들고 있습니다. 농민을 표적으로 삼아 얼토당토 않는 이유로 보상을 요구하는 사례가 늘고 있기 때문입니다. 농민들의 피해를 방지하기 위한 대책 마련이 시급합니다. 농민을 노리는 블랙컨슈머 사례는 천차만별입니다. 거의 다 먹은 농산물을 갖가지 이유를 붙여가며 교환해달라거나, 아예 배송을 받지 않았다고 보상을 요구하는 일 등이 부지기수입니다. 이들은 악성민원에 대응할 만한 체계와 인력을 갖추지 못한 농민·영농조합법인 등의 약점을 노려 파고들고 있습니다. 블랙컨슈머 대응 지침이 상황·단계별로 잘 갖춰진 대기업을 피해 농민 등을 노리는 사례가 많아진 것입니다.

지금부터라도 농민·중소식품업체 등을 대상으로 블랙컨슈머 대응 교육을 강화하고, 피해 예방과 구제를 위한 전담기구를 설치해야 합니다. 또한 농민이 갈등 해결에 조언을 받을 수 있는 일원화된 상담 창구도 있어야 합니다. 이를 통해 블랙컨슈머를 뿌리 뽑아야 합니다. 이것이 걱정 없이 농사지어 판매할 수 있는 나라를 만드는 길입니다.

65) 농작물재해보험 가입의 필요성에 대해서 말해보시오.

지구온난화로 기상이변이 빈발하면서 자연재해가 상시화하고 있습니다. 자연재해로 인한 농업 피해는 해마다 증가 추세입니다. 최근 NH농협손해보험이 농작물재해보험에 접수된 자연재해 유형을 분석한 결과, 농민을 가장 괴롭힌 재해는 우박과 가뭄인 것으로 나타났습니다. 태풍과 강풍 피해, 봄철 언피해도 농가 속을 썩였습니다. 올해도 농촌 곳곳에서는 재해와 사투를 벌이고 있습니다. 일부 지역은 영농철 봄 가뭄이 벌써 우려됩니다.

이제 농가들의 선택만 남았습니다. 재해가 닥친 뒤 발만 동동 구르지 않으려면 사전에 농가 스스로 재해보험을 이용해 경영 위험을 줄이려는 의지가 중요합니다. '구슬이 서말이라도 꿰어야 보배' 라 했습니다. 정부는 더 많은 농가가 가입하도록 농가 수요에 맞는 상품개선에 적극 나서야 합니다. 농가들이 농작물재해보험을 건강보험처럼 필수보험으로 인식하도록 홍보를 강화하는 방안도 강구해야 합니다.

66) ASF(아프리카돼지열병) 차단 대책에 대해서 말해보시오.

ASF는 2019년 9월 경기도 포천 돼지 사육농장 발생을 시작으로, 최근 충청·경상권까지 발생하고 있어 추가 확산에 대한 우려가 커지고 있습니다.

먼저 공동방제단 및 방역인력을 대상으로 아프리카돼지열병(ASF) 바이러스 심각성과 방역의식 고취를 위한 교육을 강화해야 합니다. 특히 ASF 바이러스의 특성 및 위험성, 발생 상황, 방역대책 및 강화된 방역시설에 대한 이해를 돕고, 양돈농장 전파를 막기 위한 차단방역의 중요성을 강조해야 합니다.

아울러 멧돼지로부터 유입되는 ASF 바이러스 차단을 위해 농장소독 등 방역수칙을 준수하여야 하며, 강화된 방역시설을 양돈농가가 조속히 설치하여 양돈산업 피해를 사전에 차단해야 될 것입니다.

67) 농업소득 양극화 문제에 대해서 생각을 말해보시오.

농업소득 양극화는 농가소득 양극화를 불러오는 제1의 원인이 되며 많은 농가들의 상대적 박탈감을 키워 농업 경영의 활력을 떨어뜨릴 위험성이 있습니다. 나아가 이는 공동체 성격이 강한 농촌사회의 통합을 방해하는 요인이 된다는 점에서 수수방관할 문제가 아닙니다. 그런데 농업소득 양극화 해소는 일반적인 양극화 해소책과 달리 분배로 해결할 수 없는 특성이 있습니다. 중소 농가의 농업소득 자체를 높여야만 양극화를 완화할 수 있다는 것입니다.

무엇보다 농산물 제값 받기 등으로 농가 수취값을 높이는 데 주력해야 합니다. 수입개방의 영향이 국내 농산물 가격에 미치는 영향을 최소화하고, 중소농가의 수익성을 높이는 지원책도 필요합니다. 고령농의 은퇴를 촉진하는 것도 한 방법일 수 있으나 노인복지 그물망이 촘촘하지 않은 상태에서 탈농만 이뤄질 경우 또 다른 양극화를 초래할 가능성도 큽니다. 이처럼 농업소득 양극화 해소 없이는 얽히고설킨 농업 문제를 제대로 풀 수 없다고 생각합니다.

68) 농·식품 수출을 늘리기 위한 전략에 대해 말해보시오.

우리나라 농·식품 수출이 지속적으로 증가하고 있습니다. 농식품 수출은 새로운 수요를 창출함은 물론, 농가소득 향상과 국내 농산물 가격 안정, 그리고 국산 농산물의 품질 향상 등 다양한 긍정적 효과를 얻을 수 있다는 장점이 있습니다.

일반 공산품은 첨단설비를 갖추고, 계획적인 생산으로 규격품을 만들어 수출하는 시스템이지만, 농업 부문에서 이러한 체계를 기대하는 것은 거의 불가능합니다. 그럼에도 농업부문 20여 년 사이 6배가 넘는 수출을 기록했습니다. 척박한 환경에서도 농식품 수출은 가히 눈부시다 할 수 있습니다. 품질을 인정받고 있는 고려인삼, 꽃, 김치, 배, 딸기 등입니다.

한류 확산, 기업의 아시아 지역 진출 확대를 계기로 농산물 수출비중을 늘리기 위한 노력이 필요합니다. 농 식품 교역에 있어 우리나라는 수출보다는 수입 증대가 국내에 미치는 영향에 더 많은 관심을 가져왔습니다. 각국의 시장을 엄밀히 분석하고, 해당 시장에서 우리의 농 식품이 소비자들에게 지속적인 사랑을 받을 수 있는 고민이 필요합니다. 국내 수요가 포화인 상태에서 농 식품 수출 증대의 중요성은 갈수록 커질 것이라 전망합니다. 그러한 노력이 뒷받침될 때 수출이 농산물 가격 안정, 농가소득 향상에 기여가 됨은 물론 우리나라도 네덜란드, 이스라엘처럼 작지만 강한 농업수출국으로 성장해갈 수 있는 방법과 지원이 필요합니다.

69) 소득주도 성장과 농가소득 관계에 대해서 본인의 생각을 말해보시오.

소득주도 성장은 '임금 인상→가계소득 증대→내수 활성화(수요 확대)'의 선순환 구조를 만들어 경제성장을 촉진하는 것입니다. 소득주도 성장의 중요한 전제 중 하나는 저소득층일수록 한계소비성향(추가 소득이 소비로 지출되는 비율)이 높다는 것입니다. 정부가 최저임금 인상과 같이 경제적 취약계층이 즉시 효과를 볼 수 있는 정책에 집중하고 있는 이유가 여기에 있습니다.

하지만 경제적 취약계층은 도시에만 있지 않습니다. 한국농촌경제연구원 통계에 의하면, 중위소득의 50%를 기준으로 했을 때 농촌의 빈곤율은 가구 기준 35.9%, 인구 기준 25.6%입니다. 도시의 빈곤율(가구 기준 18.6%, 인구 기준 12.5%)과 비교하면 농촌이 도시보다 2배 가까이 높습니다. 특히 60대 농가의 72%, 70대 농가의 97%는 심각한 생활비 부족에 시달리고 있습니다. 이처럼 많은 농가가 빈곤에 처해 있는 상황에서 소득주도 성장이 성공할 수 있을지 의문입니다. 2017년 기준 농가 인구수는 242만 명으로, 이들이 우리 경제에서 차지하는 비중이 작지 않기 때문입니다. 이들의 소득이 어떤 식으로든 늘어나지 않는다면 정부가 원하는 규모의 내수 활성화도 이뤄지지 않을 가능성이 큽니다. 농가소득 증대를 위해 정부가 세부적이고 구체적인 정책을 내놓아야 하는 이유입니다.

70) 농민수당에 대해 설명해 보시오.

농업의 공익적 가치는 국가나 사회로부터 제대로 평가받지 못했습니다. 농민의 실질소득은 도시가구에 비해 50%의 수준으로 감소하고, 해마다 비료값, 종자값, 인건비, 농기계 가격은 치솟고 있지만, 쌀값은 폭락을 거듭하여 농민들의 생존권을 위협하는 것이 일상입니다. 농업이 회생불능 상태에 빠지기 전에 올바른 농업 정책과 구체적 대안이 마련되어야 합니다. 이러한 대안으로, 농민수당이 농업의 공익적 가치를 인정한 결정으로, 농업 활성화의 혁신적인 선례가 될 것입니다.

■ 농민수당은 제대로 평가받지 못한 농업의 공익적 가치를 새롭게 평가하는 것이며, 이 가치를 창출하는 농민에 대한 국가적, 사회적 배려이자 보상이 될 것입니다. 처음으로 농업의 공익적 가치를 인정하고 극대화시키는 효율과 더불어 지역경제 활성화, 인구유입, 지역발전에도 많은 도움이 될 것입니다. 농민수당은 단순히 농민에 대한 지원의 차원을 넘어 농민도 자긍심을 가지고 농업의 가치를 증진하는 활동에 더 노력할 수 있는 분명한 전환점이 될 것입니다.

71) 스마트팜과 스마트팜 혁신밸리에 대해 설명해 보시오.

스마트농업은 기후변화에 따른 농사의 어려움과 고령화, 노동력 부족을 헤쳐나갈 수 있는 대안으로 떠오르고 있습니다. 최근에는 스마트팜이라 불리는 최첨단 식물공장이 대세인데 무엇보다 노동력 절감에 효과적이라고 생각합니다.

2019년부터 스마트팜 혁신밸리를 통해 인력-기술-생산이 연계된 혁신생태계를 본격 조성하고 있습니다. 관련 전문 인력도 양성하고 있다고 합니다. 농식품부는 금년 2022년까지 총 500명의 전문인력을 양성한다는 목표로 매년 청년 창업보육생 100명을 선발해오고 있습니다. 이들은 교육 후 임대형 스마트팜에서 직접 농작물을 재배합니다. 블록체인을 활용해 축산물 이력 추적 기간을 현 5일에서 10분으로 대폭 단축하는 이력관리 시범사업도 하고 있습니다. 농업계 전체를 스마트화하는 스마트농업은 일자리를 창출하기 위해서도 매우 중요한 사업입니다. 이런 스마트농업 확산으로 청년도 농업에서 희망을 찾도록 노력해야겠습니다.

72) 스마트팜에 대해서 설명해보시오.

스마트팜은 글자 그대로 '똑똑한 농장' 이란 뜻입니다. 생산 자동화는 물론 원격조정까지 가능한 농장인데, 2011년 KT가 스마트폰이나 태블릿PC로 농장관리를 할 수 있는 애플리케이션 '올레 스마트팜' 을 개발하면서 시사용어가 됐습니다. 정부도 2014년부터 스마트팜 보급에 힘써 양적인 성장을 이뤄냈습니다. 빠르게 진화하는 정보통신기술(ICT)·바이오기술(BT)·녹색기술(GT) 등 첨단기술을 농업에 접목하다보니 스마트팜의 개념도 점점 확장되고 있습니다.

오늘날 스마트팜 수준은 다양한데, 3단계로 정리할 수 있습니다. 초보급은 식물공장 수준으로, 각종 센서와 폐쇄회로텔레비전(CCTV)을 통해 온실 환경을 자동으로 제어합니다. 중간급은 온실대기·토양환경·작물생육 등을 실시간 계측해 적절히 조치하면서 빅데이터 분석으로 영농의사 결정을 돕습니다. 첨단급은 로봇과 지능형 농기계로 작업을 자동화하고 작물의 영양상태를 진단·처방하며 최적의 에너지 관리까지 해주는 것입니다.

73) 정부의 스마트팜 육성에 대해서 찬성 또는 반대 입장을 말해 보시오.

스마트팜의 육성을 놓고 농업의 기술혁신과 생산성 향상에 기여할 것이라는 긍정적 평가가 있는 반면 일부 원예작물에 집중돼 농산물 공급과잉을 초래할 것이라는 우려도 있습니다. 저는 찬성하는 쪽입니다. 물론 여기서 공급과잉 문제는 내수시장의 한계로서 결국 고품질 농축산물의 수출 확대로 풀어나가야 하며, 정부와 농업계가 함께 노력해야 할 과제입니다.

시설원예 중심의 스마트팜을 노지에도 적용하는 등 재배 품목을 확대해나가는 것도 현안 과제입니다. 농림축산식품부는 현재 '노지 채소작물 스마트팜 모델 개발사업' 을 추진 중인데, ICT 강국인 우리의 첨단기술이 스마트팜을 더욱 고도화할 수 있을 것이라고 생각됩니다.

이렇게 한국형 스마트팜, 일명 'K-스마트팜'을 정착시켜 수출시장을 개척하고 국제 농업협력의 발판으로 삼을 수 있을 것입니다.

스마트팜은 어느덧 농업기술 진보의 나침반이 되었습니다. 줄어드는 경작지, 이상기후와 물 부족, 대규모 병해충 발생 등 기존 기술로는 해결하지 못했던 난제들을 풀어갈 수 있는 대안으로 스마트팜에 대한 기대가 큽니다. 과거 '녹색혁명'을 이룩한 우리의 농업기술이 이제 K-스마트팜으로 세계 농업발전에 기여할 것을 믿어 의심치 않습니다.

74) O2O에 대해 설명해보시오.

Online to Offline의 줄임말입니다. 좁은 의미로는 온라인에서 소비자를 모아 오프라인의 판매처로 연결해준다는 것으로 볼 수 있지만, 넓은 의미로는 온라인 플랫폼을 통해 실제 오프라인에서 일어나는 활동을 일으키는 일종의 비즈니스를 통틀어 O2O라고 할 수 있습니다. 공유경제와 혼용하여 쓰이기도 합니다. O2O의 한 가지 사례로 꼽히는 것이 소셜커머스이기도 하지만 공유경제와는 다른 개념이며 포함 범위가 방대합니다.

■ 온라인과 오프라인의 연결이라는 측면에서 사물인터넷(IoT)과 더 유사합니다. 다만 단어의 유래상 사물인터넷의 경우 오프라인의 사물을 인터넷으로 연결하는 것이며, O2O의 경우 온라인을 통해 오프라인으로의 연결하는 것이므로 방향성에서의 차이가 있습니다.

주로 리테일 분야에서 크게 활용되기 시작되었으며 쉽게 볼 수 있는 사례가 쇼핑 분야이므로 O2O를 주로 유통과 마케팅 분야로 국한하기 쉽겠지만, 모바일 기기를 통해 개인들의 인터넷 접근성이 획기적으로 개선된 이후 산업 전반에서 O2O가 가진 활용가치와 실제 활용 비율도 높아지고 있습니다.

75) RPC에 대해 설명해 보시오.

미곡종합처리장(rice processing complex)은 산물상태의 미곡을 공동으로 처리하는 시설입니다. 반입부터 선별 · 계량 · 품질검사 · 건조 · 저장 · 도정을 거쳐 제품출하와 판매, 부산물 처리까지 미곡의 전과정을 처리하는 시설을 말합니다. 농가의 노동력 부족을 해소하고 관리비용을 절감하며 미곡의 품질 향상 및 유통 구조를 개선하기 위한 시설입니다. 1991년

충청남도 당진군(현 당진시) 합덕읍과 경상북도 의성군 안계면에 시범적으로 건설된 뒤, 1992년부터 농어촌 구조개선사업으로 추진되며 본격적으로 전국에 세워졌습니다.

76) 쇠고기 이력제에 대해 설명해보시오.

쇠고기 이력제는 소의 출생부터 도축, 가공, 판매까지의 정보를 기록, 관리하여 위생, 안전에 문제가 발생할 경우 그 이력을 추적하여 신속하게 대처하기 위한 제도입니다. 쇠고기 이력추적제로 인해 쇠고기 유통의 투명성을 확보할 수 있으며, 원산지 허위표시나 둔갑판매 등이 방지되고, 판매되는 쇠고기에 대한 정보를 미리 알 수 있어 소비자가 안심하고 구매할 수 있습니다. 소 및 쇠고기에 대한 위생과 안전 체계의 구축과 유통투명성을 확보하고, 국내 소 산업의 경쟁력을 강화하기 위해 쇠고기 이력제를 도입하였습니다.

이에 따라서 기존의 소와 새로 태어난 송아지, 수입 소 등은 모두 위탁기관에 신고하고 12자리의 개체식별번호를 표시한 귀표를 부착해야 하고, 이 정보는 이력추적 시스템에 입력됩니다. 핸드폰이나 인터넷을 통하여 개체식별번호를 입력하면 소의 출생일, 종류, 성별, 소유주, 사육지, 도축일자, 등급, 브랜드 등 소에 관한 모든 정보를 알 수 있습니다. 식육판매업소는 판매를 위하여 진열하는 쇠고기에 개체식별번호를 표시하고, 식육의 종류, 등급, 부위, 원산지, 매입처, 개체식별번호를 기록한 거래내역서를 1년간 보관하여야 합니다. 음식점에 판매하는 쇠고기에 대해서는 판매일자, 판매처, 판매량을 기록하여 2년간 보관하여야 하며 구매자가 요청할 경우에는 해당 개체식별번호가 기재된 영수증과 거래명세서 또는 축산물등급판정확인서 사본을 교부하여야 합니다.

이 사업은 농림축산식품부가 총괄하고 지도 감독하며 농산물품질관리원은 판매 단계의 보고와 출입검사에 관한 사항을 담당합니다. 농림축산검역본부는 수입소에 대한 개체식별번호 부여와 질병 등 역학조사를 위한 시료 수거 및 검사를 담당, 축산물품질평가원에서는 개체식별 대장의 누락, 오류에 관한 사항과 유전자 검사에 필요한 시료 수거 및 분석을 담당합니다. 이 밖에 위탁기관에서는 소의 출생과 양도, 양수 및 폐사 등의 신고 접수와 기록관리, 귀표 부착 업무 등을 지원합니다.

77) 힐링팜과 케어팜에 대해서 말해보시오.

힐링팜이나 케어팜 모두 아직 생소한 외래어인데, 최근 농촌진흥청에서 이들 외국 사례를 소개하면서 우리말 표현으로 '치유농업(治癒農業)'이라고 정의했습니다. 치유농업이란 농업 · 농촌 자원 또는 이와 관련한 활동과 산출물을 활용해 국민의 심리적 · 사회적 · 인지적 · 신체적 건강을 위한 치유서비스를 제공하는 산업과 활동을 말합니다. 도시 근교의 지방자치단체가 운영하는 힐링농업 프로그램도 호평을 받으며 확산되고 있습니다. 지자체가 힐링농장을 조성해 주민들에게 공동으로 경작하게 함으로써 주민들의 심신을 달래고 이웃 간 소통의 창구로도 활용합니다.

외국에는 케어팜(Care farm)이 많이 운영되고 있습니다. 돌봄을 뜻하는 케어(Care)와 농장(Farm)을 합성한 용어입니다. 교통사고 후유증이 남은 사람들에게 재활농장을 운영하게 하는 네덜란드 사례, 우울증 치료를 위해 환자가 직접 농사를 지어보도록 하는 노르웨이 사례, 사회에 적응하지 못하는 사람들이 목장에서 공동으로 낙농 체험을 하는 일본 사례 등이 있습니다.

78) 산불로 손해 본 농가에 대해 농협의 역할에 대해 말해보시오.

산불 화재로 삶의 터전을 잃거나 손해를 본 농가를 위로하고 격려하는 한편 구호활동을 펼치는 것은 농협은 기본 역할입니다. 아울러 지역농협은 볍씨 · 육묘상자 · 상토를 피해농민들에게 무상 지원하는 역할도 해야 합니다. 이를 위해서는 농협중앙회가 무이자자금을 지역농협에 충분하게 지원해줘야 합니다. 또한 산불피해 농가들의 주거 문제에 대한 적극적인 대처도 필요합니다. 강원도의 경우, 마을에서 지내기가 불편한 농민들을 NH농협생명 설악수련원으로 모셔서 안정을 찾을 수 있도록 배려하고, NH농협손해보험의 화재보험에 가입한 주택에 대해선 보험금을 선지급해 피해주민들이 집을 신속하게 짓거나 수리하도록 해야 합니다.

농협이 독자적으로 해결하기 어려운 문제는 지방자치단체와의 협력사업을 통해 해결을 모색해야 합니다. 농기계가 불에 탄 농가에는 농기계를 임대해주는 방안을 우선 강구하고, 지자체와 협력이 잘되면 새로 구입해줄 수 있는 대책을 모색해야 합니다. 화재 피해를 본 비닐하우스의 재설치 비용도 지원할 수 있도록 지자체와 지혜를 모아야 합니다.

79) APC에 대해 설명해 보시오.

APC(Agricultural Products Processing Center)는 농산물산지유통센터입니다. 농산물의 집하, 선별, 세척, 포장, 예냉, 저장 따위의 상품화 기능을 수행하고, 대형 유통업체나 도매시장에 판매 기능을 수행하는 산지 유통의 핵심 시설입니다.

80) 친환경농산물 활성화 방안에 대해 본인의 생각을 말해보시오.

친환경농산물 활성화를 위해서는 무엇보다도 친환경농업 실천농가의 수익 증대를 위한 지원과 대책 마련이 중요합니다. 친환경농산물 생산에는 일반농산물보다 생산비가 더 들어가지만, 가격차별화는 제대로 안되는 게 현실입니다.

따라서 친환경농업 직불제를 강화하고 농업 환경보전 프로그램을 활용해 친환경농업 실천농가에 경제적인 인센티브를 제공해야 한다는 목소리에 정부는 귀 기울여야 합니다. 유럽연합(EU)이나 미국 등 주요 선진국들이 친환경농업을 건전한 농업생태계 유지의 주요 수단으로 지원하고 있다는 점을 잊지 말아야 합니다.

소비 촉진과 판로 확대도 필요합니다. 학교급식 등 공공급식에 친환경농산물 공급을 확대하고 수출을 늘리는 방안도 진지하게 고민해야 합니다. 친환경농산물에 대한 소비자들의 신뢰를 확보하기 위한 대책도 빼놓을 수 없습니다.

81) 어그테크에 대해서 설명해 보시오.

글로벌 금융위기 이후 농업 분야의 변화를 주도하는 메가트렌드는 단연 4차 산업혁명으로 불리는 기술 산업화입니다. 농업과 다른 산업 간 융합이 보편화됨에 따라 농업이 첨단 복합 산업으로 변모하고 있습니다. 에릭 슈미트 전 구글 회장이 농업과 기술혁신을 결합한 '어그테크(Agtech)'를 미래 성장산업으로 주장한 배경에는 농업 분야에서도 애플이 탄생할 수 있다는 믿음 때문일 것입니다.

82) GMO에 대해 본인의 생각을 말하시오.

100% 확실한 안전 보장이 불가능하기 때문입니다. GMO 찬성론자는 다양한 검증과 실험을 통해 GMO가 위험하지 않다고 주장하지만, 반대로 GMO가 유해하다는 실험 결과도 많습니다. 즉 100% 확실한 안전 보장이 불가능한 분야이므로 안전성을 확정하기 전에는 국민이 식품을 알고 선택할 권리를 보장받아야 하며, 이는 원료기반의 완전표시제가 필요한 주된 이유 중 하나입니다. GMO의 안전성 문제는 그 식품을 접하는 인체에만 문제가 될 수 있는 것이 아닙니다. 우리를 둘러싼 환경적 재앙도 고려해야 합니다.

83) 핀테크 발전 방향에 대해 설명해보시오.

핀테크는 금융과 기술의 융합입니다. 아마존이라는 온라인 서점이 반스앤노블과 같은 오프라인 서점을 대체한 것과 같이 스마트 기술에 기반을 둔 핀테크는 기존의 금융을 급속히 대체하고 있습니다. 아마존은 오프라인 서점과의 경쟁을 위해 소위 롱테일(long tail) 고객을 공략했습니다. 기존의 오프라인 서점과 백화점 등은 진열 공간의 한계 등으로 많이 팔리는 제품에 집중하는 80:20이라는 파레토 법칙에 입각해 영업했습니다. 그러나 아마존은 오프라인 서점이 공간 제약으로 제공하지 못하는 소량 판매(롱테일) 책의 영업을 통해 대부분의 이익을 취했습니다.

핀테크 금융도 마찬가지로 소규모 거래부터 기존의 금융을 잠식하고 있습니다. 스마트 플랫폼에 의한 거래 비용 급감에 따라 롱테일 고객에게 낮은 비용으로 접근할 수 있게 된 것입니다. 이러한 형태의 핀테크 기업들은 플랫폼을 통한 실시간 저비용의 P2P(Peer to Peer: 직접거래) 연결망에서 경쟁력을 갖게 됩니다. 고객 간 연결 비용을 축소하는 다양한 플랫폼 기업들이 결제, 대부, 소액 투자, 환전, 보험, 송금 등의 다양한 서비스 플랫폼을 제공하기 시작한 것입니다.

앞으로 예적금, 투자, 증권, 환전, 송금, 보험 등 모든 금융은 핀테크로 갈 것입니다. 금융이 점진적으로 진화해 IT를 융합하거나 IT기업이 금융을 흡수하는 두 갈래 길이 있습니다. 대규모 거래는 전자를, 소규모 거래는 후자의 형태를 가질 가능성이 큽니다. 확실한 것은 핀테크가 금융을 바꾼다는 것입니다.

핀테크의 발전이 사용자의 편의성과 더불어 궁극적으로 우리 금융산업의 발전을 이끌 것입니다. 디지털 금융 혁신을 위한 전자금융거래법(전금법)의 대대적인 개정이 혁신적인 핀테크 서비스를 위한 필수 요건이 됩니다.

84) 요즘 역귀농이 늘고 있는데 성공 귀농을 위한 방안에 대해서 의견을 말해보시오.

한국 농업의 경쟁력을 높이는 길은 기존 전업농의 2세 승계를 유도하고, 신규 청년창업농 육성과 귀농인 정착 지원을 통해 농업경영체의 지속성을 유지하는 것입니다. 따라서 청년층뿐만 아니라 장년층을 포함한 전체 귀농인을 아우르는 구체적이고 통합적인 귀농정책 마련이 시급합니다. 귀농정책은 이 같은 귀농의 흐름을 반영해 보완할 필요가 있습니다.

먼저 유사한 귀농지원사업의 통폐합과 통일된 기준 마련입니다. 한 예로 각 지방자치단체의 귀농인 정착지원사업은 귀농인에 대한 영농지원사업과 내용·지원금액 및 조건까지 유사합니다. 각 지자체의 자체사업뿐 아니라 각 지자체간 유사한 사업은 통폐합함으로써 귀농지원사업의 통일된 선발 및 지원 기준 마련이 요구됩니다.

둘째, 귀농인의 안정적인 정착을 돕기 위한 전담 컨설팅 제도 도입이 시급합니다. 일선시·군에서 실시하고 있는 4~8회 정도의 '멘토·멘티' 제도로는 귀농인이 필요한 재배기술·판매능력 등의 전문지식을 얻기 어렵습니다.

셋째, 전입신고를 할 때 각 시·군에서 귀농정책을 의무적으로 홍보해야 합니다. 상당수 귀농인은 이사비·출산장려금·빈집수리비 등 다양한 귀농정책을 인지하지 못하고 있습니다.

마지막으로 귀농지원사업 대상자 선정의 공정성과 투명성을 보장해야 합니다. 사업 공고와 대상자 심사·발표까지 모든 과정을 공개해야 합니다. 그래야 귀농정책의 실행 과정에서 나타날 수 있는 잡음을 없애고, 정책의 신뢰도도 높일 수 있습니다.

85) 농식품 국가인증제에 대해서 말해보시오.

농식품 국가인증제란 품질·원료·재배환경 등이 특정 기준을 충족한 농축산물에 국가가 인증을 해주는 제도를 말합니다. 1992년 농산물품질관리 인증을 시작으로, 확대와 통합과정을 거쳐 현재 14개 인증이 운용되고 있습니다. 그동안 이에 대한 조사는 친환경농산물인증제 · 위해요소중점관리기준(해썹 · HACCP) 등 10개 인증제를 대상으로 실시했습니다. 농식품 인증제는 그동안 소비자들이 농식품을 구매하는 데 참고자료로 활용했습니다. 애초 낮은 인지도 때문에 애를 먹었지만, 수입개방 확대와 먹거리 안전에 대한 소비자 욕구가 커지면서 인지도는 꾸준히 높아지고 있습니다.

86) 먹거리선 순환 체계 구축에 대해 설명해보시오.

■ 먹거리 선순환 체계 구축은 로컬푸드 직매장의 확산과 활성화에도 중요한 의미가 있습니다. 로컬푸드 직매장을 지역농산물 공급 물류기지로 활용하면 상생 모델이 될 수 있습니다. 무엇보다 법제화가 시급합니다. 공공급식에 지역농산물을 우선 사용하려면 지자체와 공공기관 등은 조례나 내규를 손봐야 하고, 학교급식은 관련법을 개정해야 합니다. 현재 국회에는 관련법이 발의돼 있지만, 논의는 진척되지 못하고 있습니다. 비용과 국산 농산물에 대한 인식 개선도 풀어야 할 과제입니다. 이들을 지역농산물로 끌어들이려면 애향심 호소만으로는 한계가 있습니다.

먹거리 선순환 체계는 지역 푸드플랜 구축과도 맞닿아 있습니다. 지역 푸드플랜이 제대로 수립되려면 지역에서 생산된 농산물이 지역에서 우선 소비되는 선순환이 핵심적인 필요조건입니다.

87) 쌀 자동시장격리제에 대해 설명해 보시오

쌀 자동시장격리제는 수확기 이전에 생산량과 신곡 수요량을 추정하고 신곡 수요를 초과해 생산된 물량에 대해 정부가 자동으로 매입, 시장에서 격리하는 제도입니다. 쌀 자동시장격리제는 쌀 산업 보호를 위한 안전장치로서, 쌀 가격지지 정책의 방향성을 분명히 하면서도 직불제 개편의 동시이행과제 중 하나인 쌀 시장안정장치로서의 기능을 할 수 있을 것입니다.

88) 쌀 등급표시 의무화에 대해서 설명해보시오.

강화된 쌀 등급표시제가 2018년 10월 14일부터 본격 시행되었습니다. 쌀 등급표시제는 정부가 정한 5가지 평가항목(수분·싸라기·분상질립·피해립·열손립)을 기준으로 쌀을 분류해 '특·상·보통' 3단계로 등급을 매기도록 한 것입니다. 표시 등급 중 어느 하나에 해당하지 않으면 '등외'로 표시해야 합니다. 그동안은 등급검사를 하지 않은 경우 표시란에 '미검사'로 표기해왔으나 관련 법인 양곡관리법 시행규칙 개정으로 2016년 10월부터 2년 동안의 유예기간이 끝나 더는 미검사 표기를 할 수 없게 된 것입니다. 쌀 등급표시가 예외 없이 의무화된 셈입니다. 이를 위반하면 200만 원 이하의 과태료를 부과받게 됩니다.

쌀 등급표시제는 쌀에 대한 소비자의 알 권리를 충족하고 우리쌀의 품질 고급화에 기여할 제도로 평가받아왔습니다. 하지만 쌀은 가공특성상 유통과정에서 수분 증발 등의 요인으로 품질변화가 생길 수 있다며 제도 도입에 부정적 입장을 보여왔습니다. 고의성이 없어도 법규위반으로 처벌받을 소지가 다분한 만큼 품질표시에 따른 문제점을 먼저 보완해달라는 것입니다. 이에 2년간의 유예기간을 뒀지만 이 문제는 여전히 해결하지 못한 과제로 남아 있습니다. 이제 등급표시 의무화에 맞춰 RPC 등의 철저한 대응이 요구됩니다.

89) 고향사랑기부제에 대해 설명해보시오.

고향사랑기부제는 도시민이 자신의 고향이나 재정이 열악한 지자체에 일정금액을 기부하여 소득공제 혜택과 지역 농특산물을 제공받는 제도입니다. 저는 고향사랑기부제 도입이 시의적절하다고 생각합니다. 일본의 경우, 과거 2008년에 고향세를 도입했습니다. 지난 2014년 답례품 내실화와 가성비가 높은 지역 특산물을 답례품으로 제공한 이후, 2015년 주민세 특례공제 한도 상향조정과 전자납부를 시작으로 급속히 납부액이 증가했습니다.

일본의 고향세액 규모가 3년 만에 놀랄 만큼 커진 이유는 일본 정부가 보인 강한 의지와 정치권의 협조의 성과라고 판단됩니다. 일본은 고향세가 정착됨에 따라 지역 인재양성, 의료·복지서비스 강화, 일자리 창출 등과 관련한 사업을 적극 발굴하고 있습니다. 한편 농가 소득 증대는 물론 저출산 문제를 잘 극복하는 지역도 생겨나고 있습니다.

더불어 답례품으로 지역 특산물을 제공함으로써 농산물 판로 확대에 기여하고 있습니다. 고향사랑기부제를 도입하면 지역경제 활성화, 도농 간 소득 불균형 해소, 열악한 지자체 재정 확보, 농촌 정주 여건 개선, 농산물 판로 확보 등 다양한 기대효과가 있습니다.

90) 명예조합원 제도에 대해 설명해 보시오.

명예조합원은 농협법상 조합원 자격요건은 갖추지 못했지만 나이 기준(만 70세 이상)과 농축협 가입기간(20년 이상)을 충족하면 준조합원의 하나인 명예조합원으로 인정해주는 제도입니다. 농협법에 근거를 두고 정관에 위임한 것이 아니라 농축협 총회에서 정하는 정관에서 정하는 자율적 제도라고 볼 수 있습니다. 농협법상 조합원의 권리에는 사업을 이용할 수 있는 자익권과 임원선거 등에 참여할 수 있는 공익권이 있는데, 명예조합원에게는 자익권만 인정되고 공익권은 인정되지 않습니다.

91) 농협법 제1조 내용이 무엇인지를 얘기해 보시오.

농업협동조합 제1조의 내용은 법의 목적과 미션을 규정하는 것으로서 다음과 같습니다. "농업인의 경제적 · 사회적 · 문화적 지위를 향상시키고, 농업의 경쟁력 강화를 통하여 농업인의 삶의 질을 높이며, 국민경제의 균형 있는 발전에 이바지한다."

92) 농협의 비전 2025내용과 핵심가치는 무엇인가?

농협의 비전 2025 : 농업이 대우받고 농촌이 희망이며 농업인이 존경받는 '함께하는100년 농협'

핵심 가치: ① 농업인과 소비자가 함께 웃는 유통 대변화 ② 미래 성장동력을 창출하는 디지털 혁신 ③ 경쟁력 있는 농업, 잘사는 농업인 ④ 지역과 함께 만드는 살고 싶은 농촌 ⑤ 정체성이 살아 있는 든든한 농협

93) 농협 비전 2025 엠블럼은 '함께하는 농협' 입니다. 엠블럼 의미에 대해서 말해보세요.

① 손을 잡고 있는 두 사람이 무한한 성장을 상징하는 무한궤도를 만들고 있습니다.

② 함께 할 때 더 큰 가능성이 열리고 끊임없이 발전해나갈 수 있음을 의미합니다.

③ 다양한 색상이 조합된 형태는 다양한 가치가 한데 모여 적극적인 협력을 하겠다는 약속을 표현합니다.

④ 언제나 흔들리지 않고 농업인, 국민과 영원히 함께하겠다는 의지를 전달합니다.

94) 농협의 가장 중요한 역할은 무엇이라고 생각합니까?

유통사업은 농업인과 국민이 가치를 공유할 수 있는 농협의 가장 중요한 사업입니다. 국민들은 안전한 국산 농축산물의 안정적 공급을 농협의 가장 중요한 역할로 인식하고 있으며, 농업인들은 농협의 유통사업을 통해 안정적인 판로를 확보하고 소득을 증대시킬 수 있기를 희망합니다.

95) '농협다운 농협' 을 이루기 위해 우선적으로 대응해야 하는 노력은 무엇입니까?

범농협 임직원들은 농축산물 판매사업 강화를 '농협다운 농협' 을 이루기 위한 가장 중요한 역할로 꼽았다고 들었습니다. 농축산물 유통사업 혁신을 통해 농업인과 국민이 상생하는 선순환 체계를 이루어야 할 것입니다.

96) 농협의 미래를 위해 가장 중요한 것은 무엇일까요?

농협의 미래 준비와 지속 발전을 위해 반드시 '디지털 혁신' 이 이루어져야 합니다. 미래 먹거리 발굴을 위해 '스마트팜 등 농업기술 혁신' 을 가장 중요하게 인식해야 하며, 농축산물 유통혁신을 위해서는 '온라인채널 육성 및 강화' 를, 농협금융 지속 발전을 위해서는 '디지털금융 등 4차 산업혁명 대응' 을 가장 중요한 요소로 꼽을 수가 있습니다.

4차 산업혁명과 연계한 디지털 혁신은 이제 미래를 위한 선택이 아닌 필수입니다. 농촌에는 우리 농업 현실에 맞 스마트팜 보급을 활성화하고, 농협 내부적으로는 디지털 플랫폼을 기반으로 한 전사적 차원의 디지털 혁신이 반드시 이루어져야 합니다.

97) 농협의 사회공헌활동 취지에 대해서 생각을 말하시오.

농협은 1961년 창립 이후 농업인의 복지 증진과 지역사회 발전을 위해 사회공헌활동을 지속적으로 실천해왔습니다. 농협의 교육지원사업은 농업인 복지 증진, 농촌 공동체 발전 등 '사회적 책임' 이행에 근간을 이루고 있으며, 농촌은 물론 지역사회를 위해서도 사회공헌활동을 적극 펼치고 있습니다.

특히 그동안 '농촌사랑운동' 을 통해 도시와 농촌의 상생을 도모하는 한편, 농협재단을 설립하여 농업인과 지역주민들이 피부로 느낄 수 있는 사회공헌활동을 전개하고 있으며, 다문화가정의 사회 적응과 고충 해결을 위해서도 최선을 다하고 있습니다. 앞으로도 농협은 농업인과 고객으로부터 신뢰받는 농협이 되도록 지속적으로 사회공헌활동을 전개해 나가리라 확신합니다.

98) 농협이 농촌 토양오염과 화재예방에 대한 역할은 무엇이 있는가?

농촌 들녘은 언제 봐도 아름답습니다. 하지만 그림 같은 농촌의 풍경 속에 보는 이들의 눈살을 찌푸리게 하는 것이 있습니다. 영농폐기물입니다. 전봇대 아래 모아놓은 검은 폐비닐들이 바람에 흩날리기라도 하면 아슬아슬하기까지 합니다. 언제 날아가 전신주를 휘감고 전선에 붙어 정전을 일으킬지 모릅니다.

회수하지 않고 방치해놓은 영농폐기물은 농촌의 환경을 심각하게 훼손합니다. 우선 경관을 해칩니다. 매립을 하면 토양오염을 일으키고, 소각할 경우엔 겨울철 산불 발생의 주요 원인이 되기도 합니다. 영농폐기물도 모으면 자원이 됩니다. 수거와 재활용을 활성화한다면 경관·환경 보존과 자원활용 등 두 마리 토끼를 잡을 수 있습니다.

경남 하동군과 손잡고 영농폐기물 수거에 직접 나선 옥종농협의 행보는 관심을 끕니다. 딸기와 부추 등을 재배하기 위한 대규모 시설하우스가 밀집해 있는 옥종면 일대는 영농폐비닐이 골칫거리였습니다. 옥종농협은 2017년 자체 예산 3,000만 원을 들여 농산물우수관리(GAP) 인증 딸기공선출하회를 대상으로 영농폐기물을 수거, 폐기물업체를 통해 처리한 바 있습니다.

농촌 환경 훼손으로 인한 피해는 농민에게만 국한되지 않습니다. 농촌에 마음의 고향을 둔 우리 국민 모두가 안식처를 잃는 일입니다. 따라서 농협과 지자체는 공동으로 폐기물 회수에 나서고, 농민들은 적극 협조하는 성숙한 문화가 정착되어야 합니다.

99) 농식품 소비 트렌드 변화에 따른 농업의 경쟁력 제고 방안에 대해 말해보시오.

농식품 소비 트렌드가 변화하고 있습니다. 1인 가구 증가, 정보통신기술(ICT) 발달 등 농식품 소비를 둘러싼 구조의 변화로 가정간편식 시장은 집밥을 대신하며 현재 3조 원 규모로 성장했습니다. 새벽 배송시장도 신선도에 대한 수요를 반영하면서 급성장하고 있습니다. 따라서 우리 농업의 경쟁력을 높이고 농가소득 증대를 위해서는 농식품 소비 트렌드 변화를 농식품 개발·생산에 반영하는 것이 중요합니다.

우선 성장하는 분야에 대한 대응이 중요합니다. 농식품 온라인 구매가 늘어나는 데 맞춰 농가들의 온라인시장 진입을 확대하는 지원이 필요합니다. 농식품 온라인 쇼핑의 경제성, 접근성, 정보의 유용성도 더욱 높여야 할 것입니다. 가정간편식을 국산 농축산물 소비 증대와 연계하는 것도 빼놓을 수 없습니다. 이를 위해 가공용으로 적합한 원료 농산물 생산을 늘리고 지역 농축산물을 활용한 가정간편식 개발도 확대해야 합니다. 과일 중엔 중·소과를 선호하는 경향을 반영해 해당 품종을 개발하고, 소비자와 생산현장의 만남도 늘려야 합니다.

안전 먹거리에 대한 선호가 뚜렷한 만큼 농식품 생산·유통 과정의 안전성을 강화하는 노력도 요구됩니다. 젊은 세대에 다가가면서 고령 친화식품에도 관심을 가져야 합니다. 소비자가 원하는 농식품이 무엇인지 파악하고 대응 방안을 마련하는 데 농업계가 진지하게 고민해야 합니다.

100) 농협이 다문화 가정을 위해 할 수 있는 방안에 대해 말해보시오.

다문화가정 지원을 총괄하는 보건복지가족부는 시·군 단위에 다문화가족 지원센터 100개소를 설치·운영해 한국어 교육, 사회적응 교육, 문화사업 등을 실시하고 있습니다. 농식품부도 지역의 선도 여성농업인을 활용해 1대 1 맞춤형 영농정착을 지원하며 여성결혼이민자 육성에 의욕적으로 나서고 있습니다. 이 외에 여성부 등 4개 부처에서 부처 특성에 따라 다문화가정 관련 지원 정책을 펴고 있습니다. 지방자치단체도 한국 문화의 이해와 생활적응 지원에 중점을 두면서 각 지자체의 특성과 상황에 따라 다양한 정책을 펴고 있습니다.

그러나 정부의 지원 정책에는 몇 가지 문제점이 있습니다. 지원의 중심축을 이루고 있는 보건복지가족부의 다문화가족지원센터가 시·군 단위에 설치돼 있어 교육 대상자의 교육 참여가 현실적으로 매우 어려운 것으로 나타났습니다. 이 외에도 각 부처의 지원 내용이 획일적이고 수요자 위주의 지원 대책이 아직 부족한 점, 그리고 농촌 다문화가정 후계세대를 농촌사회의 일원으로 정착시키기 위한 중장기적인 프로그램이 결여돼 있는 점 등의 한계가 있습니다.

이를 보완하기 위해서는 무엇보다 농협의 역할이 필수적입니다. 농협은 읍·면 단위에서 교육을 진행할 수 있고, '농가주부모임' 회원들이 말벗 되어 주기 등의 봉사를 활발히 펼치는 등 접근성과 친근성이 뛰어납니다. 또 읍·면 단위에서 여성결혼이민자와 가족을 대상으로 '다문화여성대학'을 개설해 한국어 교육, 영농 교육, 가족 상담 등 수요자 위주의 교육과정을 운영하고 있습니다. 앞으로 농협이 '농협 다문화여성대학' 등의 운영을 더욱 확대하고 정부가 이에 대한 정책적 지원을 강화해 나간다면, 머지않아 농촌 다문화가정이 농업·농촌의 커다란 활력소로 성장해갈 수 있을 것입니다.

101) 빠르게 성장중인 간편식 시장을 우리 농산물 소비와 연계할 방안은 무엇인지 말해보시오.

첫째, 국산 농산물을 주원료로 사용하는 농식품기업에 대한 지원 강화입니다. 현재 국내 간편식 시장은 소수의 대기업이 점유하고, 국산 농산물 사용 비중도 높지 않은 것으로 파악됩니다. 이런 와중에도 일부 중소 식품업체들은 국산 농산물을 주원료로 한 창의적인 제품을 다양하게 개발하고 있습니다. 그러나 이들 기업은 판로 확보에 어려움을 겪고 있습니다. 따라서 이들이 대형 유통업체와의 매칭 행사나 해외 바이어를 대상으로 한 수출상담회에 참여할 수 있도록 해야 합니다. 새로운 판로 창출 기회를 제공하기 위해서입니다. 또 국산 농산물을 공동구매할 수 있는 플랫폼 등을 마련해 생산단가를 낮추고 제품 경쟁력은 높일 수 있도록 해야 합니다. 나아가 해외시장에 폭넓게 진출할 수 있도록 할랄·코셔 같은 해외인증 취득 지원책도 강화해야 합니다.

둘째, 간편식과 로컬푸드의 연계입니다. 최근 간편식 제품의 수요는 편의점·대형마트 등을 넘어 학교·병원·복지시설 등의 급식시설로 확대되는 추세입니다. 이러한 변화에 발맞춰 로컬푸드를 중심으로 지역 내 급식시설과 중소 간편식업체간 연계구조를 마련할 수 있도록 힘써야 합니다. 이를 위해 로컬푸드의 우선 소비환경 조성을 위한 법제화, 관련 부처간 거버넌스 구축 등 제도적 지원이 필요합니다. 특히 간편식과 로컬푸드의 연계를 통한 지역 내 공급 구조 구축이 절실합니다. 식품업체는 안정적인 판로를 확보하고, 급식시설 입장에선

질 좋은 간편식을 공급받는다는 면에서 지역경제 발전은 물론 지역민의 건강에도 기여할 수 있기 때문입니다.

　■ 농가와 식품업체들을 대상으로 간편식과 관련한 각종 정보를 제공하고 교육도 활발하게 해야 합니다. 간편식 시장은 유행에 민감하고 최신 기술이 적용되는 영역인 만큼 시장에 대한 높은 이해도가 요구됩니다. 그러므로 식품산업통계정보시스템(FIS)·농수산식품수출지원정보(KATI) 등에서 국내·외 간편식 시장에 대한 정보를 최대한 많이 수집하고, 이를 바탕으로 시장의 움직임을 알려줘야 합니다. 농가와 식품업체들은 이같은 정보를 바탕으로 시장에 발빠르게 대처할 수 있을 것입니다.

102) 농업용 드론이 첨단 농업기계로서 국제 경쟁력을 갖추기 위한 방안을 말해보시오.

드론은 트랙터처럼 농작업을 위한 하나의 플랫폼으로 생각할 수도 있습니다. 트랙터에 부착하는 작업기에 따라 수행할 농작업 종류가 달라지듯이 드론에 탑재할 센서나 작업기에 따라 드론의 역할은 무궁무진할 수 있습니다. 이러한 잠재력을 간과한 채 드론의 역할을 작물관찰과 시비·방제 등에만 국한하고 있지는 않은지 돌아볼 필요가 있습니다. 드론이 농업생산에 있어 중요한 역할을 해주길 기대한다면 기존의 농작업 형태에서 벗어난 창의적이고 융복합적인 드론 맞춤형 농작업 형태를 고안해야 할 것입니다.

첨단 농업기계로서 역할을 이제 막 부여받은 드론이 미래 농업생산의 고효율화를 위해 제임무를 다할 수 있도록 하려면 농업환경에 적합한 이동체와 비행기술 개발뿐만 아니라 농경지의 대구획화, 농업경영체의 규모화, 드론 맞춤형 농자재 개발, 장애물 최소화를 위한 농경지 환경정비, 충전 및 제어 스테이션 구비 등의 여건이 갖춰져야 합니다.

해외 첨단 농업기계 시장은 농업생산을 종합적으로 관리할 수 있는 시스템 개발 위주로 진행되고, 이 시장은 매년 약 10% 이상 성장하고 있습니다. 이러한 환경에서 국내 드론이 첨단 농업기계로서 국제 경쟁력을 갖추기 위해선 농업생산 관리에 특화된 독창적인 하드웨어와 소프트웨어 시스템, 커넥티드 팜과의 연계시스템, 고정밀 농업정보 획득 센싱시스템 등 원천기술로 무장해야 할 것입니다.

103) 최저임금 차등적용과 농가소득의 상관관계에 따른 향후 대책에 대해서 말해보시오.

먼저, 최저임금 인상의 충격을 줄이려면 정부에서 일자리 안정자금을 지원해야합니다. 최저임금으로 인해 인상된 인건비로 농가 경영에 어려움을 겪는 농업인을 위해 일자리 안정자금을 지원해야 합니다. 영세농이 안정적으로 경영하고 농가소득을 유지하기 위해서는 정부가 이를 적극 지원해야 합니다.

둘째, 농업 노동자에 대한 주거, 식비 제공에 대해 정부 보조가 필요합니다. 현재 최저임금의 범위에 현물성 숙박, 식사가 불포함되어 있습니다. 이는 농업의 현실이 전혀 반영되지 않았다는 뜻입니다. 그렇다고 숙박, 식사를 임금에 전부 포함시킬 수는 없는 노릇입니다. 농업 노동자의 경우 주거, 식비를 제공하는 경우가 많으므로 이에 대한 정부 보조가 필요합니다.

셋째, 농가 현실을 감안해 외국인 근로자에 대해선 최저임금법 적용을 제외해야합니다. 농업 분야는 외국인 노동자의 비중이 높습니다. 현실적으로 농번기에 외국인 근로자의 일손이 없으면 농사일이 불가능할 정도입니다. 농업 분야의 특수성과 어려운 현실을 고려해 최저임금제를 즉각 조정해야 합니다. 뿐만 아니라 외국인 근로자 수습제 등도 구체적 실행 계획을 세워야 합니다.

마지막으로 농촌 인력을 꾸준히 보강할 수 있는 대책이 마련돼야 합니다. 농촌에 큰 도움이 되는 국내 청년층의 농촌 유입을 촉진해야 합니다. 또한 최근 늘고 있는 귀농 · 귀촌 인구와 농촌 현장과 시너지 효과를 낼 수 있는 방안도 마련해야 합니다.

104) NBS 활성화 방안에 대해 말해보시오.

NBS 한국농업방송이 2018년 8월 개국한 후 4년째 접어들고 있습니다. 하지만 시청자층이 넓어지고 인기가 높아질수록 기대도 커질 수밖에 없습니다. 그래서 해결해야 할 과제도 적지 않습니다. 농산물 수취값을 올리는 '등대' 역할을 해달라는 농민들의 바람을 더욱 치밀하게 프로그램에 반영해야 합니다. 품목별 주산지 작황이나 출하량 전망은 물론 최고값을 받는 농가의 비결 등에 대한 방송을 늘리는 것도 방법입니다.

■ 제철 농산물을 그때그때 보여줄 수 있는 방송의 장점을 활용해 우리 농산물 소비 촉진에 기여해달라는 주문도 많은 만큼 소비자들의 눈길을 끌 수 있는 정보 제공의 확대도 중요

합니다. 해당 품목의 건강 기능성이나 요리법을 소개하는 것도 대안이 될 수 있습니다. 시청권을 더 넓히고 채널번호를 앞당기는 등의 기술적인 문제를 해결하는 것도 과제입니다.

105) 농업인의 직업 불만족 이유는 무엇일까요?

농업인이 농사에 만족하지 못하는 가장 큰 이유는 노력에 비해 소득이 낮다는 점이며, 이러한 불만족은 갈수록 증가하고 있습니다. 농업인이 체감할 수 있는 농가소득 증대 노력이 절실합니다.

106) 농토피아 구현을 위해 가장 중요한 농협의 역할은 무엇이라고 생각하십니까?

농토피아 구현을 위해 가장 중요한 농협의 역할로 '농가소득 증대' 를 위한 노력이 가장 필요하다고 생각합니다. 농가소득 및 농업인 실익 증대를 위한 경제사업과 지도·지원 사업에 더욱 매진해야 합니다.

107) 도시민이 생각하는 '살고 싶은 농촌' 의 조건은 무엇일까요?

살고 싶은 농촌을 만들기 위해서는 청년 등 미래 주체들이 새롭고 다양한 기회를 잡을 수 있는 농업·농촌이 되어야 합니다. 또한 농업인의 삶의 질이 높아질 수 있도록 주거, 의료, 교육, 교통 등 농촌의 복지·생활 인프라가 개선되어야 합니다.

108) 농촌을 떠나려는 주민들에 대해 어떤 대책이 필요할까요?

농협만의 힘으로는 농업인들에게 필요한 모든 서비스를 지원하기가 어렵습니다. 지역 특색이 살아 있는 다양한 기회 발굴과 보다 많은 농업인 지원이 이루어질 수 있도록 지역사회 구성원들이 함께 협력해나가는 데 농협이 앞장서야 합니다.

109) 농업인에 대한 보이스피싱 대처 방안에 대해 말해보시오.

농업인들을 대상으로 한 보이스피싱도 늘고 있습니다. 예전에는 보이스피싱 사기 수법도 납치, 수사금융기관 사칭, 대출 빙자, 계약 빙자 등 사기유형이 있었으나 최근 들어 각종 투자사기, 불법 사금융 사기 등으로 수법이 날로 지능화 및 다양화되고 있습니다. 하지만 더 큰 문제는 대부분 사람이 보이스피싱 피해 사례를 주변에서 많이 보았음에도 불구하고 '설마 나에게 이런 일이 발생하지 않겠지' 라는 안일한 생각하고 있다는 것입니다. 그로 인해 안전 불감증에 빠져 있다가 실제 피해 당사자가 되면 무엇부터 어떻게 해야 할지 몰라 갈팡질팡 하며 발만 동동 구르다가 피해 금액을 되찾을 방법을 놓치는 경우가 많습니다. 보이스피싱 을 당했을 경우 다음과 같은 대처방안이 필요합니다..

관공서(경찰, 검찰, 금융감독원 등) 같은 곳에서는 절대로 일반인에게 문자나 메일로 공문 서를 전달하지 않는다는 점을 특히 유의해야 합니다.

보이스피싱 범죄를 당했더라도 침착하게 대처해 10분 이내에 해당 은행 상담원에게 지급 정지를 신청하면 환급금을 돌려받을 수 있습니다. 이를 '골든타임' 이라고 하는데 이 최적 시 간을 넘어가게 되면 환급금을 돌려받을 수 없습니다.

피해를 본 즉시 신고해 지급정지 신청을 해야만 합니다. 참고로 112를 통해 보이스피싱 신고를 하게 되면 더 빨리 해당 은행 상담원과 연결될 수 있으니 최대한 112신고를 활용하 는 것이 좋습니다.

110) 대북 쌀 지원에 대해 말해보시오.

저의 입장은 북한 내에서 분배투명성이 보장되는 조건하에 지원해야 한다는 것입니다. 그 이유는 다음과 같습니다.

첫째, 북한은 지금까지 핵 위협을 가하고 있고, 천안함 사태에 대하여도 사과는커녕 남 한 자작극이라고 발뺌을 하는 판에, 비록 수재민에 대한 인도적 지원이라도 군량미로 전 용하거나 당원에게 분배될 개연성이 있는 지원은 오히려 북한 주민의 고통을 연장시키기 때문입니다.

둘째, 비록 분배 투명성 보장이 '눈 가리고 아웅' 하는 격으로 된다고 하더라도 만약 북한 주민에게 주고 다시 당이 뺏는 행위를 한다면 북한 정권의 붕괴시기를 재촉할 것이기 때문 입니다. 북한 탈북자 대부분은 쌀 지원은 군과 당에 가기 때문에 절대 안 된다면서 차라리 쌀이 없으면 군이나 당 간부 부인들도 장마당을 찾지 않을 수 없기 때문에 장마당을 통제할 수 없는 상태가 오히려 북한 주민에게는 편하다는 것입니다.

끝으로 일부 여당이나 야당의 지도자들이 우리나라의 쌀 재고 관리 때문에 북한에 쌀을 지원해야 한다거나 긴장완화를 위해 지원해야 한다는 행태에 대해서는 무조건 반대합니다.

111) 농림어업 일자리 증가 방안에 대해 말해보시오.

일정 수준으로 경제성장을 한 사회에서 전통적인 제조 · 서비스업 분야의 일자리가 폭발적으로 늘어나기는 힘듭니다. 그러나 농업 · 농촌의 일자리 증가 가능성은 오히려 무궁무진합니다. 경제협력개발기구(OECD)에서 '저밀도 경제(Low-density economy)'를 이야기하는 것도 유사한 맥락이 아닐까 싶습니다. 저밀도 경제는 인구밀도가 낮은 곳에서 경제성장이 더 활성화된다는 뜻으로, 사람이 많은 곳에서 고용이 많다는 전통적 개념과 달리 정보기술(IT)의 발달로 저밀도 지역에서 오히려 새로운 가치가 창출되고 고용이 많이 생긴다는 개념입니다.

이 가능성을 현실화하기 위해서는 일자리 자체의 창출뿐 아니라 관련 취 · 창업에 필요한 정보 · 교육 · 연계 · 자금 등을 동원할 플랫폼 구축이 필요합니다. 이에 더해 농촌에서 당장 살아갈 집을 비롯해 작은 토지의 접근성 제고, 도시보다 현격히 불리한 농촌의 생활 인프라와 문화 · 복지 프로그램 확충, 지역사회와의 어울림과 정서적인 장벽 완화를 위한 섬세한 배려 등도 함께 고려돼야 일자리가 창출되고 유지될 수 있습니다.

고용 · 인구 절벽으로 인한 걱정이 많은 요즈음이지만, 농림어업이 갖는 가치 창출에 주목해 이를 적극 활용한다면 농업 · 농촌이 우리 사회의 질적 발전에 크게 기여할 수 있습니다. 농업 · 농촌이 환경과 자연, 기후변화 대응, 식량주권과 지역 푸드플랜 수립과 실천, 귀농 · 귀촌인과 어우러진 농촌공동체 복원에 있어 큰 역할을 할 수 있기 때문입니다. 농업 · 농촌에 대한 적극적인 접근이야말로 국민의 삶의 질을 향상시키면서도 일자리를 만드는 기회가 될 수 있습니다.

112) 농협택배 사업에 대한 본인의 생각을 말해보시오.

농협택배는 차별화된 서비스로 농민에게 높은 편의성을 제공합니다. 고령 농민이 불편 없이 택배를 이용할 수 있도록 개별 농가 방문 접수시스템을 구축했고, 결제수단도 다양화되었습니다. 농협택배 취급점이 2000호점을 돌파했고, 농협택배 사업에 대한 지역 농·축협과 농민의 호응도가 갈수록 높아지고 있습니다. 농협 물류는 농산물 운송 노하우를 바탕으로 전통식품 생산기업의 제품배송 지원에도 나서는 등 외연을 넓히고 있습니다.

농특산물 택배비가 내려가면 비용 절감을 통해 농가소득 증대로 이어지는 효과가 있습니다. 따라서 농협택배는 취급점을 더 늘리고 물량도 확대해야 합니다. 택배사업 규모가 커질수록 택배비도 더 낮출 수 있기 때문입니다. 이를 위해 모바일 등 신유통 채널을 통해 늘어나는 직거래 농특산물의 택배 물량을 흡수하려는 전략이 중요합니다. 계절별·지역별로 출하시기가 다른 농특산물의 특성에 맞춰 맞춤형 택배서비스도 강화할 필요가 있습니다.

113) 비대면시대 온라인지역센터 구축방안인 라이브커머스에 대해 본인 생각을 말해보시오.

- 라이브커머스 가능 플랫폼 : 2021년 34곳 ⇒ 2023년 100곳
- 라이브커머스의 정의 : 실시간 모바일 방송을 통해 상품을 판매하는 방식(이커머스의 일종)
- 구분 : 유통업체 플랫폼을 경유하는 방식과 SNS를 통해 소비자와 직접 교류하는 방식
- 특징 : 생산자와 소비자가 쌍방향 소통할 수 있는 만남의 장으로서 신뢰도 향상 낮은 수수료에 따른 높은 구매전환율, 적은 비용으로 마케팅 효과 증대

114) 비대면 시대 스마트팜 구축방안에 대해 본인 생각을 말해보시오.

기후변화, 고령화 대비 : 스마트팜 플랫폼(NH OCTO) 구축, 스마트팜 종합자금 확보, 스마트농업 보급에 속도화 등

115) 농협이 농산물유통 문제를 해결하기 위해 디지털 혁신 방안을 강구중인데 이에 대한 본인 생각을 말해보시오.

100년 농협으로 가려면, 농촌이 잘 살고, 농업소득이 올라야 합니다.

농업소득이 오른다는 것은 농산물이 제값 받고 안정적으로 공급된다는 의미입니다. 이에

따라 국민이 안심하고 소비하는 기반이 갖춰진다는 의미입니다.

유통/디지털 혁신을 필두로 "잘사는 농업인, 살고 싶은 농촌, 정체성이 살아있는 든든한 농협"을 만들어야 합니다.

116) 지리적 표시제에 대해서 아는 대로 말해보시오.

지리적 표시제는 유럽에서 일반화된 제도입니다. 1995년 세계무역기구(WTO) 체제 출범이 가져온 무역 자유화의 물결 속에서 생산비 경쟁에 뒤떨어지는 국가들이 농업을 보호하고자 출발한 것입니다. 국가 간 자유무역협정(FTA) 체결 때 구체화한 조문으로 삽입되면 국내외에서 그 품목의 권리보호 효력이 발휘되는 제도입니다. 특히 지리적표시제는 지역특산물이 국가인증제도에 의해 보호받고 있다는 인식을 소비자들에게 심어줘 그 명성을 한층 오래 이어갈 수 있도록 하고 있습니다.

우리나라의 경우 시행 초기에는 매우 활발한 동력을 갖고 지리적표시제를 추진했습니다. 국립농산물품질관리원에 등록된 품목수가 단기간에 100여 개에 이르는 등 등록 품목수에 있어서 어느 정도 성과를 거뒀다고 할 수 있습니다.

117) 스마트팜 내실화를 위한 방안에 대해서 아는 대로 말해보시오.

스마트팜은 4차 산업혁명의 한 분야로 분류되는 미래농업 분야인 만큼 큰 그림이 필요합니다. 개별농가와 업체에만 맡겨놓을 일이 아니라, 스마트팜 제품의 사전인증 의무화와 스마트팜 시설 표준화 확대가 당장 요구됩니다. 작물별 특성에 따른 장비 표준도 마련해야 합니다. 업체별로 품질 편차가 크고 데이터 축적·공유 방식이 달라 스마트팜 농가들이 어려움을 겪고 있어서입니다. 물론 농촌진흥청이 스마트팜 시설 표준화에 나서 제어기·센서·양액기 등의 표준화에 성공했지만, 현장에서 좀 더 확실하게 효과를 느끼도록 시스템을 보강해야 합니다. 스마트팜 분쟁조정기구도 필요합니다. 스마트팜 관련 분쟁이 발생하면 첨단장비에 익숙하지 않은 농가들이 불리할 수밖에 없는 구조입니다. 공정하고 전문적인 조정기구를 만들어 이런 일을 일소해야 합니다.

궁극적으로 우리나라 실정에 맞는 한국형 스마트팜 개발에 힘써야 합니다. 우리 농업의 조건과 여건에 맞게 인공지능(AI)과 빅데이터 기반 자동제어시스템 모델 등 생산성이 향상되고, 진화된 스마트팜을 개발해야 합니다. 이를 통해 선진국과 경쟁할 수 있는 독자적인 스마트팜을 늘려야 할 것입니다. 농민들에게 스마트팜 관련 교육을 확대하고 전문가를 양성해 나가는 것도 빼놓을 수 없습니다.

118) 최근 유통환경 변화를 소매유통 측면에서 본인 생각을 말해보시오.

유통채널 다변화 : 4차 산업혁명에 따른 디지털 유통 플랫폼 확산, 1인 가구, 코로나로 인한 비대면 거래 확대로 오프라인 채널에서 온라인 채널, 특히 모바일 채널로 이동해야 합니다.

모바일 채널 확산에 따른 신선포장, 새벽배송 등 물류를 확산해야 합니다.

오프라인 채널은 대형마트 위주에서 로컬푸드 직매장 등 지역을 중심으로 한 먹거리의 가치 소비로 전환되어야 합니다.

119) 최근 라이브커머스의 농산물 판매채널로서의 의미에 대해 본인 생각을 말해보시오.

최근 유통 환경에 부응한 도매시장, 대형마트에서 농산물 판매채널의 다양화.

소농, 귀농 등의 판로확보에 어려움이 있는 농가의 농산물 판로 기회 및 접근성 마케팅 효과 확대.

생산자와 소비자의 쌍방향 연결로 농산물 플랫폼으로서의 디지털 유통 채널 대응으로 판매 수요 창출 및 농가소득 향상에 기여.

120) 농업의 다원적 기능과 확산 방안에 대해 본인 생각을 말해보시오.

농업은 국가경제의 먹을거리를 담당하는 산업입니다. 농업, 농촌, 농업인을 단순히 보호와 지원의 대상으로 바라볼 수는 없습니다. 산업 고도화에 따라 농업이 국가의 총생산에서 차지하는 상대적 비중은 줄어들 수 있지만 국가경제의 지속가능한 발전을 뒷받침해 온 그 역할은 변할 수 없습니다. 농업은 농산물 생산과 공급이라는 본연의 기능 외에 다양한 사회적 편익을 창출해 국민경제에 기여하고 있습니다. 이와 같은 가치를 농업의 공익적 가치, 농업의 다원적 가치라 합니다.

첫째, 농업의 공익적 기능을 지속화하고 미래 위험을 방지하기 위해서는 적어도 농업부문 예산이 현재보다는 최소한 8배까지 확대될 필요가 있습니다. 국민들도 점차 농업의 공익적 가치에 대해 공감하고 있는 상황입니다.

둘째, 농업 공익적 가치를 인식하고 선진국에 진입하는 관문을 넘어야 합니다. 농업에는 식량안보, 환경보전, 고용유지, 지역균형 개발과 같은 특수성이 있으므로 농산물 무역협상에서 감안해야 합니다. 농업의 공익적 기능이 인식되고 그 가치를 제대로 평가할 수 있을 때 그 국가가 비로소 선진국 수준에 올라서게 됩니다. 우리나라는 이러한 부분에서 다른 선진국에 비해 부족하므로 전 국민이 농업 공익적 가치를 인식하고 선진국에 진입하는 관문을 넘어야 합니다.

셋째, 도농 상생을 위한 농업의 공익적 기능과 가치에 대한 국민적 교육이 폭넓게 진행되어야 합니다. 교육을 통해 농업 · 농촌 · 농민은 단순한 보호나 지원의 대상이 아니라 도시민과 국민에게 공기정화, 환경오염 방지, 홍수피해 예방, 식량가격 안정, 농촌휴식처 등을 제공하는 공급자라는 국민적 이해를 높여야 합니다. 농업의 공익적 가치에 대한 공감은 도농상생 도시와 농촌이 윈윈하는 길을 열어가는 첫 발자국입니다.

121) 4차 산업혁명시대에 우리 농업과 농촌의 대응방안에 대해 본인 생각을 말해보시오.

인공지능과 빅데이터 등 4차 산업혁명이 미래 성장 동력으로 거론되면서 농업의 잠재력도 재평가되고 있습니다. 농업이 사양산업에서 미래산업으로 탈바꿈하고 있는 것입니다. 이러한 때에 발맞춰 농업인이 미래산업의 주인공이 되어야 합니다. 4차 산업혁명 기술을 능동적으로 수용하면서 소비자가 원하는 안전하고 신선한 농산물 생산, 공급의 주역이 되어야 할 때입니다.

이를 위해 농업인도 철저한 주인의식으로 무장해야 합니다. 농산물 생산에는 스마트팜 기술을 활용하고, 농산물 유통에는 농업용 드론, 농업용 로봇 등을 활용하고, 판매에는 빅데이터, 사물인터넷을 활용해야 합니다. 여기에 필요한 교육과 지원에 중앙 정부, 지자체 농협도 적극 힘을 보태야 합니다. 4차 산업혁명 기술과 농업을 접목하여 다양한 부가가치를 창출하는 해외 사례와 선진농가 사례를 참고하여 우리나라도 영농 혁신이 필수적입니다. 저출산,

고령화, 개방화, 낮은 식량자급률로 인해 어려움을 겪는 농업, 농촌에 활력을 불어넣어줘야 합니다.

122) 남북 농업 협력이 필요한 이유와 그 대응 방안에 대해서 본인 생각을 말해보시오.

남북한 상호협력을 통해 북한의 농축산업 수준을 일정 수준 이상으로 향상시키는 것은 인도주의적 차원 외에 효율적인 국토 사용과 통일비용 절감 측면에서도 필요합니다. 농업 분야에서 대북협력에 대한 잠재력은 매우 큽니다. 이를 잘 조직해 효과적으로 협력하면 농업이 남북 간 상생과 번영, 더 나아가 통일의 미중물 역할을 할 수 있습니다.

한반도의 정세 변화 국면을 세단계로 나눠서 대응해야 합니다.

첫 단계는 대북제재가 완화되거나 해제되는 국면"입니다. 이 시기에는 남북 사이에서 추진된 바 있거나 당국간에 이미 합의한 사업 중 파급효과가 크고 상호이익에 부합하는 공동영농단지 개발협력사업과 농업과학기술 교류협력사업을 먼저 추진해야 합니다.

두 번째 단계는 북한이 본격적인 개혁·개방에 돌입하는 국면으로, 이 시기에는 북한의 종합적인 농업개발을 위한 금융·재정 지원이 필요하므로 유럽연합(EU)이 사회주의 국가였던 중·동부 유럽 국가를 경제공동체의 일원으로 통합하고자 추진했던 '농업부문 통합전략 프로그램(SAPARD)'의 지원방식을 참고해야 합니다.

세 번째 단계는 북한 경제체제가 시장경제로 전환된 이후로 정부의 역할은 제도정비와 환경 조성에 집중돼야 하고, 농업협력 사업은 민간 부문에서 자율적으로 추진하도록 지원해야 합니다.

참고 문헌

서경석, "위기의 밥상 농업", 미래아이, 2010. 9

오덕화 · 전성군, "3분 스피치 100선", 농민신문사, 2009. 8

장재우, "쌀과 육식문화의 재발견", 청록, 2011. 12

전성군, "초원의 유혹", 한국학술정보, 2007. 11

전성군, "농업 농촌 농협 논리 및 논술론", 한국학술정보, 2012. 3

전성군, "녹색으로 초대, 힐링경제학", 이담북스, 2013. 7

전성군 외, "그린세담", 이담북스, 2009. 4

전성군, "스마트 생명자원경제론", 한국학술정보, 2014. 11

전성군 외, "치유농업사 300", 모아북스, 2022. 3

전성군, "농촌컨설팅 지도", 모아북스, 2022. 4

환경미디어, "월간 환경미디어(2014. 3월호~8월호)", 미래는 우리 손 안에, 2014.

현의송, "21세기 신사유람단의 밥상 경제학", 2006. 8

栗原藤七郎, 『東洋の米 西洋の小麥』, 東洋經濟新報社, 1964

中岡哲郎編, 『自然と人間のための經濟學』, 朝日新聞社, 1986

福岡克也, 『森と水の經濟學』, 東洋經濟新報社, 1987

松尾嘉郎 · 奧園壽子, 『地球環境を 土からみると』, 農文協, 1990

大內力, 『農業の基本的價値』, 家の光協會, 1990

東井正美外, 『現代日本農業論』, ミネル書房, 1990

https://www.google.co.kr/인공지능과 농업

https://www.keit.re.kr (한국산업기술평가관리원)

https://www.naas.go.kr (국립농업과학원)

Meconomy magazine March 2018

Fridgen, J. D. (1991). Dimensions of Tourism Educational Institute of the Americal hotel & motel association. 235.

Geva A.&Goldman A. (1991). Satisfaction Measurement in guide Tours.Annual Tourism Research. 18(2). 177~185.

Guy, B. (1990). Environment learning of first-time travelers. Annals of Tourism Rearch. 17. 314~329.

Howard, J. A. & Sheth, J. N. (1969). The Theory of Buyer Behavior. New York : John Willey & Sons. 145.

• 저자소개

송춘호 전북대학교와 일본북해도대학(농업경제학박사)을 수료하고, 북해도대학 객원교수, 대통령직속 지역발전위원회위원, 백구농협 금만농협 사외이사, 신협중앙회 논문집 편집위원 등을 역임하고, 현재는 전북대학교 농경제유통학부 식품유통학과 교수, 익산원예농협 사외이사, 미래농촌연구회 이사 등으로 활동중. 주요 저서로는 《알짜배기 쌀농사》, 《농산물마케팅전략》, 《협동조합교육론(공저)》, 《협동조합지역경제론(공저)》, 《스마트생명자원경제론(공저)》, 《유통의 경제이론(번역서)》, 《한중일 농협의 탈글로벌라이제이션(일서, 공저)》, 《협동조합금융론(공저)》 등 다수가 있다.

전성군 전북대학교 대학원(경제학박사)과 캐나다 빅토리아대학 및 미국 샌디에이고 ASTD를 연수했다. 건국대 및 전북대 겸임교수, 배재대 및 전북과학대 겸임교수, 농진청 녹색기술자문단 자문위원, 농민신문사 객원논설위원, 한국농산어촌어메니티회 운영위원, 한국귀농귀촌진흥원 이사를 역임하였고, 현재는 농협대 및 전북대에서 학생들을 가르치고 있으면서, 지역아카데미 및 다기능농업연구소 전문위원 등으로 활동 중이다.주요저서로 〈초원의 유혹〉, 〈초록마을사람들〉, 〈힐링경제학〉, 〈그린세담〉, 〈생명자원경제론〉, 〈협동조합교육론〉, 〈협동조합지역경제론〉, 〈세계 대표 기업들이 협동조합이라고?〉 등 20권의 저서가 있다.

김종기 전북대학교 대학원(경제학석사), 일본 큐슈(九州)대학 대학원(농학박사)에서 농업경제학을 전공하였으며, 일본 큐슈대학 농학부 교원, 전라북도청 전문위원으로 지방농정 기획 및 실무 경험을 가지고 있으며, 전북대학교 부설 국제농업개발협력센터장을 역임하였다. 현재, 전북대학교 농경제유통학부(식품유통학 전공) 교수로 재임 중이다. (사)한국농어촌관광학회 상임이사, 전라북도 삼락농정위원회 위원, 전주시 농정 총괄자문관, 전라북도 규제개혁위원회 위원, 익산시농촌신활력플러스사업추진위원회 위원 등으로 활동 중이다. 《동아시아 푸드시스템의 교차(공저)》 등 저서가 있다.

장동헌 전북대학교 대학원에서 농업경제학(경제학박사)을 전공했고, 전북대학교 쌀·삶·문명연구원 HK연구교수, 전북연구원 부연구위원, 장수농협 사외이사 등을 역임했다. 현재 전북대학교 농경제유통학부 교수, 한국유기농업학회 이사, 한국농식품정책학회 이사, 농협대학교 협동조합경영연구소(협동조합경제경영연구) 편집위원장, 무주천마사업단 운영위원 등으로 활동 중이다. 주요 저서로 《협동조합 지역경제론(공저)》, 《협동조합 교육론(공저)》 등이 있다.

심국보 원광대학교 대학원(경영학 박사) 졸업 후 한남대학교 및 순천대학교에서 강의를 하였다. 한국경영교육학회 이사, 국제E-비즈니스학회 이사, 한국유통학회 이사, 경상북도 농업기술원 출강교수, 경기도 및 제주특별자치도 등 다수의 농촌융복합산업지원센터 현장코칭 전문위원을 역임하였다. 현재는 원광대학교에서 23년동안 학생들을 가르치고 있으며, 지역아카데미 전문위원으로 치유농업, 농업마케팅 강의와 컨설팅을 진행하고 있다. 저서로는 〈치유농업사 300〉, 〈농촌 컨설팅 지도〉가 있다.

NH농협 합격전략서

초판 1쇄 인쇄 2022년 05월 27일
1쇄 발행 2022년 06월 07일

지은이 송춘호 · 전성군 · 김중기 · 장동헌 · 심국보
발행인 이용길
발행처 모아북스
MOABOOKS

관리 양성인
디자인 이룸

출판등록번호 제 10-1857호
등록일자 1999. 11. 15
등록된 곳 경기도 고양시 일산동구 호수로(백석동) 358-25 동문타워 2차 519호
대표 전화 0505-627-9784
팩스 031-902-5236
홈페이지 www.moabooks.com
이메일 moabooks@hanmail.net
ISBN 979-11-5849-178-9 13520